"十二五"普通高等教育本科国家级规划教材配套参考书

光学教程（第六版）
学习指导书

宣桂鑫　编著

高等教育出版社·北京

内容提要

　　本书是《光学教程》（第六版）（姚启钧原著）的配套学习指导书。本书共9章，前8章分别对应主教材中各章，包括"框架建构""课程标准""内容分析""例题示范""内容提要""文献阅读"和"创新实验"7大模块，旨在为学生提供自主学习的平台，帮助学生明确学习目标，了解各章需要掌握的基本概念和基本理论。书中深入剖析和讨论了主教材中的重点和难点，选择典型例题进行分析示范，并结合教学内容介绍一些光学研究的前沿动态，以开阔学生的视野。第9章为教学评估，分双向细目表、标准化考试、光学树建构、目标能级图、标准化考试样卷和模拟试卷及解答，便于学生自评学习成果。

　　本书适合作为综合性大学、高等理工科院校、高等师范院校物理学类专业学生的学习辅导书，也可供教师参考。

图书在版编目（CIP）数据

　　光学教程（第六版）学习指导书/宣桂鑫编著．--北京：高等教育出版社，2019.10（2025.5 重印）

　　ISBN 978-7-04-052766-7

　　Ⅰ．①光⋯　Ⅱ．①宣⋯　Ⅲ．①光学-高等学校-教学参考资料　Ⅳ．①O43

　　中国版本图书馆 CIP 数据核字（2019）第 220497 号

GuangXue JiaoCheng(Di Liu Ban) Xuexi Zhidaoshu

| 策划编辑 | 高聚平 | 责任编辑 | 高聚平 | 封面设计 | 王 洋 | 版式设计 | 徐艳妮 |
| 插图绘制 | 邓 超 | 责任校对 | 陈 杨 | 责任印制 | 张益豪 | | |

出版发行	高等教育出版社	网　址	http://www.hep.edu.cn
社　址	北京市西城区德外大街4号		http://www.hep.com.cn
邮政编码	100120	网上订购	http://www.hepmall.com.cn
印　刷	唐山嘉德印刷有限公司		http://www.hepmall.com
开　本	787mm×1092mm 1/16		http://www.hepmall.cn
印　张	17.75		
字　数	360 千字	版　次	2019 年 10 月第 1 版
购书热线	010-58581118	印　次	2025 年 5 月第 6 次印刷
咨询电话	400-810-0598	定　价	33.00 元

本书如有缺页、倒页、脱页等质量问题，请到所购图书销售部门联系调换
版权所有　侵权必究
物　料　号　52766-00

前 言

高等教育出版社出版的《光学教程》(姚启钧原著,华东师大光学教材编写组改编),自1981年6月出版以来,深受好评,被很多院校选用,2003年入选"高等教育百门精品课程项目",2013年被教育部遴选为首批"十二五"普通高等教育本科国家级规划教材。为满足读者的需要,给学生提供自主学习的平台,也为了建设立体化精品教材,作者编撰了本书。

各章的内容分成"框架建构""课程标准""内容分析""例题示范""内容提要""文献阅读"和"创新实验"等7大模块。首先阐述各章的知识框架建构和课程标准;随后对教学中的重点和难点作剖析和讨论,以利于读者切实掌握光学的基本概念和基本理论;接着枚举出139道例题,所选例题具有典型性、普适性、前沿性和规范性,且具有一定的难度,对读者独立解答完成《光学教程》中的习题具有启发诱导作用;并对每一章内容作提纲挈领的总结,着重指出各基本概念的相关性;最后在每章末附有文献阅读材料,这些材料是编者从历年来教学研究方面公开发表的论文中筛选出来的,供读者参考;有关创新实验以二维码的形式呈现。

为便于读者自我检测学习成果,提高教学评估的透明度,根据课程标准编制了教学评估一章,编者确信这是一种有益的尝试。本章提供5套试卷,共74道试题,所选题目力求新颖全面,难度适中,具有较佳的区分度和效度,并给出参考解答,这样与例题相得益彰,也起到示范作用。其中"模拟卷与解(三)""模拟卷与解(四)"以二维码形式放在本书最后。

参加本书编写工作的还有吕晴、宣佳宁、王静英、宣佳慰、吕中千和房士新等。

宣桂鑫
2018年8月

目 录

第1章 光的干涉 ········· 1
    一、框架建构 ········· 1
    二、课程标准 ········· 2
    三、内容分析 ········· 2
    四、例题示范 ········· 6
    五、内容提要 ········· 25
    六、文献阅读 ········· 28
    七、创新实验 ········· 35

第2章 光的衍射 ········· 36
    一、框架建构 ········· 36
    二、课程标准 ········· 37
    三、内容分析 ········· 37
    四、例题示范 ········· 42
    五、内容提要 ········· 57
    六、文献阅读 ········· 59
    七、创新实验 ········· 80

第3章 几何光学的基本原理 ········· 81
    一、框架建构 ········· 81
    二、课程标准 ········· 81
    三、内容分析 ········· 82
    四、例题示范 ········· 90
    五、内容提要 ········· 106
    六、文献阅读 ········· 108
    七、创新实验 ········· 119

第4章 光学仪器的基本原理 ········· 120
    一、框架建构 ········· 120
    二、课程标准 ········· 121
    三、内容分析 ········· 121
    四、例题示范 ········· 129
    五、内容提要 ········· 143

六、文献阅读 ··· 146
　　七、创新实验 ··· 147

第 5 章　光的偏振 ·· 148

　　一、框架建构 ··· 148
　　二、课程标准 ··· 148
　　三、内容分析 ··· 149
　　四、例题示范 ··· 154
　　五、内容提要 ··· 168
　　六、文献阅读 ··· 169
　　七、创新实验 ··· 179

第 6 章　光的吸收、散射和色散 ··· 180

　　一、框架建构 ··· 180
　　二、课程标准 ··· 180
　　三、内容分析 ··· 180
　　四、例题示范 ··· 183
　　五、内容提要 ··· 186
　　六、文献阅读 ··· 186
　　七、创新实验 ··· 187

第 7 章　光的量子性 ··· 188

　　一、框架建构 ··· 188
　　二、课程标准 ··· 189
　　三、内容分析 ··· 189
　　四、例题示范 ··· 194
　　五、内容提要 ··· 202
　　六、文献阅读 ··· 204
　　七、创新实验 ··· 207

第 8 章　现代光学基础 ·· 208

　　一、框架建构 ··· 208
　　二、课程标准 ··· 208
　　三、内容分析 ··· 208
　　四、例题示范 ··· 216
　　五、内容提要 ··· 222
　　六、文献阅读 ··· 223
　　七、创新实验 ··· 244

第 9 章　光学教学评估 …… 245

- 一、标准化考试 …… 245
- 二、双向细目表 …… 247
- 三、光学树建构 …… 249
- 四、目标能级表 …… 250
- 五、标准卷与解 …… 250
- 六、模拟卷与解 …… 260
- 七、课标的动词 …… 272

参考文献 …… 273

第 1 章　光 的 干 涉

光的干涉现象及其实验事实揭示了光的波动性. 光波不是机械波而是电磁波, 其中引起光效应的主要是电场强度而不是磁感应强度. 本章着重讨论光的干涉定义、相干条件以及分波面和分振幅干涉装置的干涉光强分布规律, 最后讨论迈克耳孙干涉仪和法布里-珀罗干涉仪的基本原理和应用.

一、框架建构

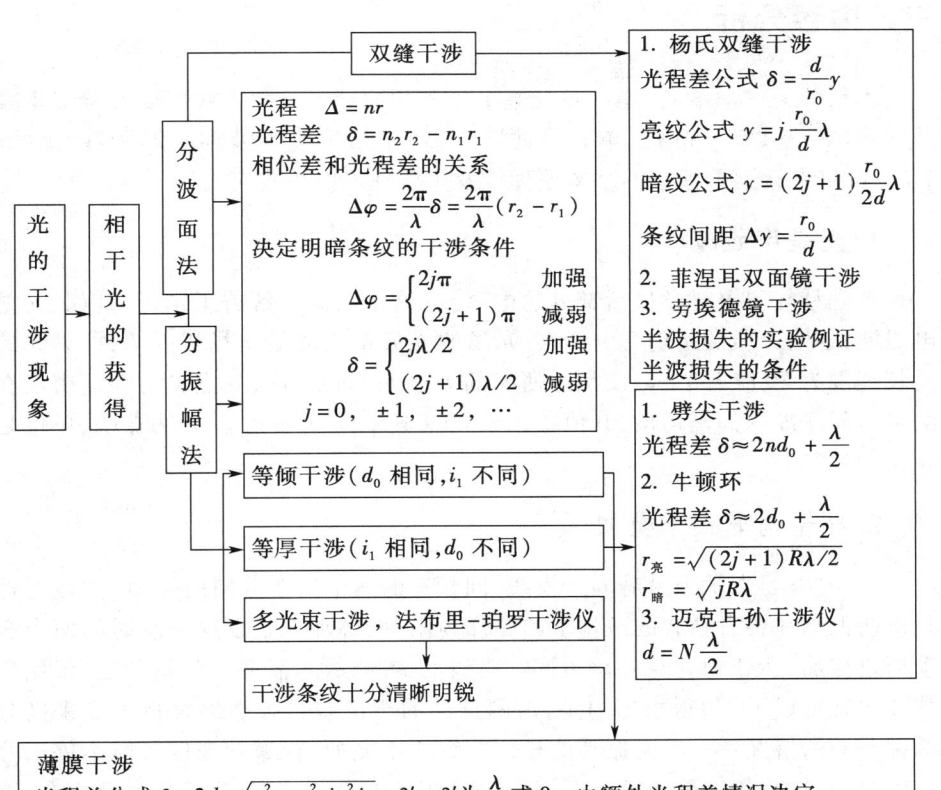

二、课程标准

1. 理解相干叠加和不相干叠加的区别和联系.
2. 理解光的相干条件和光的干涉的定义.
3. 了解干涉条纹的可见度以及空间相干性和时间相干性对干涉可见度的影响.
4. 掌握相位差和光程差之间的关系.
5. 掌握分波面干涉装置的干涉光强分布的基本规律,即干涉条纹的间距和条纹的形状等.
6. 掌握分振幅等倾干涉的条纹特征和光强分布及其应用.
7. 掌握分振幅等厚干涉的条纹特征和光强分布及其应用.
8. 掌握迈克耳孙干涉仪和法布里-珀罗干涉仪的基本原理及其应用.

三、内容分析

本章分为三个单元.第一单元是关于光的波动本质的一些重要实验证据及其解释(1.1—1.5)*;第二单元是薄膜干涉,包括等倾干涉和等厚干涉(1.6—1.7);第三单元是干涉仪的基本原理以及干涉现象的一些应用(1.8—1.10).

1. 光是电磁波

首先是复习电磁学最后部分的电磁波.这里只需了解若干结论:诸如,光是电磁波;透明介质的折射率 $n=c/v$;光场的光矢量指的是电场强度 E;可见光的波长范围为 390~760 nm;实用中所指的光强 I,即辐照度,其定义为能流密度在测量时间间隔内的平均值,其值正比于 nA^2(其中,n 为折射率;A 为振幅,单位是 W/m^2).

2. 相干与非相干叠加

1.1 是复习力学中沿着同一直线、同频率的两个简谐振动的叠加.要注意这是以两振动在各自独立的条件下的叠加为限,而叠加总是以同一瞬时的两个振动矢量相加.由于只讨论振动沿同一直线的情况,故不需要用矢量加法,仅用代数加法就可以了.值得指出的是,由两振动的相位差是否始终维持不变来区分两种不同的情况:第一,两振动的相位差维持不变的,合振动强度可能不等于分强度之和,这是相干叠加;第二,相位差时刻变化的,合振动等于分振动之和,这是非相干叠加.严格地讲,应由干涉项 $2A_1A_2\langle\cos\Delta\varphi\rangle_\tau$ 是否为零来区分非相干叠加和相干叠加.$\langle\cos\Delta\varphi\rangle_\tau$ 表示 $\cos\Delta\varphi$ 在测量时间间隔 τ 内的平均值.

在力学现象中,振动通常持续相当长的时间,所以在观察时间内,叠加一般

---

* 本书提到的章、节号,均指《光学教程》(第六版)的章、节号.

是相干的.但是在光学现象中,光源所发出的光,情况要复杂得多,所以应特别注意相干问题.由于每次发光时间特别短暂,而通常的光接收器的响应时间相比之下又特别长,这就决定了一般观察的光学现象都是时间的平均效应.因此两束光的相干条件中最关键的一条就是在光的叠加区域内,各点具有各自的、不跟随时间而变的相位差.这就决定了通常的相干光源必须采用各种各样的分光装置来获得,即把一准单色光源发出的一束光,通过某一措施人工地分成两束,随后使这两束光经不同的光程后交叠而实现.这一措施通常分成分波面、分振幅和分振动面三种形式,其中偏振光的干涉就是分振动面的实例.

3. 相位差与光程差的关系

1.2 中,符合相干条件的两束光波在相遇区域叠加,是相长还是相消,取决于相位差,而两振动的相位差是由如下两个因素所决定的.

第一,是相干光源本身所带来的初相位差 $\varphi_{02}-\varphi_{01}$.

实际的光源中含有无数的发光原子,即使可以使它们发出同一频率的单色光,我们也无法控制它们所发光波的初相位值.故 $\langle\cos\Delta\varphi\rangle_{\tau}=0$,即干涉项为零.因此,实际的点光源中不同原子所发的光波,因它们之间无固定的初相位差 $\varphi_{02}-\varphi_{01}$,从统计观点看,是不相干的.

在多数情况下,相干光源本身的相位可以认为是相同的,所以在计算时,该因素可不必考虑,只要确知它们之间的相位差始终维持不变就可以了.

第二,是从两相干光源到同一观察点的光程差.

由于相干光源本身的相位可认为是相同的,故计算两波同时到达观察点时的相位差,主要从光程差着手.光程差和相位差的关系为

$$\Delta\varphi = \frac{2\pi}{\lambda}\delta = k\delta$$

该式表明光程每差一个波长 λ,相位就差 2π.任意光程差 δ 与 λ 之比,应该等于相应的相位差 $\Delta\varphi$ 与 2π 之比.

综上所述,干涉强度分布决定于相位差,相位差决定于光程差,所以光程差公式是讨论干涉的出发点.**它是波动光学的主题歌**.因此,这个关系式应熟记.

值得指出的是,相消干涉不是能量的消灭,因为与此同时必伴随着相长干涉,不过出现在不同的地方.干涉现象仅是波所到达空间各点能量的重新分布.

4. 分波面双光束干涉

1.3 中,应注意分波面双光束干涉的三个具有重要意义的实验:

(1) 杨氏实验是个典型的例子,它的规律具有普遍意义.

(2) 劳埃德镜实验表明:光从光密介质表面反射,入射角近于 $\pi/2$ 时发生半波损失.

(3) 维纳驻波实验表明:入射角为 0°时也发生半波损失,而在介质表面形成驻波的波节,这相当于电场强度矢量,而不是磁感应强度,进一步证明光矢量是电场强度矢量,从而认识光的电磁本性.

5. 干涉条纹的可见度以及空间相干性和时间相干性

1.4 中,干涉条纹的可见度是描述干涉场中干涉现象显著程度的物理量. 干涉条纹的可见度的大小与两相干光波的强度、光源的大小和光源的单色性有关.

空间相干性指的是光场中同一时刻两个不同位置光振动的关联程度,即横向相干性;时间相干性指的是光场中同一位置不同时刻光振动的关联程度,即纵向相干性. 其实,空间相干性和时间相干性的问题是不能截然分开的,我们之所以区分它们,只是为了说明问题的方便.

6. 菲涅耳公式

1.5 中,四个菲涅耳公式是从电磁波边界条件推导出来的. 用菲涅耳公式不但可以计算反射光和透射光的振幅 A_1 和 A_2,而且还可以从振幅反射比和振幅透射比的正负确定反射光和透射光的电矢量在某一时刻的振动指向.

对菲涅耳公式不必去细究如何推导,这里主要应用菲涅耳公式解释半波损失,从理论上去阐述光的电磁本性.

7. 分振幅薄膜干涉

由斯托克斯定理对反射和透射比的讨论可知薄膜反射多光束干涉可以等效为最先两束反射光的干涉.

1.6 和 1.7 所涉及的薄膜干涉中,最重要的是公式(1-35)*,在所讨论的条件下,对等倾干涉和等厚干涉都是成立的. 应该弄清的是式中 n_1、n_2、d_0、i_1 和 i_2 的含义,特别是 i_2 不是由已知条件给出的,还要经折射定律换算.

关于等倾干涉和等厚干涉这两个物理术语,容易因望文生义而混淆. 对于等厚干涉条纹,绝不要认为薄膜是等厚的. 等厚干涉条纹指的是相同的倾角,薄膜上厚度相同的各点对应着同样的光程差,在同一级条纹上. 所以,只有厚度不同的薄膜才有可能形成一组等厚条纹,条纹的形状正反映等厚点的轨迹. 而等倾干涉指的是厚度相等的薄膜,由入射光的倾角改变而形成的一组干涉条纹. 同一级条纹,对应着同一倾角;不同级条纹,对应着不同的倾角. 由公式(1-35)可知,当 n_1 和 n_2 给定以后,d_0 一定,光程差随 i_1 变化,即得等倾条纹;由公式(1-37)可知,当 i_1 一定,光程差随 d_0 变化,即等厚条纹. 这就是为什么要把完全一样的公式(1-35)和(1-37)写成不同形式的缘由.

在讨论薄膜干涉问题时,关键的内容是正确计算两振动的相位差,实际上就是计算两振动叠加时的方向关系. 首先应明确是哪两个光振动参与叠加. 在薄膜干涉现象中,入射光根本没有介入叠加,它的振动不必考虑,所以不涉及半波损失,因为它是反射光与入射光之间的振动方向关系. 其次,应明确单独考虑振动的一个分量方向相反与否,还不能完全解决问题,必须同时考虑两分量的合矢量的方向关系. 关于一分量方向的正负,仅指的是该方向与规定正方向是

---

* 本书提到的公式号,均指《光学教程》(第六版)的公式号.

相同还是相反.因此,必须区分下列三种不同意义,即各分量方向的正负,入射光与反射光之间的半波损失,在不同条件下反射的两束光之间的额外光程差.

综上所述,薄膜干涉中,薄膜上下表面反射的两束平行光的光程差为

$$\delta = 2d_0 n_2 \cos i_2$$

这是公式(1-35)和(1-37)的出发点.随后考察上下表面反射过程中是否有额外光程差,进一步修正.当 $n_1<n_2$,$n_2>n_3$ 或 $n_1>n_2$,$n_2<n_3$ 时有额外光程差 $\lambda/2$;当 $n_1>n_2>n_3$ 或 $n_1<n_2<n_3$ 时,无额外光程差.最后由光程差和相位差之间的关系,进一步确定相长或相消干涉的条件.

值得指出的是,有无额外光程差的差别仅仅在于干涉条纹的级数差半级,即暗亮条纹互换,这是十分重要的现象,但是并不影响诸如条纹的形状、间隔和对比度等特征.

8. 迈克耳孙干涉仪的基本原理及应用

1.8 中,迈克耳孙干涉仪的原理是以薄膜干涉现象为基础的.除了弄清每一元件的功能外,就是分析由 M_1 和 M_2 所构成的特殊薄膜的干涉问题,公式(1-35)仍旧适用.但是这种薄膜具有以下特点:首先,它是空气膜,所以 $n_1=n_2=1$,$i_1=i_2$;其次,通过改变 M_1 和 M_2 的方位,实现等厚薄膜或尖劈薄膜;再次,它是分振幅双光束干涉装置,两束相干光是在两个互相垂直的方向传播.由于两光路分得很开,所以可以根据需要改变其中一条光路,便于我们在测量时放置各种待测部件.因此,迈克耳孙干涉仪在光学测量中得到了广泛的应用.其中常用到下述原理:干涉仪中的动镜每移动 $\lambda/2$ 的距离,从视场中冒出或缩进一个条纹,这就和精密测量紧密联系起来.借助于 CCD 摄像装置和计算机,可使判读与测量精度大大提高.

9. 法布里-珀罗干涉仪的原理

1.9 中,多光束干涉形成的条纹比两光束干涉所形成的条纹锐度高,故利用多光束干涉的干涉仪具有很高的分辨本领.因此,这种干涉仪常用于高分辨光谱学中.

利用多光束干涉的原理的最重要的干涉仪是法布里-珀罗干涉仪.重要的是它的强度分布,关于这一点,除了第二章分析光栅时要用到其性质外,在分析激光谐振腔的原理时也要涉及它.

10. 牛顿环

1.10 中,牛顿环是不同厚度的等厚点轨迹,是以接触点为圆心的一簇同心圆.由于额外光程差,中心点为暗的,其 j 级条纹的半径为

$$r_j = \sqrt{j}\sqrt{R\lambda/n} \propto \sqrt{j}$$

式中,$n=1$,故牛顿圈等厚圆条纹和厚度相等的薄膜的等倾圆条纹在光强分布

和 r_j 上有相同的分布规律.

11. 发光二极管(LED)作干涉实验的光源

由于高亮度的发光二极管功率约为 100 mW,管内设置有抛物面反射镜,故准直性好.工作电压为 3 V,工作电流约为 20 mA,功耗小,且抗冲击能力强,可靠性好,寿命长,价格低廉,单色允许误差为 5 nm.市售的发光二极管的红、黄、绿和蓝色峰值波长分别为 625 nm、592 nm、520 nm 和 471 nm,可用于杨氏干涉实验的光源及相关演示实验中.

12. 全光纤激光迈克耳孙干涉仪

光学干涉测量,如用钠光测量凸透镜曲率半径,用迈克耳孙干涉仪测量位移等,很久以来都是物理实验的重要内容.然而,那些把空气作为介质的激光干涉装置,存在着致命的缺陷,那就是温度的不均匀、振动、空气中的水分等使这些激光干涉装置在工程应用中受到限制.而光纤干涉测量装置则耐振动,不怕电磁干扰,可在较高温度环境下工作.

同频率、同相位、同偏振方向两束光相遇的空间光强会产生有规律的叠加或相互抵消,本来是光强均匀分布的光场,由于相互干涉,变得不均匀了,产生了"干涉条纹".利用这种原理可将激光耦合在直径 4 μm 的单模光纤中,制作成全光纤激光迈克耳孙干涉仪.

四、例题示范

1. 分波面干涉

1-1-1 (1) 杨氏装置中,若已知波长为 589 nm 的光在远处的光屏上将形成角宽度为 0.02°的暗纹,试求双缝的间距.

(2) 若将整个装置浸入折射率为 1.33 的液体中,试求条纹的角宽度.

解:(1) 由相长干涉条件可知,干涉级为 j、$j+1$ 级的暗条纹的位置分别为

$$y = \frac{r_0}{d}(2j+1)\frac{\lambda}{2} \qquad (1)$$

$$y' = \frac{r_0}{d}[2(j+1)+1]\frac{\lambda}{2} \qquad (2)$$

由题 1-1-1 图中的几何关系,得

$$\tan\theta = \frac{y}{r_0}$$

故

$$\tan\theta = \frac{y}{r_0} = \frac{1}{d}(2j+1)\frac{\lambda}{2} \qquad (3)$$

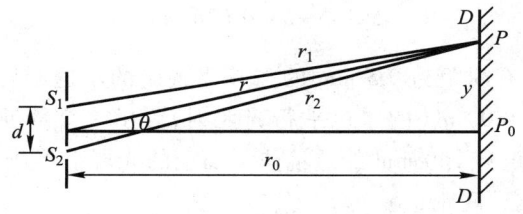

题 1-1-1 图

$$\tan\theta' = \frac{y'}{r_0} = \frac{1}{d}(2j+3)\frac{\lambda}{2} \quad (4)$$

式(4)-式(3),考虑到傍轴条件得

$$\tan\theta' - \tan\theta \approx \theta' - \theta = \Delta\theta = \frac{\lambda}{d}$$

故

$$d = \frac{\lambda}{\Delta\theta} = \frac{589\times 10^{-6}}{0.02°\times(\pi/180°)} \text{ mm} = 1.687 \text{ mm}$$

(2) 若将该装置浸入折射率为 1.33 的液体中,则 j 级和 $j+1$ 级暗条纹所对应的光程差分别为

$$n(r_2-r_1) = n\frac{d}{r_0}y = (2j+1)\frac{\lambda}{2} \quad (5)$$

$$n\frac{d}{r_0}y' = [2(j+1)+1]\frac{\lambda}{2} \quad (6)$$

式(6)-式(5),得

$$nd\frac{y'-y}{r_0} = \lambda$$

即

$$nd(\tan\theta' - \tan\theta) = \lambda$$

或

$$nd\Delta\theta = \lambda$$

则条纹的角宽度为

$$\Delta\theta = \frac{\lambda}{nd} = \frac{5\,890\times 10^{-7}}{1.33\times 1.687} \text{ rad} = 0.015° = 54''$$

1-1-2 在杨氏干涉实验中,以 $\lambda = 632.8$ nm 的氦氖激光束垂直照射间距为 1.14 mm 的两个小孔,小孔至屏幕的垂直距离为 1.50 m. 试求下列两种情况下屏幕上干涉条纹的间距:

(1) 整个装置放在空气中;(2) 整个装置放在 $n=1.33$ 的水中.

解:(1) $$\Delta y = \frac{r}{d}\lambda = 0.833 \text{ mm}$$

（2） $$\Delta y' = \frac{r}{nd}\lambda = 0.626 \text{ mm}$$

1-1-3 将具有间距为 0.5 mm 的竖直双狭缝的不透明屏置于分光计的平台上,以波长 $\lambda = 600$ nm 的单色平行光照射,其中一个缝通过的能量为另一个的 4 倍,置于焦距为 200 mm 的透镜焦平面上的光屏上形成干涉花样. 试求:

（1）干涉条纹的间距;

（2）干涉条纹的可见度.

解：（1）利用下列公式

$$\Delta y = \frac{r_0}{d}\lambda$$

将 $r_0 = 200$ mm, $d = 0.5$ mm 和 $\lambda = 600 \times 10^{-6}$ mm 代入上式,得条纹间距为

$$\Delta y = \frac{200}{0.5} \times 600 \times 10^{-6} \text{ mm} = 0.24 \text{ mm}$$

（2）由缝中能量分布可知

$$I_1 : I_2 = 4 : 1$$

则

$$A_1 : A_2 = 2 : 1$$

故

$$A_1 = 2A_2$$

$$A_{\min} = A_1 - A_2 = A_2$$

$$A_{\max} = A_1 + A_2 = 3A_2$$

$$I_{\min} = A_2^2$$

$$I_{\max} = 9A_2^2$$

则干涉条纹的可见度为

$$V = \frac{I_{\max} - I_{\min}}{I_{\max} + I_{\min}} = \frac{9-1}{9+1} = 0.8$$

1-1-4 平行单色光垂直投射到间距 $d = 0.1$ mm 的双缝上,在屏上某点 P 观察到第 8 级亮条纹,屏离开双缝的距离 $r_0 = 1$ m, P 点离开中央亮条纹的距离为 $y = 4$ cm（参见题 1-1-1 图）. 若把双缝的间距缩小为 d',则 P 点为第 4 级亮条纹. 试求:

（1） $d' : d$;

（2）单色光的波长.

解：（1）由相长干涉的条件,得

$$d\sin\theta = j\lambda$$

故

$$d' : d = j' : j = 4 : 8 = 1 : 2$$

(2) 单色光的波长为

$$\lambda = \frac{d\sin\theta}{j} = \frac{d}{j}\frac{y}{r_0} = \frac{0.1}{8} \cdot \frac{40}{1\,000}\text{ mm} = 500\text{ nm}$$

1-1-5 如题 1-1-5 图（a）所示，在杨氏干涉装置中，双缝的间距 $d = 0.1$ mm，离双缝右侧 10 cm 处有一共轴的焦距 $f' = 10$ cm 的理想会聚透镜 L，L 的右侧 12 cm 处置一垂直于轴的干板 DD. 若缝 S 以波长 $\lambda = 400$ nm 单色光垂直照明. 试求：

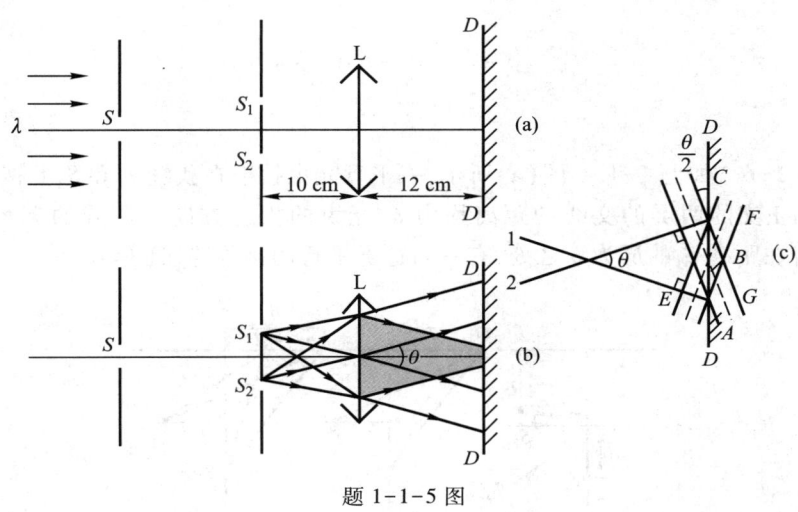

题 1-1-5 图

(1) 干板上有无干涉条纹？

(2) 若有直干涉条纹，则条纹间距是多少？

解：(1) 由于 S_1 和 S_2 是由同一波面分出的两个次波源，因此它们是相干的. 而相干光源 S_1 和 S_2 都处于透镜 L 的物方焦平面上，经透镜 L 折射成夹角为 θ 的两束平行光，如题 1-1-5 图（b）所示，交叠而构成干涉场. 在干涉域中置一与光轴正交的干板 DD 即可得与纸面垂直的等间隔的明暗相间的直干涉条纹.

(2) 干板上所形成的直条纹的间距公式推导如下.

如题 1-1-5 图（c）所示，绘出的是经透镜 L 折射后所获得的两簇相干的平行光束 1 和 2 的波阵面图，其中与光线正交的实线表示某一时刻振动处在波峰的等相面，虚线却是波谷的等相面. 而干板 DD 恰好置于两平面波面夹角的平分线上，即 $\angle ACE = \theta/2$.

相干光束 1 和 2 的波长都是 λ，故 $AE = \lambda$. 干板面上 A 和 C 点为两波峰相遇，B 点为两波谷相遇，故 A、B 和 C 点为相长干涉，显然，F、G 两点是相消干涉. 在波的传播过程中，在 θ 维持不变的条件下，A、B 和 C 点总是同相位，F、G 却是反相位的. 所以，AC 的长度为条纹间距的两倍，即

$$AC = 2\Delta y$$

在题 1-1-5 图（c）所示的 $\triangle ACE$ 中

第 1 章 光的干涉

$$AC\sin\frac{\theta}{2}=AE, \quad \sin\frac{\theta}{2}=\frac{\frac{120}{100}\times 0.05}{\sqrt{12^2+\left(\frac{120}{100}\times 0.05\right)^2}}$$

即
$$2\Delta y \sin\frac{\theta}{2}=\lambda$$

将 $\lambda=400\times 10^{-6}$ mm, $\sin\frac{\theta}{2}\approx\frac{0.06}{12}$ 代入上式,得条纹间距为

$$\Delta y=\frac{\lambda}{2\sin\frac{\theta}{2}}=0.04 \text{ mm}$$

1-1-6 如题 1-1-6 图(a)所示,一平行光束投射在狭缝 S_1 和 S_2 上,两条缝与互相正交的两屏的交线的距离均为 a,光束的投射方向与两屏的夹角均为 $45°$.若在距缝 S_1 的屏为 b 之处,有一与这屏平行的接收屏,且 $b\gg a$.

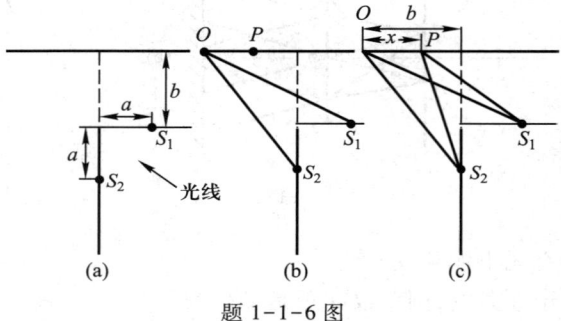

题 1-1-6 图

若将 S_1 与 S_2 视为线光源,且认为光源为单色光.

(1) 试求相长和相消的条件;

(2) 证明在零级附近,相邻相长和相消干涉条纹间的距离不变,且为 $\frac{k}{2a}\lambda$,式中
$$k^2=(a+b)^2+b^2$$

解:(1) 如题 1-1-6 图(b)所示,在接收屏上的 O 点,光程差
$$S_2O-S_1O=0$$
将产生相长干涉.

相长干涉的条件为
$$S_2P-S_1P=j\lambda, \quad j=0,\pm 1,\pm 2,\cdots$$

式中,P 为接收屏上位于 S_2 左边的点,在 S_2 的右边不会形成干涉条纹.

相消干涉的条件为
$$S_2P-S_1P=(2j+1)\frac{\lambda}{2}, \quad j=0,\pm 1,\pm 2,\cdots$$

（2）如题 1-1-6 图(c)所示，计算离开 0 级干涉的距离 x，

$$S_2P = [(a+b)^2+(b-x)^2]^{1/2}$$

$$S_1P = [b^2+(a+b-x)^2]^{1/2}$$

$$S_2P-S_1P = [(a+b)^2+(b-x)^2]^{1/2}-[b^2+(a+b-x)^2]^{1/2}$$

$$= j\lambda, \quad j=0,\pm1,\pm2,\cdots$$

($x<b$，相长干涉)

$$S_2P-S_1P = (2j+1)\frac{\lambda}{2}, \quad j=0,\pm1,\pm2,\cdots$$

($x<b$，相消干涉)

若 $x=0$，则

$$S_2P = S_1P = [(a+b)^2+b^2]^{1/2}$$

且 $j=0$，相长干涉．

考察接收屏上的 0 级附近（即 O 附近）区域，x 很小时，应用牛顿二项式，得

$$S_2P-S_1P = \left[(a+b)^2+b^2\left(1-\frac{x}{b}\right)^2\right]^{1/2} - \left[b^2+(a+b)^2\left(1-\frac{x}{a+b}\right)^2\right]^{1/2}$$

$$= \left[(a+b)^2+b^2-2b^2\left(\frac{x}{b}\right)+b^2\left(\frac{x}{b}\right)^2\right]^{1/2} -$$

$$\left[b^2+(a+b)^2-(a+b)^2\left(\frac{2x}{a+b}\right)+(a+b)^2\left(\frac{x}{a+b}\right)^2\right]^{1/2}$$

略去 x^2 项，得

$$S_2P-S_1P = k\left\{\left[1-\frac{2b^2}{k^2}\left(\frac{x}{b}\right)\right]^{1/2} - \left[1-\frac{2(a+b)^2}{k^2}\frac{x}{a+b}\right]^{1/2}\right\}$$

其中

$$k^2 = (a+b)^2+b^2$$

应用牛顿二项式展开，得

$$S_2P-S_1P = k\left\{\left[1-\frac{b^2}{k^2}\left(\frac{x}{b}\right)+\cdots\right]-\left[1-\frac{(a+b)^2}{k^2}\frac{x}{a+b}+\cdots\right]\right\}$$

$$= k\left[\frac{(a+b)}{k^2}x-\frac{b}{k^2}x+\cdots\right] = \frac{a}{k}x$$

放在 O 点附近区域内，相长干涉的条件为

$$\frac{a}{k}x = j\lambda$$

即

$$x = kj\frac{\lambda}{a}$$

相消干涉的条件为
$$\frac{a}{k}x = (2j+1)\frac{\lambda}{2}$$
即
$$x = (2j+1)\frac{k\lambda}{2a}$$

故在近似条件下,相邻相长和相消条纹间的距离 Δx 为常量,即
$$\Delta x = \frac{k\lambda}{2a}, \quad k^2 = (a+b)^2 + b^2$$

1-1-7 如题 1-1-7 图所示的劳埃德镜装置中,各物理量的数值分别为:$a = 2$ cm, $b = 3$ m, $c = 5$ cm, $e = 0.5$ mm. 光波的波长为 $\lambda = 589.3$ nm. 试求:

(1) 屏上条纹间距;

(2) 屏上的总条纹数.

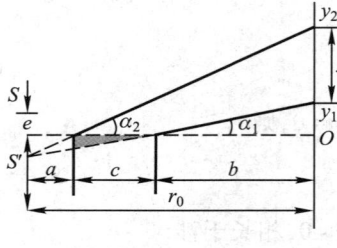

题 1-1-7 图

解:(1) 劳埃德镜为双光束干涉,两相干光源的间距为
$$d = 2e$$

按条纹间距公式
$$\Delta y = r_0 \frac{\lambda}{d} = \frac{(a+b+c)}{d}\lambda \approx \frac{b}{2e}\lambda$$
$$= \frac{3\ 000}{2\times 0.5}\times 589.3\times 10^{-6}\ \text{mm}$$
$$= 1.77\ \text{mm}$$

(2) 干涉区域的线度为
$$y = y_1 y_2 = Oy_2 - Oy_1 = (c+b)\tan\alpha_2 - b\tan\alpha_1$$

又
$$\tan\alpha_2 = \frac{e}{a}, \quad \tan\alpha_1 = \frac{e}{a+c}$$

由于 $b \gg a, b \gg c$,故
$$y = \frac{be}{a} - \frac{be}{a+c} = \frac{bec}{a(a+c)} \approx 54\ \text{mm}$$

所形成的干涉条纹数为
$$N = \frac{y}{\Delta y} = 30.51 \approx 30$$

1-1-8 一微波检测器置于大湖的岸边,距水平面上方 0.5 m 处. 当一星体发射的 1.5×10^9 Hz 的微波信号水平掠过湖面而第一次显现时,从检测器所测得的信号十分微弱. 当星体上升时,信号增强,通过最大值,随后又减弱. 令星体第一次显现时,信号为最小. 试问当记录到第二次最小时,星体和水平面成多大的角度? 已知微波的速度为 $c = 3\times 10^8$ m/s.

解：根据光学的劳埃德镜的原理,当星体的微波信号水平掠过湖面时,检测器能同时接收来自星体的微波和具有同样光程的来自湖面的反射微波. 但是因在掠射时,反射波相对于入射波在入射点有相位突变 π,故直射微波和向检测器掠射的反射波互相抵消. 因此,检测器所测得的信号十分微弱.

如题 1-1-8 图所示,由于从湖面掠射的微波线 1 发生相位突变 π,故到达检测器的两射线的光程差为

$$(AB-BC)+\frac{\lambda}{2}$$

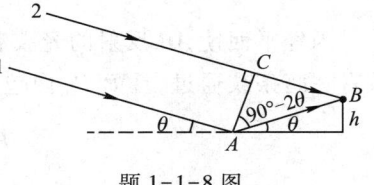

题 1-1-8 图

发生相消干涉的条件为

$$\left[\frac{h}{\sin\theta}-\frac{h}{\sin\theta}\sin(90°-2\theta)\right]+\frac{\lambda}{2}=2h\sin\theta+\frac{\lambda}{2}=(2j+1)\frac{\lambda}{2}$$

即

$$\sin\theta=\frac{\lambda}{2h}=\frac{c}{2h\nu}=\frac{3\times10^8}{2\times1.5\times10^9\times0.5}=0.2$$

$$\theta=11.5°$$

1-1-9 如题 1-1-9 图所示的劳埃德镜装置中,光源 S_1 至观察屏的竖直距离为 1.5 m,光源到劳埃德镜面的垂直距离为 2 mm. 劳埃德镜长 AB 为 40 cm,置于光源和屏之间的正中央.

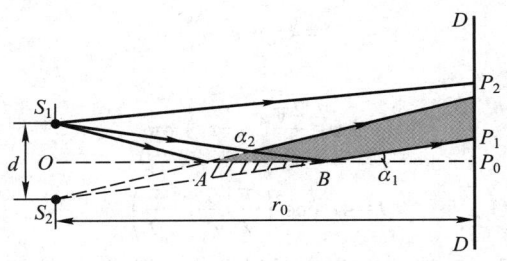

题 1-1-9 图

(1) 确定屏上可以看见条纹的区域大小；
(2) 若光波波长 $\lambda=500$ nm,条纹间距为多少？在屏上可看见多少条条纹？
(3) 写出屏上光强的分布解析式.

解：(1) 在劳埃德镜实验中,形成干涉的两束光为:光源 S_1 所发出的直接投射到屏上的光束和光源 S_1 发出的经平面镜 AB 反射后再投射到屏上的光束. 而后者可视为由 S_1 的镜像 S_2 发出的. 因此相干光源为 S_1 和 S_2.

由图可知,干涉区域在 P_1P_2 范围内,且

$$P_1P_0=BP_0\tan\alpha_1=BP_0\frac{S_1O}{OB}=550\times\frac{2}{950}\text{ mm}=1.16\text{ mm}$$

$$P_2P_0=AP_0\tan\alpha_2=AP_0\frac{S_1O}{OA}=950\times\frac{2}{550}\text{ mm}=3.45\text{ mm}$$

故
$$P_1P_2 = P_2P_0 - P_1P_0 = (3.45-1.16)\text{ mm} = 2.29 \text{ mm}$$

（2）条纹的间距为
$$\Delta y = r_0 \frac{\lambda}{d} = \frac{1\,500 \times 500 \times 10^{-6}}{4} \text{mm} = 0.19 \text{ mm}$$

因经平面镜 AB 反射的光波有相位突变 π，故若 P_0 点在干涉区域内，它应该有一暗条纹通过，且 P_1P_0 内包含的暗条纹数为
$$N_1 = \frac{P_1P_0}{\Delta y} = \frac{1.16}{0.19} = 6.1 \approx 6$$

而 P_2P_0 内包含的暗条纹数为
$$N_2 = \frac{P_2P_0}{\Delta y} = \frac{3.45}{0.19} = 18.16 \approx 18$$

故 P_1P_2 干涉区内可看见的暗条纹数为
$$N_2 - N_1 = 12$$

即 11 个亮条纹.

（3）考虑到 S_1 发出的光波掠射于平面镜，反射波反射时有相位突变 π，则屏上任一点 P 的强度的解析式为
$$I = 4I_0 \cos^2 \frac{\Delta\varphi}{2}$$

式中
$$\Delta\varphi = \frac{2\pi}{\lambda}(r_2 - r_1) + \pi$$

故
$$I = 4I_0 \cos^2\left(\frac{\pi}{\lambda}\frac{d}{r_0}y + \frac{\pi}{2}\right)$$

1-1-10 菲涅耳双棱镜实验按下列尺寸装置：缝到棱镜的距离为 5 cm，棱镜到屏的距离为 95 cm，棱镜角 $\alpha = 179°32'$，构成棱镜材料的折射率 $n' = 1.5$，采用的是单色光. 当均匀厚度的肥皂膜横过双棱镜的一半部分放置，该系统的中心部分附近的条纹相对原先有 0.8 mm 的位移. 若肥皂膜的折射率 $n = 1.35$. 试求肥皂膜厚度的最小值.

解：如题 1-1-10 图（a）所示，光源和双棱镜系统的性质相当于相干光源 S_1 和 S_2，它们是虚光源. 首先计算它们的间距 d，由近似条件
$$\theta \approx (n'-1)A$$

和
$$\theta \approx \left(\frac{d}{2}\right)\frac{1}{l}$$

得
$$d = 2l\theta = 2l(n'-1)A \tag{1}$$

按双棱镜的几何关系，得
$$2A + \alpha = \pi$$

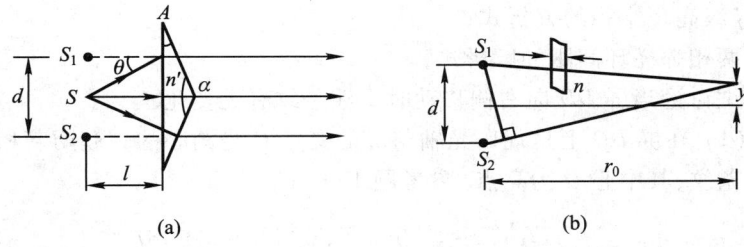

题 1-1-10 图

故
$$A = \frac{\pi - \alpha}{2} = 14' = 14 \times \frac{\pi}{60 \times 180} \text{ rad} \tag{2}$$

肥皂膜未插入前,相长干涉的条件为
$$\frac{d}{r_0}y = j\lambda \tag{3}$$

参见题 1-1-10 图(b),由于肥皂膜的插入,相长干涉的条件为
$$\frac{d}{r_0}y' + (n-1)t = j\lambda \tag{4}$$

式(4)-式(3),得
$$\frac{d}{r_0}(y' - y) + (n-1)t = 0$$

则肥皂膜的最小厚度为
$$t = \frac{d(y'-y)}{r_0(n-1)} = \frac{2l(n'-1)A(y'-y)}{r_0(n-1)}$$

将 $l = 50$ mm, $n' = 1.5$, $n = 1.35$, $y' - y = 0.8$ mm, $r_0 = 1\,000$ mm 和 $A = \frac{14\pi}{60 \times 180}$ rad 代入上式,得
$$t = 4.65 \times 10^{-7} \text{ m}$$

1-1-11 将焦距为 f' 的透镜对半剖开,分成两片半透镜 L_A 和 L_B,如题 1-1-11 图(a)所示安置. P 点为波长为 λ 的单色点光源. 由 P 发出的光波经 L_A 和 L_B 后分别得平行光束和会聚光束. 在两束光的交叠区域放置一观察屏 DD,其上呈现一簇同心半圆环干涉条纹. 试求:

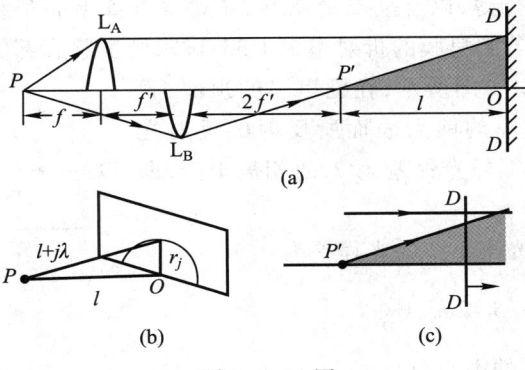

题 1-1-11 图

(1) j 级亮环半径的解析式;

(2) 两相邻亮环间距的解析式;

(3) 试讨论当屏 DD 向右侧移动时干涉条纹有无变化?

解:(1) 在屏 DD 上呈现以光轴与屏的交点 O 为圆心的一簇明暗相间的半圆形干涉条纹,其中心 O 为亮点. 参考题 1-1-11 图(b),得

$$r_j = \sqrt{(l+j\lambda)^2 - l^2} = \sqrt{l^2 + 2jl\lambda + j^2\lambda^2 - l^2} \approx \sqrt{j}\sqrt{2l\lambda} \tag{1}$$

对给定的光学系统和单色光源,这里 $\sqrt{2l\lambda}$ 为常量. 故第 j 级亮环的半径与 $\sqrt{j}$ 成正比.

(2) 由式(1),得相邻亮环的半径平方分别为

$$r_j^2 = 2l\lambda j \tag{2}$$

$$r_{j+1}^2 = 2l\lambda(j+1) \tag{3}$$

式(3)-式(2),得

$$r_{j+1}^2 - r_j^2 = 2l\lambda$$

$$\Delta r_j = r_{j+1} - r_j = \frac{2l\lambda}{r_{j+1} + r_j} \approx \frac{l\lambda}{r_j} \tag{4}$$

将式(1)代入式(4),得

$$\Delta r_j = \sqrt{\frac{l\lambda}{2}} \frac{1}{\sqrt{j}}$$

该式表明相邻两亮环的间距随 $\sqrt{j}$ 的增加而减小. 换言之,级次越高,条纹间距越密.

(3) 如题 1-1-11 图(c)所示的干涉场中,当屏 DD 向右侧方向移动时,第 j 级亮条纹的半径 r_j 将随之逐渐增大,相应的间距却越来越小.

2. 分振幅干涉

1-2-1 以波长为 589 nm 的钠黄光沿水平方向投射在一竖直的肥皂膜 AB 上. 由于膜顶部十分薄,以至呈现暗视场,并观察到 5 条亮条纹,第 5 条亮条纹位于膜的底部 B. 若肥皂膜的折射率为 1.33,试求肥皂膜底部的厚度.

解:如题 1-2-1 图所示,在肥皂膜的顶部,膜的厚度近似为零. 膜的前后表面所反射的反射光 1、2 之间将会引起额外光程差 $\lambda/2$,故相消干涉,即呈现暗视场.

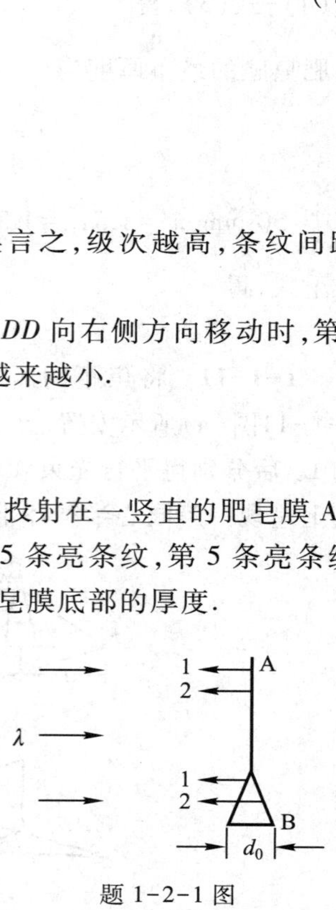

在膜的底部,光束 1、2 的光程差为

$$\delta = 2nd_0 + \frac{\lambda}{2}$$

题 1-2-1 图

底部为第 5 条亮纹的中心,故

$$\delta = 2nd_0 + \frac{\lambda}{2} = 5\lambda$$

则
$$d_0 = \frac{4.5\lambda}{2n}$$

将 $n = 1.33$，$\lambda = 589$ nm 代入上式，得
$$d_0 = 996 \text{ nm}$$

1-2-2 设一平行光以与肥皂膜的法线成 30°角投射，膜的折射率为 1.33. 试求给出二级红光反射（波长 λ 为 700 nm）干涉条纹的肥皂膜的厚度.

解：若膜可以视为 $n = 1.33$ 的平行平板，上下表面的反射光的光程差为
$$\delta = 2nd_0\cos i' + \frac{\lambda}{2}$$

相长干涉的条件为
$$\delta = 2nd_0\cos i' + \frac{\lambda}{2} = j\lambda$$

令 $j = 2$，则
$$d_0 = \frac{3\lambda}{4n\cos i'}$$

式中，i' 为膜内的折射角，当入射角 $i = 30°$ 时，折射角为
$$\sin i = n\sin i'$$
$$\sin i' = \frac{1}{n}\sin i = \frac{1}{2n}$$

故
$$\cos i' = \sqrt{1-\sin^2 i'} = \sqrt{1-\left(\frac{1}{2n}\right)^2}$$

即
$$d_0 = \frac{3\lambda}{4n\sqrt{1-\left(\frac{1}{2n}\right)^2}}$$

将 $n = 1.33$，$\lambda = 700$ nm 代入上式，得
$$d_0 = 426.0 \text{ nm}$$

1-2-3 如题 1-2-3 图所示，一玻璃平板置于边长为 2 cm 的玻璃立方体之上，使两者之间形成一层薄的空气膜 AB. 若波长为 400 nm 到 1 150 nm 之间的光波垂直投射到平板上，经空气膜 AB 的上下表面的反射而形成干涉. 在此波段中只有两种波长取得最大增强，其中之一是 $\lambda_1 = 400$ nm. 试求空气膜的厚度和另一波长 λ_2.

解：光在厚度为 d_0 的空气膜中一次来回，经过的光程为 $2d_0$. 由于光束 1、2 之间的额外光程差 $\lambda/2$，故对于波长为 λ_1 的光束，相长干涉的条件为
$$2d_0 = j_1\lambda_1 + \frac{\lambda_1}{2} \qquad (1)$$

对波长为 λ_2 的光束，相长干涉条件为

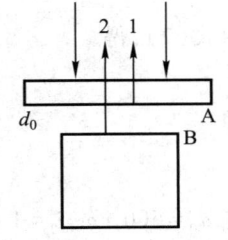

题 1-2-3 图

$$2d_0 = j_2\lambda_2 + \frac{\lambda_2}{2} \tag{2}$$

式(2)÷式(1),得
$$\frac{\lambda_2}{\lambda_1} = \frac{2j_1+1}{2j_2+1} \tag{3}$$

根据入射波长的范围,得
$$\frac{\lambda_2}{\lambda_1} = \frac{1\,150}{400} = 2.875$$

由于 $\lambda_2 : \lambda_1$ 的最小可能值为 1,故 $\frac{2j_1+1}{2j_2+1}$ 的定义域为

$$\frac{2j_1+1}{2j_2+1} \in (1, 2.875) \tag{4}$$

对于不同的 j_1 和 j_2,可以算出 $\frac{(2j_1+1)}{(2j_2+1)}$ 的数值,现将其值构成的矩阵列表如下:

$\frac{2j_1+1}{2j_2+1}$ \ j_1 j_2	0	1	2	3	4	5
0	1	3	5	7	9	11
1	0.33	1	1.67	2.33	3	3.67
2	0.2	0.6	1	1.4	1.8	2.2
3	0.14	0.43	0.71	1	1.29	1.57
4	0.11	0.33	0.56	0.78	1	1.22
5	0.09	0.27	0.46	0.64	0.81	1

经计算分数值满足条件式(4)的各个 j_1 和 j_2 对才是有可能被允许的. 进一步分析,只有一对是合理的. 换言之,应当找出这样一列,其中只有一对是合理的,即 $j_1 = 2, j_2 = 1$,其分数值为 1.67.

对于波长 $\lambda_1 = 400$ nm 的光波,按式(1),得

$$2d_0 = 2 \times 400 \text{ nm} + 200 \text{ nm} = 1\,000 \text{ nm}$$

故空气膜的厚度为 $d_0 = 500$ nm

由式(2),得 $2d_0 = \lambda_2\left(j_2 + \frac{1}{2}\right)$

即 $\lambda_2 = \dfrac{2d_0}{j_2 + \frac{1}{2}}$

将 $d_0 = 500$ nm, $j_2 = 1$ 代入上式,得

$$\lambda_2 = 667 \text{ nm}$$

1-2-4 波长范围为 390～760 nm 的白光垂直照射在肥皂膜上,假如肥皂膜的厚度为 0.55 μm,折射率为 1.35,试问在反射光中哪些波长的光得到增强?哪些波长的光干涉相消?

解:考虑到额外光程差,当满足 $2nd = (2j+1)\lambda/2$ 时,即反射光中波长为 424 nm 和 594 nm 的光,将得到增强;而当满足 $2nd = 2j\lambda/2$ 时,反射光中波长为 495 nm 的光,将干涉相消.

1-2-5 在太阳光的垂直照射下,水面上的一层油膜呈现出彩色干涉条纹,在 A 和 B 两点间的颜色依次为黄、绿、蓝、红和黄.设黄光的波长为 580 nm,而油膜的折射率为 1.5,试求 A 和 B 两点油膜的厚度差.如果颜色的次序变为黄、绿、蓝、绿和黄,则厚度差是多少?

解:若 A 和 B 两点间的干涉色依次为黄、绿、蓝、红和黄,则薄膜的厚度是随之逐渐减小的,在干涉色从蓝变到红的地方干涉级将减小一级.因此,这时 A 和 B 两点油膜的厚度差为

$$d_{0A} - d_{0B} = 0.193 \ \mu m$$

然而,当颜色的次序变为黄、绿、蓝、绿和黄时,薄膜的厚度是随之逐渐减小后又增大,因此这时 A 和 B 两点处油膜的厚度差是零.

3. 主要干涉仪

1-3-1 (1) 调节迈克耳孙干涉仪,使以波长为 500 nm 的扩展光源照明时将呈现同心圆环条纹.若要使圆环中心处相继出现 1 000 条圆环条纹,则动臂必须移动多远?

(2) 若中心是亮的,试计算第一暗环的角半径,并以两臂的路径距离差和波长表示.

解:(1) 当迈克耳孙干涉仪的两个反射镜正交时,干涉花样是圆环形的,属于等倾干涉.假设反射镜面的相位不予以考虑,则光程差为

$$\delta = 2d_0 \cos i'$$

式中,i' 为光在反射镜 M_1 上的入射角,而

$$d_0 = |l_2 - l_1|$$

式中,l_1、l_2 分别为干涉仪两臂的长度.

若动臂移动时,光程差 δ 变化 $1\,000\lambda$,则中心干涉圆环相继出现 1 000 条,即

$$2d_0 = 1\,000\lambda \tag{1}$$

则

$$d_0 = 500\,\lambda = 0.25 \text{ mm}$$

这就是动臂所要移动的距离.

(2) 若中心是亮的,显然 $2d_0$ 的数值应是波长 λ 的整数倍.即

$$2d_0 = j\lambda \tag{2}$$

对第一暗环,应有

$$2d_0 \cos i'_{j-\frac{1}{2}} = \left(j - \frac{1}{2}\right)\lambda \tag{3}$$

$i'_{j-\frac{1}{2}}$ 即为最近暗环的角半径.

式(2)-式(3),得

$$2d_0(1-\cos i'_{j-\frac{1}{2}}) = \frac{1}{2}\lambda$$

由于 $i'_{j-\frac{1}{2}}$ 很小,故

$$2d_0(1-\cos i'_{j-\frac{1}{2}}) = 2d_0\left[1-\left(1-\frac{1}{2}i'^2_{j-\frac{1}{2}}\right)\right] = \frac{\lambda}{2}$$

即

$$i'_{j-\frac{1}{2}} = \sqrt{\frac{\lambda}{2d_0}}$$

又由式(1),得

$$\frac{\lambda}{2d_0} = \frac{1}{1\,000}$$

故

$$i'_{j-\frac{1}{2}} = \frac{1}{\sqrt{1\,000}}\text{rad} = 0.032\text{ rad} = 1.8°$$

这就是等倾干涉条纹的第一暗环的角半径,可见 $i'_{j-\frac{1}{2}}$ 是相当小的.

1-3-2 以波长为 λ 的单色光作光源,观察迈克耳孙干涉仪的等倾干涉条纹. 先看到视场中有 10 个亮纹,而且中心是亮斑;移动动臂,观察到往中心缩进去 10 个亮纹,此时,视场中尚余下 5 个亮纹,中心是亮斑. 若在计算中不考虑光束在分光板上的半透镀银层处反射时的相位突变,试求开始时中心亮斑的干涉级 j.

解:在相同视场范围内,当见到条纹数目减少,条纹变疏并且中心条纹向内吞入,表明迈克耳孙干涉仪等效空气膜的厚度变小,中心亮斑级次大小决定于波长 λ,而这里厚度 d_0 和视场角范围 i' 均是未知量. 据此,期望通过条纹的移动和条纹相对级次的变更来确定条纹的级次.

镜面未移动时,中心亮纹所满足的条件为

$$2d_0\cos i' = 2d_0\cos 0° = 2d_0 = j\lambda \tag{1}$$

已知等倾干涉条纹中央级次高,外周的级次低,故在视场中第 10 个亮纹所满足的条件为

$$2d_0\cos i' = (j-10)\lambda \tag{2}$$

设镜面移动了 Δd_0,则

$$2(d_0-\Delta d_0) = (j-10)\lambda \tag{3}$$

$$2(d_0-\Delta d_0)\cos i' = (j-15)\lambda \tag{4}$$

由式(1)和式(2),得

$$j\lambda\cos i' = (j-10)\lambda \tag{5}$$

由式(3)和式(4),得

$$(j-10)\lambda\cos i' = (j-15)\lambda \tag{6}$$

式(6)÷式(5),得

$$\frac{j-10}{j} = \frac{j-15}{j-10}$$

解得

$$j = 20$$

4. 干涉的应用

1-4-1 如题1-4-1图所示,A为平凸透镜,B为平玻璃板,C为金属柱,D为框架,A、B间形成空气膜.若温度变化时,C发生伸缩,而A、B和D发生的伸缩可忽略不计.现用波长为 $\lambda = 632.8$ nm的激光垂直照射.试问:

(1) 在反射光中观察,看到牛顿环条纹移向中央,这表明金属柱C的长度在增加还是减少?

(2) 若观察到有10个亮条纹移到中央而消失,试问C的长度变化了多少?

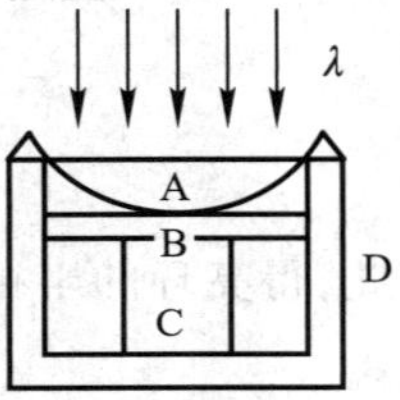

解:(1) 在反射光中观察牛顿环的亮条纹的位置为

$$\delta = 2d_0 - \frac{\lambda}{2} = j\lambda$$

题1-4-1图

由上式可知干涉级 j 随着厚度 d_0 的增加而增大,即随着厚度的增加,任一指定的 j 级条纹将缩小其半径,所以各条纹逐渐收缩而在中心处吞入.薄膜的厚度 h 增加相当于金属柱C的长度在缩短.

(2) 每当光程差 δ 改变 λ,或 d_0 改变 $\lambda/2$,在视场中就可看到一条条纹移过,故 j 每增减一个单位时, h 就随之增减 $\lambda/2$. 而级数的变更相当于条纹的移动. 已知条纹移动10条,那么C的长度变化为

$$\Delta d_0 = (\Delta j)\frac{\lambda}{2} = 10 \times \frac{632.8}{2} \text{ nm} = 3\ 164 \text{ nm}$$

1-4-2 如题1-4-2图(a)所示的牛顿环实验装置中,平凸透镜的曲率半径 $R = 10$ m, $n_1 = 1.5$,平玻璃板由A、B两部分组成,左和右的折射率分别为 $n_3 = 1.50$ 和 $n_4 = 1.75$. 平凸透镜与玻璃板间的接触点O在这两部分平玻璃板相接之处,中间充以折射率为 $n_2 = 1.62$ 的 CS_2 液体.若以单色光垂直照射,在反射光中测得右边 j 级亮条纹的半径 $r_j = 4$ mm, $j+5$ 级亮条纹的半径 $r_{j+5} = 6$ mm. 试求:

(1) 入射光的波长 λ;

(2) 左边观察的情况如何?

解:(1) 由于右边折射率满足下列关系:

$$n_1 < n_2 < n_4$$

故没有额外光程差,而左边满足的关系为

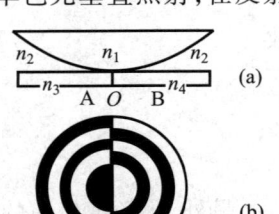

题1-4-2图

$$n_1 < n_2, \quad n_2 > n_3$$

故发生额外光程差．

对右边的相长干涉条件为

$$\delta_j = 2n_2 d_0 = 2n_2 \frac{r_j^2}{2R} = j\lambda$$

$$\delta_{j+5} - \delta_j = \frac{n_2}{R}(r_{j+5}^2 - r_j^2) = [(j+5) - j]\lambda$$

故入射光的波长为

$$\lambda = \frac{n_2(r_{j+5}^2 - r_j^2)}{(j+5-j)R} = 648 \text{ nm}$$

（2）由于左边有额外光程差，故相长条件为

$$\delta_j = n_2 \frac{r_j^2}{R} - \frac{\lambda}{2} = j\lambda$$

由此，得亮环的半径为

$$r_j = \sqrt{\frac{R}{n_2}\left(j + \frac{1}{2}\right)\lambda}$$

这相当于右边暗环的位置，示意图如题 1-4-2 图（b）所示．

1-4-3 一曲率半径为 $R = 5$ m 的平凸透镜的凸面向下放置于水中的一平玻璃面上．当以波长为 643.8 nm 的单色光从下面照射时，由上面观察到第 40 条暗条纹的半径为 9.86 mm；若换用 480 nm 波长的光，第 40 条暗纹的半径为 8.53 mm．若用棱镜角为 10° 的充水棱镜，以上述两种波长的复色光垂直照射时，试求这两种色光的偏向角的角间距近似值．

解：这里利用透射所产生的牛顿环，相消干涉的条件为

$$2n\frac{r_j^2}{2R} = (2j+1)\frac{\lambda}{2}$$

$$2n'\frac{r_j'^2}{2R} = (2j+1)\frac{\lambda'}{2}$$

故

$$n = (2j+1)\frac{\lambda}{2}\frac{R}{r_j^2} \quad (1)$$

$$n' = (2j+1)\frac{\lambda'}{2}\frac{R}{r_j'^2} \quad (2)$$

另外，小角度棱镜的偏向角为

$$\theta = (n-1)A \quad (3)$$

这一表达式并不包含波长，所以问题基于色散，也就是说水的折射率对所涉及

的两种波长是不同的. 对另一种波长 λ', 则
$$\theta' = (n'-1)A \tag{4}$$
故两种色光的角间隔的近似值为
$$\Delta\theta = \theta' - \theta = (n'-n)A \tag{5}$$
把式(1)和式(2)代入式(5), 得
$$\Delta\theta = (2j+1)\left(\frac{\lambda'}{r_j'^2} - \frac{\lambda}{r_j^2}\right)\frac{R}{2}A$$

将 $\lambda' = 643.8\times 10^{-6}$ mm, $\lambda = 480\times 10^{-6}$ mm, $R = 5\,000$ mm, $A = 10°$ 代入上式, 得
$$\Delta\theta = 0.005\times 10° = 3'$$

1-4-4 两块薄平凸透镜, 使其凸面相对放置, 在波长为 590 nm 的黄光近似垂直投射的情况下, 观察反射光, 看到牛顿环, 其相邻亮环的半径为 1.20 mm 和 1.07 mm. 若两块透镜材料的折射率为 1.52. 试求组合透镜的焦距.

解: 如题 1-4-4 图所示, 对于亮环, 总的有效光程差是半波长的偶数倍. 若观察反射光的条纹, 第 j 级的光程差为
$$2T_j + \frac{\lambda}{2} = 2j\frac{\lambda}{2} \tag{1}$$

由几何关系, 得
$$t_{1j} = \frac{r_j^2}{2R_1}$$
$$t_{2j} = \frac{r_j^2}{2R_2}$$

故
$$2T_j = r_j^2\left(\frac{1}{R_1} + \frac{1}{R_2}\right) = \frac{r_j^2}{R} \tag{2}$$

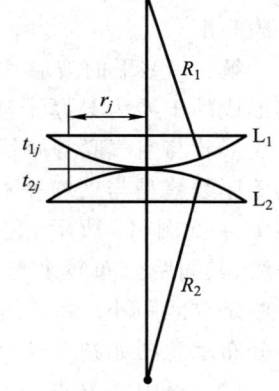

题 1-4-4 图

式中令
$$\frac{1}{R} = \frac{1}{R_1} + \frac{1}{R_2} \tag{3}$$

而相邻两亮环的半径分别为
$$\frac{r_{j+1}^2}{R} + \frac{\lambda}{2} = 2(j+1)\frac{\lambda}{2} \tag{4}$$

$$\frac{r_j^2}{R} + \frac{\lambda}{2} = (2j)\frac{\lambda}{2} \tag{5}$$

式(4)-式(5), 得
$$R = \frac{r_{j+1}^2 - r_j^2}{\lambda} = \frac{1.20^2 - 1.07^2}{590\times 10^{-6}}\text{ mm} = 0.5\text{ m}$$

根据透镜组的焦度公式

$$\Phi = \Phi_1 + \Phi_2 = (n-1)\left(\frac{1}{r_1} - \frac{1}{r_2}\right) + (n-1)\left(\frac{1}{r_1'} - \frac{1}{r_2'}\right)$$

$$= (n-1)\left(\frac{1}{R_1} + \frac{1}{R_2}\right)$$

$$f' = \frac{1}{\Phi} = \frac{R}{n-1} = 0.96 \text{ m}$$

1-4-5 将一平面玻璃片覆盖在平凹柱面透镜的凹面之上,如题 1-4-5 图(a)所示.

(1) 若以单色光准直垂直照射,从反射光中观察干涉现象. 试绘出干涉条纹的形状及其分布的示意图.

(2) 当照射光波长 $\lambda_0 = 500$ nm 时,平凹透镜中央 P 点是暗的;然后连续变更照射光的波长,直至波长变为 $\lambda = 600$ nm 时,P 点又重新变暗. 在 500 nm 到 600 nm 之间的光都不能使 P 点变暗. 试求 P 点处平面玻璃片和凹面之间的空气膜高度.

解:(1) 平面玻璃片与平凹柱面透镜之间的空气膜形成的干涉为等厚干涉. 薄膜表面附近的等厚干涉条纹形状与空气膜等厚线的轨迹是一致的. 显而易见,其等厚线簇是与交棱平行的直线,其等厚干涉条纹如题 1-4-5 图(b)所示. 它是以中央线 P 为对称轴的直条纹,其间距分布越来越密. 即中央附近条纹间距大,外侧条纹间距小. 由于额外光程差,两交棱是暗条纹. 其分布示意图如题 1-4-5 图(b)所示.

(2) 设中央 P 点处空气膜的厚度为 h,当以 λ_0 光照射时,产生相消干涉的条纹为

$$2h = j\lambda_0 \quad (1)$$

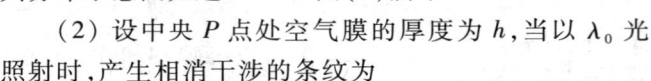

题 1-4-5 图

当照射光的波长由 λ_0 增大到 λ 时,P 点又变为暗条纹,此时所满足的条件为

$$2h = (j-1)\lambda \quad (2)$$

将式(1)代入式(2),得

$$j\lambda_0 = (j-1)\lambda$$

则

$$j = \frac{\lambda}{\lambda - \lambda_0} \quad (3)$$

把式(3)代入式(1),得

$$2h = \frac{\lambda_0 \lambda}{\lambda - \lambda_0}$$

故

$$h = \frac{\lambda_0 \lambda}{2(\lambda - \lambda_0)} = \frac{500 \times 600}{2(600 - 500)} \text{ nm} = 1.5 \times 10^{-3} \text{ mm}$$

1-4-6 一曲率半径为 $R = 2.75 \times 10^3$ m 的平凹透镜覆盖在平板玻璃上. 在空气隙中充满折射率为 1.62 的 CS_2 液体, 空气隙的最大厚度 $d = 1.82$ μm. 今垂直投射波长 $\lambda = 589$ nm 的钠黄光. 试求:

（1）干涉条纹的形状和分布；
（2）最多能观察到的暗条纹数；
（3）零级暗纹的位置.

解：（1）如题 1-4-6 图所示,在 CS_2 液膜表面看到以 P 点为中心的一组同心的明暗相间的圆环形条纹.

过 P 点作与平凹透镜底面平行的参考平面 AB. 第 j 级暗圆环所对应的光程差公式为

$$2nd_j = j\lambda \tag{1}$$

第 j 级暗环的半径 r_j 为 $\dfrac{r_j^2}{2R} = d_0$

即 $r_j = \sqrt{2Rd_0} \tag{2}$

而且 $d_j = d - d_0 \tag{3}$

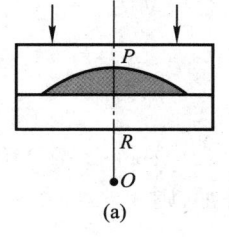

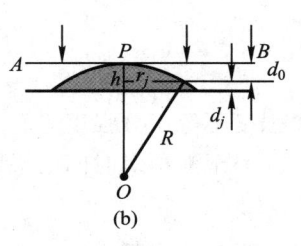

题 1-4-6 图

将式（1）和（2）代入式（3），得 $j\dfrac{\lambda}{2n} = d - \dfrac{r_j^2}{2R}$

故第 j 级暗环的半径为

$$r_j = \sqrt{R\lambda}\sqrt{\dfrac{2d}{\lambda} - \dfrac{j}{n}} \tag{4}$$

在已知条件下 $\dfrac{2d}{\lambda} = \dfrac{2 \times 1.82 \times 10^{-6}}{589 \times 10^{-9}} = 6$

故 $r_j = \sqrt{R\lambda}\sqrt{6 - \dfrac{j}{n}}$

可见随着级次 j 的增大，条纹半径逐渐减少，条纹间距也随之越来越小.

（2）观察到的最高级次为

$$r_j = 0$$

即 $j = \dfrac{2d}{\lambda}n = 9.7$

最多能看到 9 级暗条纹.

（3）当 $j = 0$ 时，对应的零级暗条纹位于视场的最外围，其暗环半径为

$$r_0 = \sqrt{2Rd} = \sqrt{2 \times 2.75 \times 10^3 \times 1.82 \times 10^{-6}} \text{ m} = 10 \text{ cm}$$

五、内容提要

1. 光的干涉现象揭示了光的波动本性

2. 相干叠加与非相干叠加决定于干涉项

若两列光波为
$$E_1 = A_1\cos(\omega t + \varphi_1)$$
$$E_2 = A_2\cos(\omega t + \varphi_2)$$

则某点合振动为
$$E = E_1 + E_2 = A\cos(\omega t + \varphi)$$

其中
$$A^2 = I = A_1^2 + A_2^2 + 2A_1A_2\cos(\varphi_2 - \varphi_1)$$

式中,$2A_1A_2\cos(\varphi_2 - \varphi_1)$ 称为干涉项. 当干涉项对时间的平均值不为零时,称为相干叠加,则
$$\bar{I} = 4A_1^2\cos^2\left(\frac{\varphi_2 - \varphi_1}{2}\right)$$

总强度不等于分强度之和.

当干涉项对时间的平均值等于零时,称为非相干叠加,则
$$\bar{I} = A_1^2 + A_2^2$$

总光强为分光强之和.

3. 相干条件

(1) 两光波的频率相同;
(2) 两光波具有相互平行的电矢量分量;
(3) 光波的叠加区域内,具有固定的相位差.

4. 相位差和光程差的关系

$$\Delta\varphi = \frac{2\pi}{\lambda}\delta$$

当 $\Delta\varphi = 2\pi j$ 时,即
$$\delta = 2j\left(\frac{\lambda}{2}\right), \quad j = 0, \pm1, \pm2, \cdots$$

时发生干涉相长,其光强为
$$I_{max} = A_1^2 + A_2^2 + 2A_1A_2$$

当 $\Delta\varphi = (2j+1)\pi$,即
$$\delta = (2j+1)\frac{\lambda}{2}, \quad j = 0, \pm1, \pm2, \cdots$$

时发生干涉相消,其光强为
$$I_{min} = A_1^2 + A_2^2 - 2A_1A_2$$

5. 分波面干涉

光强分布为

$$I = 4A_1^2 \cos\left(j\frac{yd}{2r_0}\right)$$

干涉条纹的位置为

明纹：$\qquad y = (2j)\dfrac{r_0}{d}\dfrac{\lambda}{2}, \quad j = 0, \pm 1, \pm 2, \cdots$

暗纹：$\qquad y = (2j+1)\dfrac{r_0}{d}\dfrac{\lambda}{2}, \quad j = 0, \pm 1, \pm 2, \cdots$

条纹间距为

$$\Delta y = y_{j+1} - y_j = \dfrac{r_0}{d}\lambda$$

6. 干涉条纹的可见度

$$V = \dfrac{I_{\max} - I_{\min}}{I_{\max} + I_{\min}}$$

式中，$I_{\max}$ 和 $I_{\min}$ 分别代表强度的最大值和最小值。干涉条纹的可见度与光源大小、非单色性以及两相干光的强度有关。

7. 空间相干性和时间相干性

空间相干性即横向相干性，用以描述光场中同一时刻两个不同位置振动的关联程度；时间相干性即纵向相干性，用以描述光场中同一位置不同时刻振动的关联程度。

8. 分振幅薄膜干涉

几何光程差为

$$\delta = 2n_2 d_0 \cos i_2$$

式中，n_2、d_0 为薄膜的折射率和厚度；i_2 为薄膜中光线的折射角。

在计算光程差时，还应考虑来自薄膜上下表面反射时的额外光程差。

薄膜干涉通常分等厚和等倾干涉来讨论。

9. 常用干涉仪

迈克耳孙干涉仪是分振幅双光束干涉装置，由于采用了分束器使其得到了广泛的应用。

法布里-珀罗干涉仪是利用多光束干涉原理制成的干涉仪，具有分辨本领高的特点。

六、文献阅读

杨氏干涉条纹的讨论

我们知道,杨氏干涉条纹的形状,从理论上分析是双曲线簇;但在通常实验时,屏上显示的是直条纹. 这里拟对这一问题作定量的讨论.

(一) 一般情况下,杨氏干涉条纹呈现双曲线状

如图 1-1 所示,S_1 和 S_2 表示两相干光源,其间距为 d,P 为两列相干光波的交叠区域中的任意一点. 令入射光的波长为 λ,r_1 和 r_2 分别为两列光波到达 P 点的光程. 因为 S_1 和 S_2 的相位相同,若两列光波的初相位为零,那么它们到达 P 点时的相位分别为

$$\varphi_1 = \frac{2\pi}{\lambda} r_1, \quad \varphi_2 = \frac{2\pi}{\lambda} r_2$$

因此,在 P 点上,两光波的相位差为

$$\Delta\varphi = \varphi_2 - \varphi_1 = \frac{2\pi}{\lambda}(r_2 - r_1) = \frac{2\pi\delta}{\lambda}$$

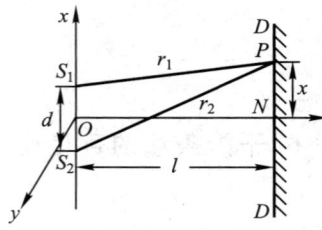

图 1-1

当满足条件

$$\Delta\varphi = \frac{2\pi}{\lambda}\delta = \pm 2k\pi, \quad k = 0, 1, 2, \cdots$$

时,两列光波到达 P 点同相. 由此得干涉相长的条件为

$$\delta = r_2 - r_1 = \pm 2k\left(\frac{\lambda}{2}\right), \quad k = 0, 1, 2, \cdots$$

即光程差为零或半波长的偶数倍的地方,出现明条纹.

当满足条件

$$\Delta\varphi = \frac{2\pi}{\lambda}\delta = \pm(2k-1)\pi, \quad k = 1, 2, \cdots$$

时,两列光波到达 P 点反相. 由此得干涉相消的条件为

$$\delta = r_2 - r_1 = \pm(2k-1)\frac{\lambda}{2}, \quad k = 1, 2, \cdots$$

即光程差等于半波长的奇数倍的地方,出现暗条纹. 如果两光波从 S_1、S_2 向各个方向传播,则以强度相同为特征的空间各点的几何位置满足

$$r_2 - r_1 = 常量 \tag{1}$$

由解析几何知识可知,在空间中,与两定点 S_1、S_2 的距离之差等于常量的点的轨迹是以 S_1、S_2 为轴的旋转双曲面,其焦点为 S_1 和 S_2,如图 1-2 所示. 若在

与双孔所在平面相距 l 处,垂直于对称轴 ON 置一观察屏,则得以强度相等为特征的一双曲线簇,即干涉条纹为双曲线状.

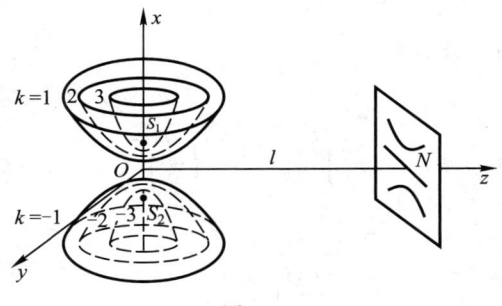

图 1-2

下面写出旋转双曲面方程和屏上显示的双曲线簇的方程. 以 d 的中点为坐标原点, x 轴沿 S_1S_2, y 轴垂直于纸面向外, z 轴沿水平方向. 那么 k 级明条纹上任意一点 P 的流动坐标 $P(x,y,z)$ 所满足的方程可按下式求得:

$$r_1^2 = \left(x-\frac{d}{2}\right)^2 + y^2 + z^2$$

$$r_2^2 = \left(x+\frac{d}{2}\right)^2 + y^2 + z^2$$

$$\delta = r_2 - r_1 = \sqrt{\left(x+\frac{d}{2}\right)^2+y^2+z^2} - \sqrt{\left(x-\frac{d}{2}\right)^2+y^2+z^2}$$

当 $\delta = \pm 2k\left(\dfrac{\lambda}{2}\right)$ 时,得 k 级明条纹所满足的方程. 经整理得

$$\frac{x^2}{\left(\dfrac{k\lambda}{2}\right)^2} - \frac{y^2+z^2}{\left(\dfrac{d}{2}\right)^2-\left(\dfrac{k\lambda}{2}\right)^2} = 1 \tag{2}$$

这就是旋转双曲面的方程. 显然,在观察屏上所看到的干涉条纹就是这些旋转双曲面和观察屏的交线. 若观察屏离双孔所在平面的距离为 l,且令式(2)中的 $z=l$,则得双曲线簇的方程为

$$\frac{x^2}{\left(\dfrac{k\lambda}{2}\right)^2} - \frac{y^2+l^2}{\left(\dfrac{d}{2}\right)^2-\left(\dfrac{k\lambda}{2}\right)^2} = 1 \tag{3}$$

(二) 通常实验条件下,双曲线簇蜕化为直线簇,呈现直线状条纹

为了便于肉眼直接观察或显示,应选取合适的干涉条纹间距. 在满足 $l \gg d$ 的条件下,可使条纹不致太窄,而 $d \gg k\lambda$ 又可使条纹不致太宽. 现考察满足这两个条件的方程(3)的形式. 当 $d \gg k\lambda$ 时,方程(3)简化成

$$\frac{x^2}{\left(\frac{k\lambda}{2}\right)^2} - \frac{y^2}{\left(\frac{d}{2}\right)^2} = \frac{l^2}{\left(\frac{d}{2}\right)^2} + 1 \tag{4}$$

当 $l \gg d$ 时,式(4)进一步简化成

$$\frac{x^2}{\left(\frac{k\lambda}{2}\right)^2} - \frac{y^2}{\left(\frac{d}{2}\right)^2} = \frac{l^2}{\left(\frac{d}{2}\right)^2}$$

或

$$\frac{x^2}{\left(\frac{k\lambda l}{d}\right)^2} - \frac{y^2}{l^2} = 1 \tag{5}$$

与双曲线簇的标准形式 $\frac{x^2}{a^2} - \frac{y^2}{b^2} = 1$ 比较,得

$$a = \frac{k\lambda l}{d}, \quad b = l$$

这一双曲线簇的渐近线如图 1-3 所示,其斜率为

$$\tan\alpha = \frac{b}{a} = \frac{d}{k\lambda} \tag{6}$$

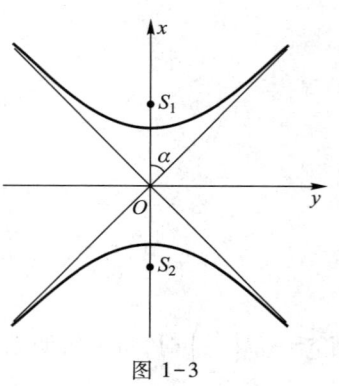

图 1-3

若仅考虑紧靠 z 轴附近的条件,即满足傍轴条件,则可以得到一组平行于 y 轴的直线. 关于这一点,可以从斜率公式(6)的讨论中得到. 若满足 $d \gg k\lambda$,则 $\tan\alpha \to \infty$,即 $\alpha \to \frac{\pi}{2}$. 为了给读者一个数量级的概念,令 $d = 0.297$ mm, $\lambda = 632.8$ nm,则可以写出 $k = 0,1,2,\cdots$ 的各级干涉条纹的渐近线的斜率所对应的角度.

k	0	1	2	3	4	5	…	10
$\tan\alpha$	∞	469.3	234.7	156.4	117.3	93.9	…	46.9
α	90°	89.88°	89.76°	89.63°	89.51°	89.39°	…	88.78°

从表中可以清楚地看到,渐近线所对应的倾角均接近于 $\pi/2$. 在实际的杨氏干涉实验中,从小孔 S_1 和 S_2 发出的光波,其发射角是不大的,两光波的交叠区域也只限于 z 轴附近,即满足傍轴条件;同时,在典型实验条件下,$l = 100$ cm, $d = 0.297$ mm,也完全满足 $l \gg d$ 和 $d \gg k\lambda$ 的条件. 所以实际观察到的干涉条纹,是一组平行的等距的直条纹,直条纹的间距为

$$\Delta x = \frac{l}{d}\lambda$$

如果用缝光源替代点光源,我们也会得到直线条纹,但条纹的强度将增大.

[摘自:教学通信.1984(4).宣桂鑫]

对切透镜的成像和干涉问题

把薄凸透镜对切拉开,或者截去中央部分后再黏合起来,或者对切后将其中的一部分沿主光轴平移,讨论这些情况的成像规律和干涉问题,将对透镜主光轴、光心和相干条件等概念的认识有所裨益.

(一) 预备知识

如图 1-4(a)所示,用不透光的黑纸将凸透镜的上半部分遮住,透镜的上半部分虽然被遮挡,但就其形式而言,分成了 L_A 和 L_B 两部分,但是,重要的是透镜的主光轴和光心 O 的位置维持不变,所以物体经 L_B 仍能成像,而且成像的位置、性质和透镜不被遮挡时的情况一致. 例如,如图 1-4(b)所示,物体 P 处于透镜主光轴上,而且物距大于焦距,则成一实像于 P'.

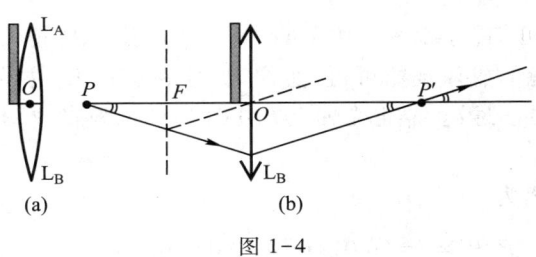

图 1-4

由于透镜遮去了一部分,所以通过透镜的光能量将相应减少,那么所形成的像的亮度将变得暗一些. 应该指出的是,如果用不透光的黑纸遮去透镜的中央部分,甚至于把透镜的任意一部分挖去,上述讨论的结果仍旧适用.

下面根据透镜的上述特性,讨论几种对切透镜的成像和干涉问题.

(二) 比累对切透镜

如图 1-5(a)所示,把焦距为 5 cm 的薄凸透镜 L 沿直径方向剖开,分成上下两部分 L_A 和 L_B,并将其沿垂直于对称轴的方向各平移 0.01 cm,其间空隙用厚度为 0.02 cm 的黑纸片镶嵌,这一装置称为比累对切透镜. 若将波长为 632.8 nm 的点光源 P 置于透镜左方对称轴上 10 cm 处.

(1) 试分析 P 点发出的光经透镜后的成像情况;如果成像不止一个,计算像点的距离.

(2) 若在透镜右方 $a=110$ cm 处置一光屏 D,试分析光屏 D 上能否观察到干涉图样. 如能观察到,试问相邻两条明纹的间距是多少?

解:(1) 如图 1-5(b)所示,该情况可以看作由两个挡掉一半的透镜 L_A 和 L_B 构成,其对称轴为 PO,但是主光轴和光心却发生了平移. 对于透镜 L_A,其光心移到 O_A 处,而主光轴上移 0.01 cm 到 O_AF_A;对于透镜 L_B,其光心移到 O_B 处,而主光轴下移 0.01 cm 到 O_BF_B. 点光源 P 恰在透镜的对称轴上二倍焦距处. 由于物距和透镜 L_A、L_B 的焦距都不变,故通过 L_A、L_B 成像的像距也不变. 根据

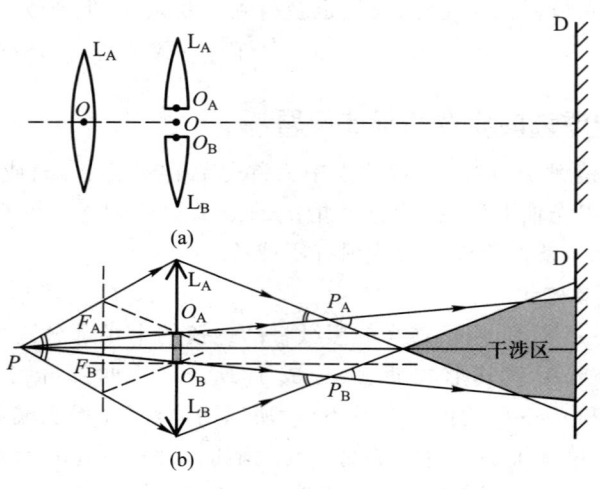

图 1-5

题意和物像公式可知,像距 $s'=10$ cm. 由于 P 点位于透镜 L_A 的主光轴下方 0.01 cm,按凸透镜的成像规律可得,实像 P_A 应在透镜 L_A 主光轴上方 0.01 cm 处;同理,P 点又位于透镜 L_B 主光轴上方 0.01 cm 处,实像 P_B 位于 L_B 主光轴下方 0.01 cm 处.

两像点的距离为

$$P_A P_B = d = (0.01+0.01+0.02)\,\text{cm} = 0.04\,\text{cm}$$

(2) 由于实像 P_A 和 P_B 构成了一对相干光源,而且相干光束在观察屏的区域上是相互交叠的,故两束光叠加后将发生光的干涉现象,屏上可观察到干涉图样. 按杨氏干涉的规律,两相邻明条纹的间距公式为

$$\Delta x = \frac{l}{d}\lambda$$

将

$$l = a - s' = (110-10)\,\text{cm} = 100\,\text{cm}$$

$$d = 0.04\,\text{cm}$$

$$\lambda = 6\,328 \times 10^{-8}\,\text{cm}$$

代入上式,得 $\Delta x = \dfrac{100}{0.04} \times 6\,328 \times 10^{-8}\,\text{mm} = 1.582\,\text{mm}$

在靠近光屏的中央附近的条纹近似是等距的直条纹.

(三) 胶合对切透镜

如图 1-6(a) 所示,将焦距为 5 cm 的薄凸透镜 L 的中央部分 C 截去,C 的宽度为 0.02 cm,把余下的 A、B 两部分再联合起来,并在对称轴上,在透镜左方 10 cm 处置一波长为 632.8 nm 的点光源 P,透镜右方 $a=110$ cm 处置一光屏 D.

(1) 试分析成像情况;

(2) 分析光屏 D 上能否观察到干涉图样;若能观察到,试问相邻两条明条

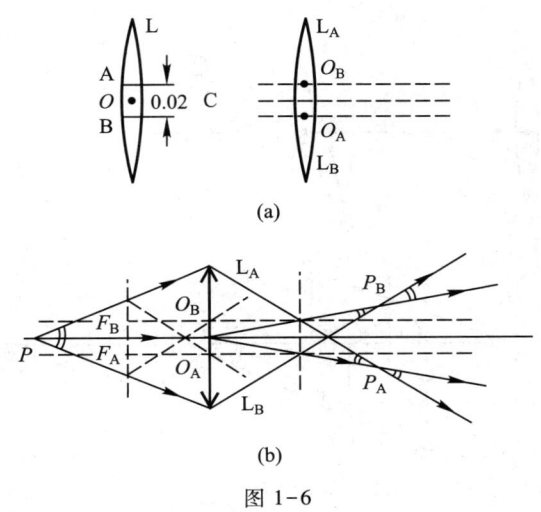

图 1-6

纹的间距将是多少?

解:(1)如图 1-6(b)所示,该情况可以看作由两个分别被截去一部分的透镜 L_A 和 L_B 构成. 但是,对于透镜 L_A,其光心下移到 O_A 处,而主光轴下移至 $O_A F_A$;对于透镜 L_B,其光心上移到 O_B 处,而主光轴上移至 $O_B F_B$.

由题设条件可知,在 L_A 的右方 $O_A F_A$ 主光轴的下方成一实像 P_A;在 L_B 的右方 $O_B F_B$ 主光轴的上方成一实像 P_B;因焦距和物距没有变化,故实像 P_A、P_B 的像距均为 $s' = 10$ cm.

由横向放大率公式可得 P_A 与通过 O_A 的主光轴间的距离为

$$x_1 = \frac{s'}{s} \times 0.01 \text{ cm} = \frac{10}{10} \times 0.01 \text{ cm} = 0.01 \text{ cm}$$

同理,可得 P_B 与通过 O_B 的主光轴间的距离为

$$x_2 = 0.01 \text{ cm}$$

两像之间的距离为

$$d = P_A P_B = x_1 + x_2 + O_A O_B = 0.04 \text{ cm}$$

(2)由点光源 P 所发出的光束经该系统,虽然分裂成两束光,P_A、P_B 确实也是相干光源,但是由于这两束光在观察区域内并不交叠,故在光屏 D 上观察不到干涉图样.

(四) 梅斯林对切透镜

如图 1-7(a)所示,把焦距为 5 cm 的薄凸透镜 L 沿直径方向剖开,分成两部分 A 和 B,并将 A 部分沿主光轴右移至 2.5 cm 处,这种类型的装置称为梅斯林对切透镜. 若将波长为 632.8 nm 的点光源 P 置于主光轴上,离透镜 L_B 的距离 10 cm 处.

(1)试分析成像情况;

(2)若在离 L_B 右边 9 cm 处置上光屏 D,试分析光屏上能否观察到干涉图

样；如果能观察到，干涉图样如何？

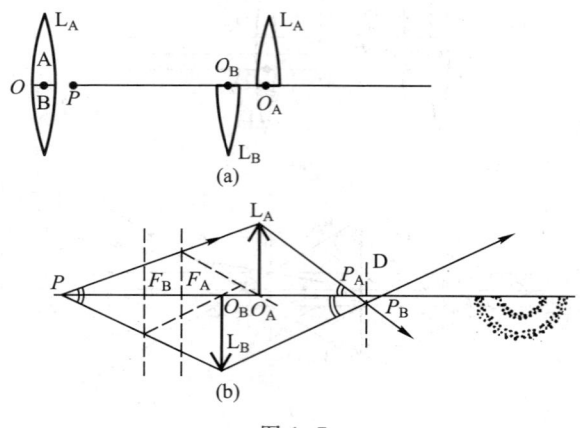

图 1-7

解：（1）如图 1-7(b)所示，对透镜 L 的下半部分 L_B，其光心仍在原处 O_B，故成像位置 P_B 不变，即 $s_1' = 10$ cm. 但对透镜 L 的上半部分 L_A，其光心不在 O_B，而移到 O_A，那么成像位置将在 P_A 处，由透镜的成像公式，可得像距 s_2' 为

$$s_2' = \frac{s_2 f}{s_2 - f} = \frac{12.5 \times 5}{12.5 - 5} \text{ cm} = \frac{12.5 \times 5}{7.5} \text{ cm} = 8.33 \text{ cm}$$

这样，两个半透镜 L_A、L_B 所形成的实像 P_A 和 P_B 位于主光轴上相距 1.67 cm 的两点. 光束在 P_A、P_B 之间的区域交叠.

（2）由于实像 P_A 和 P_B 构成了一对相干光源，两相干光束的交叠区域限制在 P_A 和 P_B 之间. 根据题意，光屏 D 置于离 L_B 9 cm 处，恰好在 P_A 和 P_B 之间，故可观察到干涉图样，其干涉图样为半圆形干涉条纹. 根据光程差关系可进一步计算干涉条纹的间距.

（五） 几点想法

（1）透镜的光心和主光轴是比较容易理解的概念，但是，当涉及主光轴平移和光心纵向和横向移动对成像位置的影响时，容易产生模糊的认识. 因此，教学中应注意提高学生运用基本概念去分析实际问题的能力.

（2）在干涉区域的讨论中，涉及相干光束的交叠范围，这些知识是几何光学的内容，但我们在几何光学教学中，往往重视成像规律的讨论，而对折射或反射光束的范围注意得不够，那么在光的干涉讨论中容易引起脱节现象，或者在几何光学的复合光具组成像中出现似是而非的问题.

（3）习题中适当搞一些虚设的数据对培养学生解题能力会有一定的好处，这可以检验学生真正掌握知识的情况和判断的能力. 如果学生死记硬背公式，如胶合对切透镜的题目，就会出现将数据直接代入条纹间距公式的错误.

[摘自：教学与研究. 1984(4). 宣桂鑫]

七、创新实验

实验1-1　光的干涉

实验1-2　薄膜干涉

第 2 章 光 的 衍 射

光的衍射现象及其实验事实揭示了光的波动本性.衍射是光传播过程中的普遍属性.本章从研究衍射现象的理论基础——惠更斯-菲涅耳原理着手,讨论了诸如缝、孔、屏、栅和晶体中的光波传播规律.这是进一步研究现代光学的基础.

一、框架建构

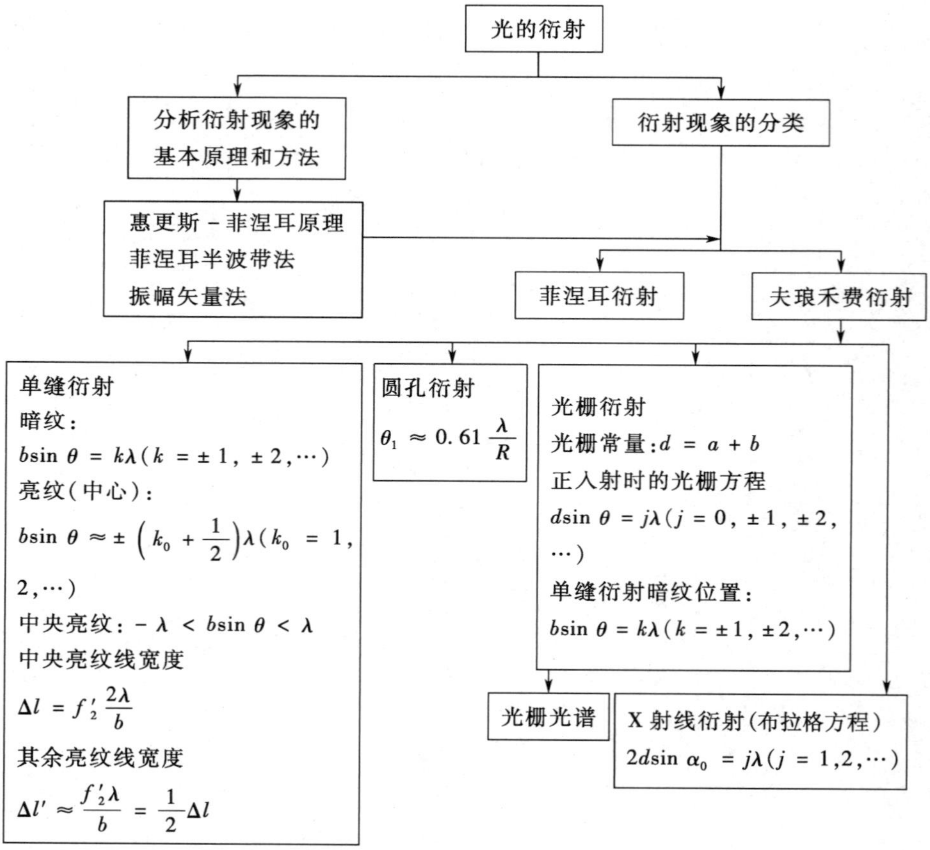

```
                        光的衍射
                     ┌──────┴──────┐
              分析衍射现象的      衍射现象的分类
              基本原理和方法            │
                     │           ┌────┴────┐
              惠更斯-菲涅耳原理   菲涅耳衍射  夫琅禾费衍射
              菲涅耳半波带法
              振幅矢量法
```

单缝衍射
暗纹：
$b\sin\theta = k\lambda\,(k = \pm 1, \pm 2, \cdots)$
亮纹（中心）：
$b\sin\theta \approx \pm\left(k_0 + \dfrac{1}{2}\right)\lambda\,(k_0 = 1, 2, \cdots)$
中央亮纹：$-\lambda < b\sin\theta < \lambda$
中央亮纹线宽度
$\Delta l = f'_2 \dfrac{2\lambda}{b}$
其余亮纹线宽度
$\Delta l' \approx \dfrac{f'_2 \lambda}{b} = \dfrac{1}{2}\Delta l$

圆孔衍射
$\theta_1 \approx 0.61\dfrac{\lambda}{R}$

光栅衍射
光栅常量：$d = a + b$
正入射时的光栅方程
$d\sin\theta = j\lambda\,(j = 0, \pm 1, \pm 2, \cdots)$
单缝衍射暗纹位置：
$b\sin\theta = k\lambda\,(k = \pm 1, \pm 2, \cdots)$

光栅光谱

X 射线衍射（布拉格方程）
$2d\sin\alpha_0 = j\lambda\,(j = 1, 2, \cdots)$

二、课程标准

1. 了解光的衍射现象,并注意区分菲涅耳衍射和夫琅禾费衍射.
2. 理解衍射现象的理论基础——惠更斯-菲涅耳原理.
3. 了解波带片的原理和应用.
4. 彻底掌握夫琅禾费单缝衍射的光强分布规律. 明确 $b\sin\theta = k\lambda$ 的物理意义.
5. 掌握夫琅禾费圆孔衍射的光强分布规律. 明确 $D\sin\theta = 1.22\lambda$ 公式的物理意义和艾里斑的半角宽度计算.
6. 熟练掌握平面衍射光栅的基本原理和应用,理解光栅的分光原理. 掌握光栅方程、缺级和谱线半角宽度的概念和计算.
7. 了解晶体的 X 射线衍射布拉格方程 $2d\sin\alpha_0 = j\lambda$ 的意义.

三、内容分析

本章分为四个单元. 第一单元,惠更斯-菲涅耳原理(2.1);第二单元,菲涅耳衍射(2.2);第三单元,夫琅禾费衍射(2.3-2.5);第四单元,晶体对 X 射线的衍射(2.6). 其中以 2.3 和 2.5 为重点内容. 采用半波带法并结合矢量法对近场衍射即菲涅耳衍射作了半定量的讨论,采用菲涅耳衍射积分对远场衍射即夫琅禾费衍射给出了强度分布的表达式. 对于半波带法要求掌握其基本的物理思想和方法,并用它来定性说明一些光学现象. 对于夫琅禾费单缝衍射和光栅衍射,要求推导和运用它们的强度分布的规律.

1. 光的衍射

当光在传播过程中遇到障碍物,将会发生与直线传播偏离的现象,这种现象称为光的衍射. 索末菲将衍射定义为"不能以反射或折射来解释的光线对直线光路的任何偏离". 衍射使障碍物后面的空间光强分布既区别于几何光学所给出的光强分布规律,又不同于光波按自由传播时的光强分布,衍射光强有一种重新分布. 因此,无论以什么形式改变光波波面,或以一定的形式限制波面的范围(波面残缺),或使振幅衰减,或以一定的空间分布使相位延迟,或两者兼有,都将会发生衍射.

2. 衍射的分类

通常把光的衍射分为两类来讨论:第一类是光源与接收屏或者两者之一到衍射屏的距离与衍射孔的线度比较,不能算作无穷远时的衍射,称为菲涅耳衍射;第二类是光源到衍射孔的距离和孔到考察点的距离与衍射孔的线度相比较可认为是无限大,这时入射波和衍射波都可认为是平面波. 这类衍射称为夫琅禾费衍射.

若衍射孔的线度为 d，光源到衍射孔的纵向距离为 z_0，衍射孔到考察点的距离为 z，则当

$$d^2\left(\frac{1}{z_0}+\frac{1}{z}\right) \ll \lambda$$

时，即可把入射波和衍射波认为是平面波。这就是夫琅禾费衍射所需满足的远场条件。值得指出的是，一般很难严格区分夫琅禾费衍射和菲涅耳衍射。

夫琅禾费衍射的理论计算比较简单。光学仪器中的衍射现象大都属于这一类，而且近代的傅里叶光学中夫琅禾费衍射有着很重要的意义。

3. 惠更斯-菲涅耳原理

惠更斯原理的原始形式，确实以其明晰的几何图像圆满地解释了光的反射、折射和传播过程。但是它无法说明衍射现象，即使是定性的。这个原理仅仅在形式上采用了次波概念，根本没有考虑到波的频率和相位，更没有考虑到各次波之间的振动关联性，因此，不能用这原理进行衍射光强的计算。惠更斯原理的实质是一个几何光学原理。惠更斯的重要贡献在于他首次提出了次波的概念。

菲涅耳的改善，是以波动特性（频率、相位和振幅）为依据的，并以次波相干的思想提出了惠更斯-菲涅耳原理。光波遇到障碍物后，各点光振动的大小可按次波叠加求得，即衍射物同一平面上的每一面元上的光场，对考察点存在着次波源的独立性。这些次波进行相干叠加，就可得到考察点的光振动。

惠更斯-菲涅耳原理存在着两个问题，其一是按菲涅耳积分得到考察点的振幅比该点实际复振幅相位落后 $\pi/2$；其二，倾斜因子是作为假设引入的。

采用惠更斯-菲涅耳原理解题的步骤如下：首先，在衍射物平面上选取合适的坐标系；其次，求出任一面元在观察点所引起的振动振幅和相位；最后，以振幅矢量求和法或积分法计算相干叠加的结果。在定量分析衍射问题时，其中心仍是光程差的计算。

4. 菲涅耳半波带

2.2 中，在分析菲涅耳圆孔衍射时，采用了半波带法。首先掌握半波带是如何分割的；其次，每一半波带在考察点所引起的光振动的振幅和相位是由哪些因素决定的；最后，将所有半波带的贡献进行相干叠加。由于相邻两个半波带在考察点所引起的振动相位差为 π，因此，各半波带在考察点所引起的振动相位关系十分简单，不是反相位就是同相位。这样就可以用代数和替代积分运算或矢量求和。这有利于对光学现象的解释和描述。菲涅耳波带片正是在这基础上提出来的，它可以被视为一张简单的全息图，它的衍射聚焦特性广泛地适用于远程光通信和航天技术中的集光元件。

5. 夫琅禾费单缝衍射

夫琅禾费单缝衍射的光强由公式(2-11)表示。式中 $u=(\pi b\sin\theta)/\lambda$ 的物

理意义是单缝两端的次波在衍射方向 θ 的考察点所引起两振动的相位差的 1/2. 单缝衍射中对应于 $u=\pm\pi$ 的观察点是十分重要的,即第一最小值位置的确定. 公式(2-13)中令 $k=\pm1$,它对应的两点位置决定了中央亮条纹的宽度. 它的角距离为 $2\arcsin(\lambda/b)$,是各次最大亮斑角宽度的两倍. 至于次最大位置的近似式(2-14)则是次要的,仅作一般了解即可.

6. 夫琅禾费圆孔衍射

大部分光学仪器诸如望远镜、显微镜、书写投影仪、照相机、数码相机和 CCD 摄像装置等,其通光口径是圆形的. 按几何光学对某一物点将成一像点,若从衍射观点看来,圆形口径成像仪器对物点的成像过程是一夫琅禾费圆孔衍射,那么物点不会成像点,而是一个一定大小的艾里斑. 这一艾里斑的中央最大值仍在透镜的主焦点上,即 $\sin\theta=0$;艾里斑的范围是以第一最小值 $D\sin\theta=1.22\lambda$ 为界限的,其角半径为 $\Delta\theta_1=0.61\lambda/R$. 这在讨论光学仪器分辨本领中是很有用的. 仅当透镜的直径很大时,艾里斑才可能十分小,但毕竟还不是一个点.

7. 平面衍射光栅

平面衍射光栅综合地应用单缝衍射和多光束干涉的知识. 由此得出平面衍射光栅的强度分布公式(2-27),式中的 u 和 v 的物理意义应该掌握. u 的物理意义其实在单缝衍射光强分布中已介绍,而 $v=(\pi d\sin\theta)/\lambda$ 则表示光栅上相邻缝对应点的次波在衍射方向为 θ 的考察点所引起的两个光振动的相位差的 1/2. 若明确 u 和 v 的物理意义,公式(2-27)就十分容易把握了.

关于光栅的原理,应注意以下几个方面的问题.

(1) 单缝衍射花样只取决于缝的宽度,而与缝的位置无关

我们知道,凡是平行于主轴的任何光线,经透镜折射后,将会聚于焦点 F'. 从波动光学的角度来理解,从波面上所有各点发出的次波,经过透镜到达 F' 点,都有相等的光程,因而中央最大值的位置总是在透镜的主轴上,无论缝的位置是在何处. 因此,宽度严格相同的 N 个缝并列时,N 个衍射花样将严格相同,而且彼此完全重叠. 在相同的位置,中央最大值都严格位于同一点 F'. 合强度应为一个缝时的 N^2 倍,这正是衍射光栅之所以采用许多狭缝的缘由之一. 至于各缝间的不透明部分的宽度是否相等,对单缝衍射花样的形状不发生影响. 当考虑到 N 个缝彼此间的干涉作用时,此时不透明部分宽度必须严格相等,就可应用同一相位差的 N 束光干涉的特性,使衍射花样十分细锐,便于衍射光栅应用于测量. 这就是衍射光栅之所以要用许多狭缝的缘由之二.

(2) 光栅方程

公式(2-30)为确定谱线位置的方程,即光栅方程. 以白光作为光源时,由光栅方程可知,对于指定的级数,波长最短的可见光紫光,对应的衍射角 θ 最小,即位置最靠近中央,波长最长的红光,对应的衍射角 θ 最大,即位置离中央最远. 这就是光栅的分光原理. 当级数越高时,光谱扩展越广;两个相邻级光谱

边缘还可能相互重叠,即 j 级光谱的红端伸展到 $(j+1)$ 级光谱的紫色部分.这一结论表明:从应用角度,光栅方程(2—30)远比光栅强度公式(2—27)有用.在分析光谱的角色散、重叠和分辨本领等三要素时,光栅方程起到举足轻重的作用.

（3）谱线的半角宽度

在光栅衍射中,通常 N 的数值很大,次最大总比主最大小得多,而往往忽略不计,所以光栅强度分布中除主最大值位置外,其他次最大值和最小值通常不考虑.其中只有一个最小值例外,这就是和主最大近邻的一个最小值,它的数值关系到谱线的半角宽度.谱线的半角宽度与作为光谱的另一个重要性质的色分辨本领有关.

（4）缺级

关于 d 和 b 的比值问题.按公式(2—29)的第一、第二两式,单缝衍射最小值取决于 $k\lambda/b$,多缝干涉最大值取决于 $j\lambda/d$.如果 d/b 为整数,则总可找到这样的衍射角 θ,使

$$\sin\theta = k\frac{\lambda}{b} = j\frac{\lambda}{d}$$

或

$$j = \frac{d}{b}k$$

即原来应该显现的 j 级主最大值不出现.

（5）光栅制作流程

光栅的制作流程如图 2—1 所示.

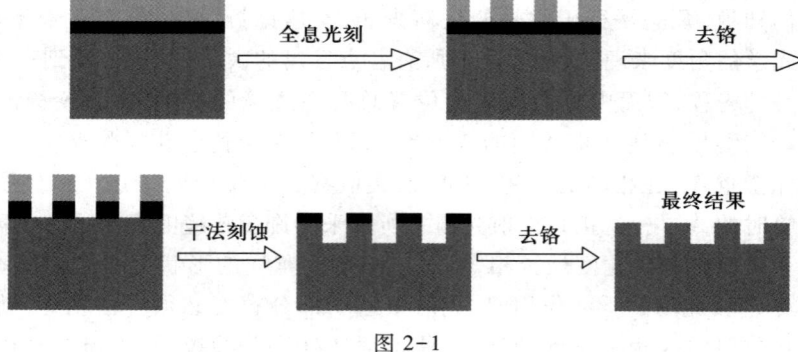

图 2—1

8. 光的干涉和衍射的 3D 图像显示

学生对光的干涉和衍射现象的观察与理解往往局限于二维的图像,究其原因,教师通常采用光屏接收并观察干涉和衍射现象,光的传播的本来面貌却是空间分布.如何破解学生的先验概念,让其返回原貌?研究表明:最简单的办法

是设计一台稳定可实时调节的雾气发生器,运用光的散射原理,将光在传播过程中,干涉与衍射的 3D 图像呈现出来. 实验中,采用超声薄雾发生器用以产生均匀细微的水蒸气状雾,雾的形成借助于超声频率激励陶瓷晶体振动引起水的雾化(可用市场销售的超声雾气发生器或室内增湿器替代),也可简单地用舞台烟饼作为烟雾发生器. 通常以 He-Ne 激光器作为投射的光源.

9. 布拉格方程

要显示波长为 0.1 nm 数量级的 X 射线的波动性,就要力图寻求光栅常量也是 0.1 nm 数量级的衍射光栅. 而自然晶体的晶格常量恰好也是 0.1 nm 数量级. 因此,晶体衍射是揭示晶体本身结构的利器,即由晶体衍射现象获取晶体结构的信息. 满足布拉格方程的方向就是中央衍射最大的方向,即

$$2d\sin\alpha_0 = j\lambda$$

10. 关于光栅衍射中的难点问题是计算 N 个分段积分之和

一般依据惠更斯-菲涅耳原理,进行实函数积分,可以直接导出单缝和圆孔衍射光强分布函数的表达式. 但是,对光栅衍射,在目前的大学物理教材中,没有与此完全对应的方法,而是改用了复函数积分的方法. 对理工科专业的低年级本科生,他们一方面不习惯复函数积分法,另一方面对单缝、圆孔和光栅衍射在数学处理上的一致性有很高的期望. 教学研究表明:对于单缝、圆孔和光栅衍射,在数学处理上确实存在一致性,即都可以利用惠更新-菲涅耳原理进行实函数积分直接导出衍射光在光屏上任一点的合振动的表达式,无须采用复函数方法. 用实函数积分法的关键步骤是:先导出计算上述 N 个分段积分中任一个分段积分的表达式,再计算这 N 个分段积分之和.

11. 关于光的衍射教材的另一种处理序列

11.1 惠更斯-菲涅耳原理

11.2 菲涅耳衍射和夫琅禾费衍射

11.3 菲涅耳圆孔衍射和圆屏衍射

11.4 夫琅禾费单缝衍射

11.5 夫琅禾费矩孔衍射

11.6 夫琅禾费圆孔衍射与成像仪器的分辨本领

11.7 多缝的夫琅禾费衍射

11.8 衍射光栅

11.9 全息照相

11.10 光信息处理

即将第八章信息光学内容与第四章成像仪器的分辨本领部分移到本章,但是难度大了点.

四、例题示范

1. 菲涅耳衍射

2-1-1 波长为 556 nm 的单色平面波经过半径分别为 $\rho_1 = 2.5$ mm、$\rho_2 = 5$ mm 的小孔. 极点到观察点的距离为 60 cm. 试分别计算波面包含的菲涅耳半波带数.

解：根据菲涅耳圆孔衍射，合振幅的大小取决于波面上露出带的数目 k，其数值由下式确定，即

$$k = \frac{\rho^2}{\lambda}\left(\frac{1}{R} + \frac{1}{r_0}\right)$$

由于入射的是平面波，故 $R = \infty$. 将 $\rho_1 = 0.25$ cm，$\rho_2 = 0.5$ cm，$\lambda = 5.56 \times 10^{-5}$ cm，$r_0 = 60$ cm 代入上式，得

$$k_1 = \frac{0.25^2}{5.56 \times 10^{-5} \times 60} = 18.7 \approx 19$$

$$k_2 = \frac{0.5^2}{5.56 \times 10^{-5} \times 60} = 74.9 \approx 75$$

2-1-2 波长 $\lambda = 632.8$ nm 的 He-Ne 激光投射向直径 $d = 2.76$ mm 的圆孔，与圆孔相距 $r_0 = 1$ m 处放一屏幕. 试问：

（1）屏幕上正对圆孔中心的 P 点是亮点还是暗点？

（2）使 P 点变成与（1）相反的情况，至少应把屏幕向前（或向后）移动多少距离？

解：（1）P 点的亮暗取决于圆孔中包含的波带数是奇数还是偶数. 当平行光入射时，波带数为

$$k = \frac{\rho^2}{\lambda r_0} = \frac{(d/2)^2}{\lambda r_0} = \frac{1.38^2}{632.8 \times 10^{-6} \times 10^3} = 3$$

故 P 点为亮点.

（2）当 P 点向前移向圆孔时，相应的波带数增加；波带数增大到 4 时，P 点变成暗点. 此时，P 点至圆孔的距离为

$$r_0' = \frac{\rho^2}{k\lambda} = \frac{1.38^2}{4 \times 632.8 \times 10^{-6}} \text{ mm} = 752 \text{ mm}$$

则 P 点移动的距离为

$$\Delta r = r_0 - r_0' = 100 \text{ cm} - 75.2 \text{ cm} = 24.8 \text{ cm}$$

当 P 点向后移离圆孔时，波带数减少，当减少为 2 时，P 点也变成暗点. 与此对

应的 P 到圆孔的距离为

$$r'_0 = \frac{\rho^2}{k\lambda} = \frac{1.38^2}{2\times 632.8\times 10^{-6}} \text{ mm} = 1\,505 \text{ mm}$$

则 P 点移动的距离为

$$\Delta r = r'_0 - r_0 = 150.5 \text{ cm} - 100 \text{ cm} = 50.5 \text{ cm}$$

2-1-3 试证明：若 f' 是波带片的焦距，相应决定一个主焦点 F'，则在 $f'/3$、$f'/5$、$f'/7$、$\cdots$ 处尚有一系列次焦点。

解：菲涅耳波带片有许多焦点，由于波带片是相对于某一点 F' 划分的，换言之，对 F' 而言相邻波带的光程差为 $\lambda/2$。但是对 F' 点的一个半波带对较近点将变为几个，波带片一个环带内所包含的半波带数也相应变多。如果对某一考察点，波带片一个环带内含有 $2j+1$ 个，即奇数个半波带，其中的 $2j$ 个因双双相位相反而抵消，但是仍有一个较小的半波带对考察点的振幅有贡献。而相邻两环带的有效小波带的光程差为

$$(4j+2)\frac{\lambda}{2} = (2j+1)\lambda$$

为波长的整数倍，故考察点为一较弱的亮点，这就是波带片的次焦点。

如题 2-1-3 图所示，设对某点 F'_j，波带片一个环带内含有 $2j+1$ 个半波带。由几何关系，得

$$\rho_k^2 + f'^{2}_j = \left[f'_j + k(2j+1)\frac{\lambda}{2}\right]^2 \tag{1}$$

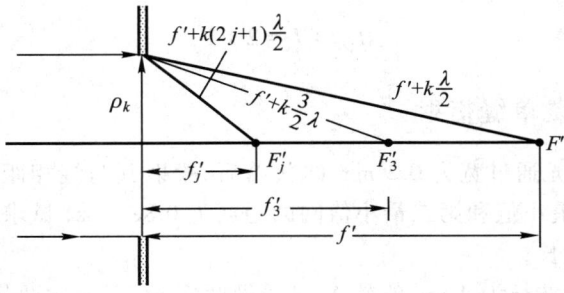

题 2-1-3 图

由于

$$\rho_k^2 = k\lambda f' \tag{2}$$

故

$$f'k\lambda + f'^{2}_j = f'^{2}_j + f'_j k(2j+1)\lambda + k^2(2j+1)^2\frac{\lambda^2}{4}$$

由于 $r \gg \lambda$，略去上式中的 λ^2 项，则

$$f'k\lambda = f'_j k(2j+1)\lambda$$

即

$$f'_j = \frac{f'}{2j+1} \tag{3}$$

式中 j 为整数。显然，$j=0$ 对应主焦距，当 $j=1,2,3,\cdots$ 时，可得对应的次焦距为

$$f'_j = f'/3, f'/5, f'/7, \cdots$$

或把式(2)代入式(3),得

$$f'_j = \frac{1}{(2j+1)}\left(\frac{\rho_k^2}{k\lambda}\right)$$

波带片的聚光特性与透镜十分相似,因此波带片称为菲涅耳透镜,它可用全息方法制取,现广泛用于微波、航天技术中.

2-1-4 单色平面光波投射到一圆孔上,在位于孔的对称轴线上的 P_0 点进行观察,圆孔恰好露出半个半波带. 试问 P_0 点的光强为自由传播时的光强的多少倍?

解:在自由传播时,波带将全部裸露,即

$$A_k = \frac{a_1}{2} \pm \frac{a_k}{2}$$

若 $k \to \infty$, $a_k \to 0$, 则

$$A_\infty = A_k = \frac{a_1}{2}$$

$$I_x = \frac{a_1^2}{4}$$

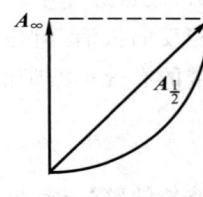

题 2-1-4 图

当圆孔对于 P_0 点恰好露出半个半波带时,其振幅矢量在题 2-1-4 图中以 $A_{1/2}$ 表示,由图中几何关系可知

$$I_{1/2} = A_{1/2}^2 = \left(\frac{a_1}{2}\right)^2 + \left(\frac{a_1}{2}\right)^2 = \frac{a_1^2}{2}$$

故 $\qquad I_{1/2} : I_x = 2 : 1$

2. 夫琅禾费单缝衍射

2-2-1 钠光通过宽为 0.2 mm 的狭缝后,投射到与缝相距 300 cm 的照相板上,所得第一最小值和第二最小值间的距离为 0.885 cm. 试求:

(1) 光的波长;

(2) 若改用波长为 4 nm 的软 X 射线做此实验,则上述两最小值的间距为多少?

解:(1) 若近似以夫琅禾费单缝衍射处理,则单缝衍射的最小值的位置由下式确定:

$$b\sin\theta = k\lambda$$

由于衍射角很小,故 $\qquad \sin\theta \approx \tan\theta = \dfrac{y}{f'}$

故第二最小值与第一最小值之间的距离近似为

$$\Delta y = y_2 - y_1 = 2f'\frac{\lambda}{b} - f'\frac{\lambda}{b} = f'\frac{\lambda}{b}$$

将 $\Delta y = 0.885$ cm, $b = 0.02$ cm, $f' = 300$ cm 代入上式,得

$$\lambda = \frac{\Delta y \cdot b}{f'} = \frac{0.02 \times 0.885}{300} \text{ cm} = 590 \text{ nm}$$

(2) 若改用 $\lambda = 40 \times 10^{-8}$ cm 时,则第二最小值与第一最小值之间的距离为

$$\Delta y = \frac{f'\lambda}{b} = \frac{300 \times 40 \times 10^{-8}}{0.02} \text{ cm} = 6 \times 10^{-3} \text{ cm}$$

2-2-2 波长为 $\lambda = 546$ nm 的单色光准直后垂直投射在缝宽 $b = 0.10$ mm 的单缝上,在缝后置一焦距为 50 cm、折射率为 1.54 的凸透镜.试求:
(1) 中央亮条纹的宽度;
(2) 若将该装置浸入水中,中央亮条纹的宽度将变成多少?

解:(1) 置于空气中时,单缝衍射的中央亮纹的宽度为

$$\Delta y_0 = \frac{2\lambda}{b} f'_0 = \frac{2 \times 546 \times 10^{-6}}{0.1} \times 500 \text{ mm} = 5.46 \text{ mm}$$

(2) 浸于水中透镜的焦距为

$$f' = \frac{n'(n-1)}{n-n'} f'_0$$

将 $n' = 1.33$, $n = 1.54$ 和 $f'_0 = 50$ cm 代入上式,得

$$f' = \frac{1.33 \times (1.54-1)}{1.54-1.33} \times 50 \text{ cm} = 171 \text{ cm}$$

所以为了观察夫琅禾费衍射,光屏应置于透镜的焦平面处,即光屏由原来在透镜后 50 cm 处移至 171 cm 处.这时,在水中的夫琅禾费衍射中央亮条纹的宽度相应发生了改变,其宽度为

$$\Delta y = 2 \frac{\lambda}{n'} \cdot \frac{f'}{b} = 2 \times \frac{546 \times 10^{-6} \times 1\,710}{1.33 \times 0.10} \text{ mm} = 14 \text{ mm}$$

在计算中应注意两点:其一,由于透镜的焦距变化,观察屏相应作一移动;其二,光波的波长在介质中将相应地缩短.它取决于折射率 n'.

2-2-3 一束橙黄色平行光垂直投射到一宽度 $b = 0.60$ mm 的单缝上,缝后置一焦距 $f' = 40$ cm 的薄凸透镜,在位于透镜焦平面上呈现衍射花样.已知焦平面上的 P 点离中央亮纹的距离 $y = 1.40$ mm.试求入射光的波长.

解:根据夫琅禾费单缝衍射的最大值位置公式

$$b\sin\theta = \pm(2k+1)\frac{\lambda}{2}$$

由于 θ 很小,故 $\sin\theta \approx \tan\theta = \frac{y}{f'}$

若取正值,则 $\lambda = \frac{2by}{(2k+1)f'}$

当 $k=1,2,3,4$ 时,对应的 λ 分别为 1 400 nm、840 nm、600 nm 和 467 nm. 由于是橙黄色,故

$$\lambda = 600 \text{ nm}$$

2-2-4 波数为 $k=2\pi/\lambda$ 的平面波如题 2-2-4 图所示,投射到宽为 b 的单缝上,缝被一劈形透明体掩盖住,其厚度从顶端算起的长度为 $t=Ay$(A 为劈的顶角),其折射率为 n. 试证衍射角 θ 方向的光强为

$$I \propto \sin^2(b\beta)/(b\beta)^2 = \text{sinc}^2(b\beta)$$

并以 A、θ、k 和 n 表示 β 值.

解:劈形厚度为

$$t = Ay$$

式中,A 为劈形的顶角. 若 A 很小,则偏向角满足下列关系式:

$$\theta_0 = (n-1)A$$

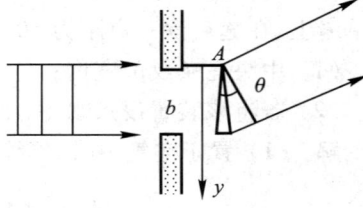

题 2-2-4 图

显然,强度分布的解析形式仍然和单缝衍射时一致,仅是中心向着劈形底边方向偏折了一个角度 A.

单缝衍射强度分布为

$$I \propto \dfrac{\sin^2\dfrac{\pi b \sin\theta}{\lambda}}{\left(\dfrac{\pi b \sin\theta}{\lambda}\right)^2} = \text{sinc}^2 \dfrac{\pi b \sin\theta}{\lambda}$$

将上式中的 θ 以 $\theta+\theta_0 = \theta+(n-1)A$ 替代,即得附有劈形的单缝衍射光强分布为

$$I \propto \dfrac{\sin^2\left\{\dfrac{\pi b}{\lambda}\sin[\theta+(n-1)A]\right\}}{\left\{\dfrac{\pi b \sin[\theta+(n-1)A]}{\lambda}\right\}^2} = \dfrac{\sin^2\left\{\dfrac{1}{2}kb\sin[\theta+(n-1)A]\right\}}{\left\{\dfrac{1}{2}kb\sin[\theta+(n-1)A]\right\}^2}$$

故

$$\beta = \dfrac{1}{2}k\sin[\theta+(n-1)A]$$

即

$$I \propto \dfrac{\sin^2(\beta b)}{(\beta b)^2} = \text{sinc}^2(\beta b)$$

若当 $n=1$,上述结果变成

$$I \propto \dfrac{\sin^2\left(\dfrac{\pi b \sin\theta}{\lambda}\right)}{\left(\dfrac{\pi b \sin\theta}{\lambda}\right)^2} = \text{sinc}^2\left(\dfrac{\pi b \sin\theta}{\lambda}\right)$$

这就是原始形式的单缝衍射强度分布公式.

2-2-5 题 2-2-5 图所示的一直径 $b=0.01$ mm 的细丝水平地置于一凸透镜前 30 cm 处,透镜的焦距为 $f'=20$ cm. 试问:

（1）细丝成像于透镜后的什么位置？横向放大率是多少？

（2）若一束平行光沿主轴从左向右入射，当将一屏置于透镜后焦面上时，将会观察到什么样的衍射图样？

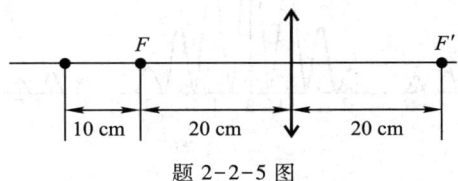

题 2-2-5 图

解：(1) 根据物像公式：

$$\frac{1}{s'} - \frac{1}{s} = \frac{1}{f'} \qquad (1)$$

将 $s = -30$ cm, $f' = 20$ cm 代入式（1），得

$$s' = 60 \text{ cm}$$

横向放大率为

$$\beta = \frac{s'}{s} = -2$$

负号表示倒像.

（2）在焦平面上获得的是细丝的夫琅禾费衍射图样. 若以焦点 F' 为原点且垂直于细丝方向为 y 轴，按巴比涅原理，当 y 不等于零时，相同直径的细丝与缝将产生相同的衍射图样，即

$$I = I_0\left(\frac{\sin\beta}{\beta}\right)^2$$

其中

$$\beta = \frac{\pi b \sin\theta}{\lambda} \approx \frac{\pi}{\lambda} \cdot \frac{y}{f'} b \qquad (2)$$

式中，b 为细丝的直径.

2-2-6 在单缝夫琅禾费衍射装置中，以细丝代替单缝，就构成了衍射细丝测径仪. 已知光波波长为 630 nm，透镜焦距为 50 cm，今测得零级衍射斑的宽度为 1.0 cm，试求该细丝的直径.

解：由零线衍射斑的宽度为

$$2f'\Delta\theta = 2f'\lambda/d = 1.0 \text{ cm}$$

可得细丝的直径为

$$d = 100\lambda = 63 \text{ μm}$$

3. 夫琅禾费多缝衍射

2-3-1 一发射波长为 600 nm 的激光平面波，投射于一双缝上，通过双缝后，在距双缝 100 cm 的屏上，观察到干涉图样如题 2-3-1 图所示. 试求：

（1）缝的宽度 b；

（2）双缝的间距 d.

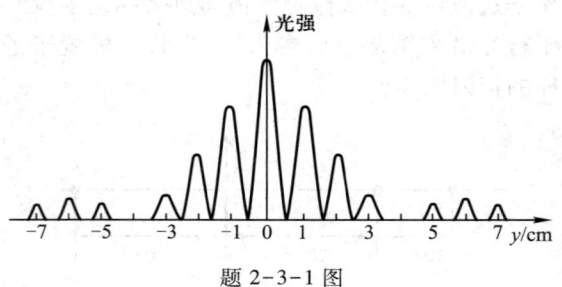

题 2-3-1 图

解：设缝宽为 b、缝间距为 d，屏到缝的距离为 r_0，则双缝干涉条纹间距为

$$\Delta y = r_0 \frac{\lambda}{d}$$

由图可知 $\qquad \Delta y = 1 \text{ cm}$

故 $\qquad d = \lambda \dfrac{r_0}{\Delta y} = \dfrac{6 \times 10^{-5} \times 100}{1} \text{ cm} = 6 \times 10^{-3} \text{ cm}$

由缺级公式，得 $\qquad \dfrac{d}{b} = 4$

故 $\qquad b = \dfrac{d}{4} = 1.5 \times 10^{-3} \text{ cm}$

2-3-2 在双缝的夫琅禾费衍射实验中，所用的光波波长为 $\lambda = 632.8$ nm，透镜的焦距为 $f' = 50$ cm，观察到两相邻亮条纹之间的距离为 $\Delta y = 1.5$ mm，且第 4 级亮纹为缺级。试求双缝的缝距和缝宽。

解：夫琅禾费双缝衍射的最大值条件为

$$d\sin\theta = j\lambda \qquad (1)$$

式(1)两边微分，得

$$d\cos\theta \cdot \Delta\theta = \lambda \Delta j$$

令 $\Delta j = 1$，$\Delta\theta$ 即是相邻亮条纹之间的角距离。由于 θ 很小，故 $\cos\theta \approx 1$，则

$$\Delta\theta = \frac{\lambda}{d} \qquad (2)$$

而条纹的间距为 $\qquad \Delta y = f'\Delta\theta = \dfrac{f'\lambda}{d} \qquad (3)$

故 $\qquad d = \dfrac{f'\lambda}{\Delta y} \qquad (4)$

把 $f' = 500$ mm，$\lambda = 632.8 \times 10^{-6}$ mm 和 $\Delta y = 1.5$ mm 代入式(4)，得

$$d = \frac{500 \times 632.8 \times 10^{-6}}{1.5} \text{ mm} = 0.21 \text{ mm}$$

又根据缺级的已知条件，可知

$$b = \frac{d}{4} = \frac{0.21}{4} \text{ mm} = 0.05 \text{ mm}$$

可见,我们可以借助于双缝衍射实验来作微小尺度的测量.

2-3-3 如题 2-3-3 图(a)所示的三条平行狭缝,宽度均为 b,缝距分别为 d 和 $2d$. 试用振幅矢量叠加法证明:当正入射时,夫琅禾费衍射强度分布公式为

$$I_\theta = I_0 \left(\frac{\sin u}{u}\right)^2 \{3+2[\cos(2\nu)+\cos(4\nu)+\cos(6\nu)]\}$$

其中
$$u = \frac{\pi b \sin \theta}{\lambda}$$

$$\nu = \frac{\pi d \sin \theta}{\lambda}$$

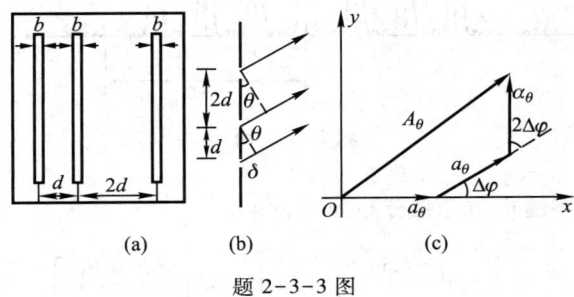

题 2-3-3 图

解:考虑三束衍射光之间的光程差,参看题 2-3-3 图(b),并作振幅矢量图题 2-3-3 图(c),a_θ 为单缝衍射的振幅,A_θ 为三缝衍射的合振幅. 则

$$A_{\theta x} = a_\theta [1+\cos(\Delta\varphi)+\cos(3\Delta\varphi)]$$

$$A_{\theta y} = a_\theta [0+\sin(\Delta\varphi)+\sin(3\Delta\varphi)]$$

故三缝衍射强度分布为

$$I_\theta = A_{\theta x}^2 + A_{\theta y}^2$$

$$= a_\theta^2 \{[1+\cos(\Delta\varphi)+\cos(3\Delta\varphi)]^2 + [\sin(\Delta\varphi)+\sin(3\Delta\varphi)]^2\}$$

$$= a_\theta^2 \{3+2[\cos(\Delta\varphi)+\cos(2\Delta\varphi)+\cos(3\Delta\varphi)]\}$$

而
$$a_\theta = \frac{\sin\frac{\pi b \sin \theta}{\lambda}}{\frac{\pi b \sin \theta}{\lambda}}$$

故
$$I_\theta = I_0 \left(\frac{\sin u}{u}\right)^2 \{3+2[\cos(\Delta\varphi)+\cos(2\Delta\varphi)+\cos(3\Delta\varphi)]\}$$

$$= I_0 \text{sinc}^2 u \{3+2[\cos(2\nu)+\cos(4\nu)+\cos(6\nu)]\}$$

$$u = \frac{\pi b \sin\theta}{\lambda}, \quad v = \frac{\pi d \sin\theta}{\lambda}$$

2-3-4 如题 2-3-4 图所示的衍射强度分布与位置 y 的关系曲线,是从距离一组 N 个相同的平行狭缝 20 m 处的墙上测得波长为 $\lambda = 600$ nm 的光通过狭缝,每一狭缝的宽度为 b,相距为 d. 试求:

(1) N、b 和 d 值;

(2) 主最大的包络曲线(虚线)的表达式.

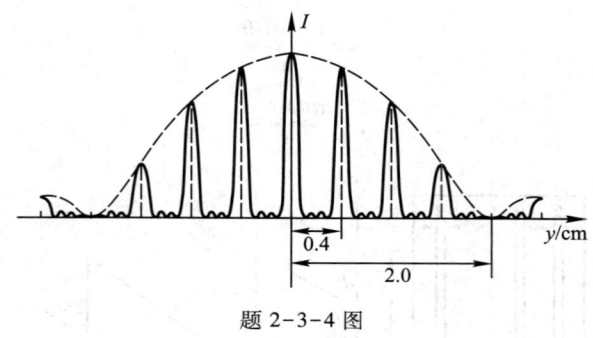

题 2-3-4 图

解:(1) 由多缝衍射光强分布公式,得

$$I = I_0 \left[\frac{\sin\left(\frac{\pi b \sin\theta}{\lambda}\right)}{\frac{\pi b \sin\theta}{\lambda}} \right]^2 \cdot \left[\frac{\sin N\left(\frac{\pi d \sin\theta}{\lambda}\right)}{\sin\left(\frac{\pi d \sin\theta}{\lambda}\right)} \right]^2$$

令 $u = \frac{\pi b \sin\theta}{\lambda}, v = \frac{\pi d \sin\theta}{\lambda}$,则

$$I = I_0 (\operatorname{sinc}^2 u) \left(\frac{\sin Nv}{\sin v} \right)^2$$

这里 θ 为衍射角. 由图可知,由于相邻两个主最大之间有 $N-2$ 个次最大,故

$$N - 2 = 2$$

即

$$N = 4$$

当 $u = \frac{\pi b \sin\theta}{\lambda} = \pi$ 时,$I = 0$,对应图中的 $y = 2$ cm 处,故

$$\sin\theta \approx \frac{y}{f'} = \frac{2}{20 \times 10^2} = 10^{-3}$$

则

$$b = \frac{\lambda}{\sin\theta} = \frac{600 \times 10^{-9}}{10^{-3}} \text{ m} = 0.6 \times 10^{-3} \text{ m}$$

当 $v = \frac{\pi d \sin\theta}{\lambda} = \pi$ 时,出现第一主最大,对应图中 $y = 0.4$ cm 处.

故 $$\sin\theta \approx \frac{y}{f'} = \frac{0.4}{20 \times 10^2} = 0.2 \times 10^{-3}$$

即 $$d = \frac{\lambda}{\sin\theta} = \frac{600 \times 10^{-9}}{0.2 \times 10^{-3}} \text{ m} = 3.0 \times 10^{-3} \text{ m}$$

故 N、b 和 d 的数值分别为 4、0.6 mm 和 3 mm. 缺级为 $\pm 5, \pm 10, \cdots$.

（2）上述衍射光强分布中，第一部分因子是图中虚线包络线的表达式：

$$\left[\frac{\sin\left(\frac{\pi b \sin\theta}{\lambda}\right)}{\frac{\pi b \sin\theta}{\lambda}}\right]^2$$

式中 $$\sin\theta \approx \frac{y}{2\,000 \text{ cm}}$$

其中，y 的单位为 cm.

这一部分是单缝衍射因子，表达式中不包含光栅常量 d. 它与缝宽为 b 的单缝衍射强度表达式完全一致，所以光栅衍射实质上是多光束干涉对单缝衍射强度的分割采样. 换言之，单缝衍射对多光束干涉的调制. 因此，多缝衍射的强度分布是单缝衍射因子和多光束干涉因子的相乘.

4. 光栅

2-4-1 简易分光计的衍射光栅具有 5×10^5/m. 若分光计的望远镜以焦距为 0.4 m 的照相机替代，试求照相机底片上，钠双线的第二级谱线的间隔. 已知钠双线的波长为 589 nm 和 589.6 nm.

解：光栅的光栅常量为

$$d = \frac{1}{N} = \frac{1}{5 \times 10^5} \text{ m} = 2 \times 10^{-6} \text{ m}$$

衍射光栅的光栅方程为

$$d\sin\theta = j\lambda$$

故 $$\Delta y = y_2 - y_1 = f'(\tan\theta_2 - \tan\theta_1) \approx f'(\sin\theta_2 - \sin\theta_1)$$

$$= f' \frac{j(\lambda_2 - \lambda_1)}{d} = 0.4 \times \frac{2 \times 6 \times 10^{-10}}{2 \times 10^{-6}} \text{ m} = 0.24 \text{ mm}$$

2-4-2 一波长为 600 nm 的平行单色光正入射到一透射平面光栅上，有两个相邻的主最大分别出现在 $\sin\theta_1 = 0.2$ 和 $\sin\theta_2 = 0.3$ 处，第 4 级为缺级. 试求：

（1）光栅常量；
（2）光栅上缝的最小宽度；
（3）确定了光栅常量与缝宽之后，试求在光屏上呈现的全部级数.

解：（1）光栅方程为

$$d\sin\theta = j\lambda$$
$$d\sin\theta' = (j+1)\lambda$$

故
$$\frac{\sin\theta'}{\sin\theta}=\frac{j+1}{j}=\frac{0.3}{0.2}$$
$$j=2, j'=j+1=3$$

故
$$d=\frac{j\lambda}{\sin\theta}=\frac{2\times 600}{0.2}\text{ nm}=6\,000\text{ nm}=6\times 10^{-3}\text{ mm}$$

即光栅常量为 6×10^{-3} mm.

（2）由第 4 级缺级，得
$$b=\frac{d}{4}=1.5\times 10^{-3}\text{ mm}$$

故光栅上缝的最小宽度为 1.5×10^{-3} mm.

（3）
$$\sin\theta=\sin\frac{\pi}{2}$$

故最大的级次为
$$j=\frac{d\sin\frac{\pi}{2}}{\lambda}=\frac{d}{\lambda}=\frac{6\times 10^{-4}}{600\times 10^{-7}}=10$$

故其实最多仅观察到 $j=\pm 9$，又考虑到缺级 $\pm 4, \pm 8$，所以能呈现的全部级次为
$$j=0,\quad \pm 1,\quad \pm 2,\quad \pm 3,\quad \pm 5,\quad \pm 6,\quad \pm 7,\quad \pm 9$$

2-4-3 一单色平行光投射于衍射光栅，其方向与光栅的法线呈 θ_0 角。在和法线呈 11° 和 53° 角的方向上出现第一级光谱线，并且位于法线的两侧。试求：

（1）入射角 θ_0；

（2）试问为什么位于法线两侧时，观察到一级谱线，而位于法线同侧时，则能观察到二级谱线？

解：（1）如题 2-4-3 图（a）所示，若入射方向与衍射方向处于法线的同侧，根据光程差的计算，光栅方程为
$$d\sin\theta+d\sin\theta_0=\lambda \tag{1}$$

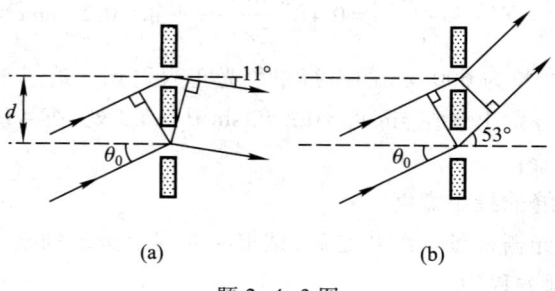

题 2-4-3 图

如图题 2-4-3(b)所示，若入射方向与衍射方向处于法线的两侧，根据光程

差的计算,光栅方程为

$$d\sin\theta' - d\sin\theta_0 = \lambda \tag{2}$$

式(1)和式(2)中是指 $j=1$ 的情况.

式(1)-式(2),得

$$2\sin\theta_0 = \sin\theta' - \sin\theta \tag{3}$$

故

$$\sin\theta_0 = \frac{1}{2}(\sin\theta' - \sin\theta) \tag{4}$$

将 $\theta = 11°$、$\theta' = 53°$ 代入式(4),得

$$\sin\theta_0 = \frac{1}{2}(\sin 53° - \sin 11°) = 0.303\ 9$$

$$\theta_0 = 17.7°$$

(2) 当位于法线两侧时,满足

$$d\sin\theta = d\sin\theta_0 + j\lambda$$

即

$$\sin\theta = \sin\theta_0 + j\frac{\lambda}{d}$$

一级谱线:

$$\sin 53° = \sin 17.7° + \frac{\lambda}{d}$$

故

$$\frac{\lambda}{d} = \sin 53° - \sin 17.7° \tag{5}$$

二级谱线:

$$\sin\theta = \sin\theta_0 + 2\frac{\lambda}{d}$$

把式(5)代入上式,得

$$\sin\theta = \sin\theta_0 + 2(\sin\theta' - \sin\theta_0) = 2\sin 53° - \sin 17.7° = 1.29 > 1$$

故当位于法线两侧时,第二级谱线无法观察到.

当位于法线的同侧时,满足

$$d\sin\theta = j\lambda - d\sin\theta_0$$

$j=2$ 时,

$$\sin\theta = 2\frac{\lambda}{d} - \sin\theta_0 \tag{6}$$

把式(5)代入式(6),得

$$\sin\theta = 2(\sin 53° - \sin 17.7°) - \sin 17.7° = 1.597\ 3 - 0.912\ 1 = 0.685\ 2 < 1$$

故位于法线同侧时,第二级谱线也可观察到.

2-4-4 若光栅的宽度为 10 cm,每毫米内有 500 条缝,在波长为 632.8 nm 的单色光正入射的情况下,试求第一级和第二级谱线的半角宽度.

解:根据正入射情况下的光栅方程

得

$$d\sin\theta = j\lambda$$

$$\theta_1 = \arcsin\left(\frac{\lambda}{d}\right) = \arcsin\frac{632.8\times10^{-6}}{\frac{1}{500}} = 18°27'$$

$$\theta_2 = \arcsin\frac{2\lambda}{d} = \arcsin\left(\frac{2\times632.8\times10^{-6}}{\frac{1}{500}}\right) = 39°15'$$

因此，谱线的半角宽度为

$$\Delta\theta_1 = \frac{\lambda}{Nd\cos\theta_1} = \frac{632.8\times10^{-6}}{100\times\cos 18°27'}\text{ rad} = 6.67\times10^{-6}\text{ rad}$$

$$\Delta\theta_2 = \frac{\lambda}{Nd\cos\theta_2} = \frac{632.8\times10^{-6}}{100\times\cos 39°15'}\text{ rad} = 8.17\times10^{-6}\text{ rad}$$

2-4-5 以白光正入射在一透射光栅上，将在衍射角为 30° 的方向上观察到 600 nm 的第二级主最大．若能在该处分辨 $\Delta\lambda = 0.005$ nm 的两条光谱线，可是在 30° 衍射方向却难以观察到 400 nm 的主最大．试求：

（1）光栅常量 d；

（2）光栅的总宽度 L；

（3）光栅上的狭缝宽度 b；

（4）若以此光栅观察钠 ($\lambda = 590$ nm) 光谱，求当正入射和以 30° 斜入射时，屏上各实际呈现的全部干涉条纹的级数．

解：（1）由光栅方程

$$d\sin\theta = j\lambda$$

得

$$d = \frac{j\lambda}{\sin\theta} = \frac{2\times600}{0.5}\text{ nm} = 2\ 400\text{ nm} = 0.002\ 4\text{ mm}$$

（2）由分辨本领公式 $P = \frac{\lambda}{\Delta\lambda} = jN$

得

$$N = \frac{\lambda}{j\Delta\lambda} = \frac{6\ 000}{2\times0.05} = 60\ 000 = 6\times10^4$$

故光栅的总宽度为

$$L = Nd = 6\times10^4\times0.002\ 4\text{ mm} = 144\text{ mm} = 14.4\text{ cm}$$

（3）由题意可知

$$d\sin\theta = 2\lambda = j\lambda' = 2\times600\text{ nm} = j\times400\text{ nm}$$

$j = 3, 6, 9, \cdots$ 为缺级，则

$$\frac{j}{k} = \frac{d}{b} = \frac{3}{1}$$

即
$$b = \frac{d}{3} = 0.000\ 8\ \text{mm}$$

（4）正入射时的光栅方程为
$$d\sin\theta = j\lambda$$

则
$$j = \frac{d\sin\theta}{\lambda} = \frac{d\sin\left(\pm\frac{\pi}{2}\right)}{\lambda} = \pm\frac{2\ 400}{590} \approx \pm 4$$

再考虑缺级，故在光屏呈现的干涉条纹为
$$0, \pm 1, \pm 2, \pm 4$$

斜入射时的光栅方程为
$$d(\sin\theta_0 + \sin\theta) = j\lambda$$

当 $\theta_0 = -30°$ 时，
$$j = \frac{d\left[\sin(-30°) \pm \sin\left(\pm\frac{\pi}{2}\right)\right]}{\lambda} = \begin{cases} +2.03 \approx 2 \\ -6.1 \approx -6 \end{cases}$$

考虑到缺级，应有下列干涉级的条纹：
$$0, \pm 1, \pm 2, -4, -5$$

当 $\theta_0 = 30°$ 时，
$$j = \frac{d\left[\sin 30° \pm \sin\left(\pm\frac{\pi}{2}\right)\right]}{\lambda} = \begin{cases} -2.03 \approx -2 \\ 6.1 \approx 6 \end{cases}$$

考虑到缺级，应有下列干涉级的条纹：
$$0, \pm 1, \pm 2, 4, 5$$

2-4-6 折射率分别为 n_1 和 n_2 的两种液体，其中 $n_2 > n_1$，它们被光栅常量为 d 的平面透射光栅所隔开. 今有一在液体 n_1 中波长为 λ 的单色平行光以入射角 θ 照亮了光栅的 N 个缝，如题 2-4-6 图(a)所示. 试求：

（1）光栅零级谱线的衍射角 θ_0；
（2）这条谱线的半角宽度.

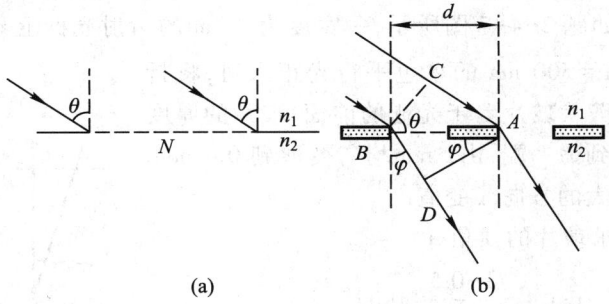

题 2-4-6 图

解：(1) 如题 2-4-6 图(b)所示，相邻两缝沿衍射角 φ 射来的两条光线的光程差为

$$\delta = n_1 AC - n_2 BD = n_1 d\sin\theta - n_2 d\sin\varphi$$

当 $\delta = 0$ 时，相应的衍射角

$$\varphi = \theta_0$$

即光栅零级谱线的衍射角.

$$\delta = n_1 d\sin\theta - n_2 d\sin\varphi = 0$$

$$\sin\varphi = \frac{n_1}{n_2}\sin\theta$$

故

$$\theta_0 = \varphi = \arcsin\left(\frac{n_1}{n_2}\sin\theta\right)$$

(2) 第 j 级谱线衍射角 φ_j 所满足的方程为

$$\delta_j = n_1 d\sin\theta - n_2 d\sin\varphi_j = j\lambda_0 \tag{1}$$

λ_0 为真空中的波长. 与 j 级谱线相邻最小值的位置为

$$\delta_j' = n_1 d\sin\theta - n_2 d\sin\varphi_j' = j\lambda_0 + \frac{\lambda_0}{N} \tag{2}$$

式(2)-式(1)：

$$\delta_j' - \delta_j = -n_2 d(\sin\varphi_j' - \sin\varphi_j) = \frac{\lambda_0}{N}$$

即

$$\sin\varphi_j' - \sin\varphi_j = -\frac{\lambda_0}{n_2 Nd} = \Delta(\sin\varphi_j) = \cos\varphi_j \Delta\varphi_j$$

故

$$\Delta\varphi_j = -\frac{\lambda_0}{n_2 Nd\cos\varphi_j}$$

将 $\varphi_j = \theta_0$ 代入上式，得零级谱线的半角宽度为

$$\Delta\varphi_j = \frac{-\lambda n_1}{n_2 Nd\cos\left[\arcsin\left(\frac{n_1}{n_2}\sin\theta\right)\right]}$$

2-4-7 如题 2-4-7 图所示，一宽度为 2 cm 的衍射光栅上刻有 12 000 条线，现以波长 $\lambda = 500$ nm 的单色平行光正入射，将折射率为 1.5 的劈状玻片置于光栅的前面，玻片的厚度从光栅的一端到另一端，由 1 mm 均匀变薄到 0.5 mm. 试求第一级最大的方向改变值.

解：首先求玻片的顶角 A，

$$\tan A \approx \frac{1-0.5}{20} = 0.025$$

故

$$A = 0.025 \text{ rad} = 1.43°$$

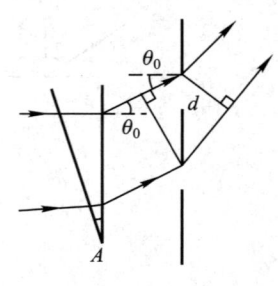

题 2-4-7 图

单色平行光经劈状玻片后的偏向角为
$$\theta_0 = (n-1)A = 0.012\ 5\ \text{rad}$$
故玻片未加前的光栅方程为
$$d\sin\theta = j\lambda$$
$j = \pm 1$ 时,
$$\sin\theta = \pm\frac{\lambda}{d}$$

将 $\lambda = 500$ nm, $d = \dfrac{2}{12\ 000}$ cm $= \dfrac{1}{6\ 000}$ cm $= \dfrac{1}{6}\times 10^4$ nm 代入上式,得

$$\theta = \arcsin\left(\pm\frac{\lambda}{d}\right) = \pm 17.46°$$

玻片加入后的光栅方程为
$$d(\sin\theta' + \sin\theta_0) = \pm\lambda$$
即
$$\sin\theta' = -\sin[(n-1)A]\pm\frac{\lambda}{d} \approx -(n-1)A \pm\frac{\lambda}{d}$$

$$= -0.012\ 5 \pm 0.3 = \begin{cases} +0.287\ 5 \\ -0.312\ 5 \end{cases}$$

故 $\theta' = 16.71°$ 或 $-18.21°$.

那么,第一级最大的方向改变为

$$\Delta\theta = \theta' - \theta_0 = \begin{cases} 0.75° = 45' \\ -0.75° = -45' \end{cases}$$

五、内容提要

1. 光的衍射现象揭示了光的波动本性

2. 惠更斯-菲涅耳原理

波面上任何一个未受阻挡的点,都可以视为频率与原来的波相同的一个次波波源,在其后空间任何一点处的光振动就是这些次波的叠加.其数学形式为

$$E = C\int_S \frac{K(\theta)A(Q)}{r}e^{i(kr-\omega t)}dS$$

称为菲涅耳衍射积分.

3. 波带片的衍射规律为

$$\frac{1}{R} + \frac{1}{r_0} = \frac{1}{\rho_k^2/k\lambda}$$

式中，ρ_k 为第 k 个带的半径；R 为物距；r_0 为像距．波带片的焦距 $f' = \rho_k^2/k\lambda$ 取决于波带片通光孔的半径、半波带的数目 k 和光的波长 λ．

4. 夫琅禾费单缝衍射

单缝衍射的光强公式为

$$I = I_0 \mathrm{sinc}^2 u \tag{2-1}$$

式中，I_0 为零级中心光强，$u = (\pi b \sin\theta)/\lambda$．

暗纹位置为

$$b\sin\theta = (2k)\frac{\lambda}{2}, \quad k = \pm1, \pm2, \cdots \tag{2-2}$$

亮纹位置为

$$b\sin\theta = \pm(2k+1)\frac{\lambda}{2}, \quad k = 1, 2, \cdots \tag{2-3}$$

中央最大值位置为

$$b\sin\theta = 0$$

其中 k 为衍射级．

5. 夫琅禾费圆孔衍射

艾里斑的角半径为

$$\theta_1 = 0.61\ \lambda/R \tag{2-4}$$

式中，λ 为波长；R 为圆孔半径．

6. 平面衍射光栅

利用单缝衍射和多光束干涉可以推出平面衍射光栅的光强分布为

$$I = I_0 \left(\frac{\sin u}{u}\right)^2 \left(\frac{\sin N\nu}{\sin \nu}\right)^2 \tag{2-5}$$

式中，I_0 是单缝单独在衍射场中心产生的强度；u 和 ν 分别为

$$u = \frac{\pi b \sin\theta}{\lambda}$$

$$\nu = \frac{\pi d \sin\theta}{\lambda}$$

式中，$\mathrm{sinc}^2 u$ 为单缝衍射因子；$\left(\dfrac{\sin N\nu}{\sin \nu}\right)^2$ 为多缝干涉因子．

（1）光栅方程为

$$d\sin\theta = j\lambda, \quad j = 0, \pm1, \pm2, \cdots \tag{2-6}$$

（2）谱线的半角宽度为

$$\Delta\theta = \frac{1}{Nd\cos\theta} \qquad (2\text{-}7)$$

7. 布拉格方程

X 射线衍射的规律为

$$2d\sin\alpha_0 = j\lambda, \quad j = 1, 2, \cdots \qquad (2\text{-}8)$$

其中 d 为晶格常量.

六、文献阅读

从笛卡儿、胡克和帕蒂到惠更斯:惠更斯波动理论的发展

在光学发展的历史长河中,惠更斯的波动理论起着举足轻重的作用,在惠更斯以后,波动理论才逐渐超越以牛顿为代表的光微粒学说. 随后,杨氏和菲涅耳的贡献最终使波动理论日臻完善并得到了公认. 本文拟对惠更斯的波动理论的发展作一详细的阐述,并探讨惠更斯是如何在笛卡儿、胡克和帕蒂(Pardies)的光理论基础上提出他的波动理论的.

(一) 恪守笛卡儿的信条

惠更斯(C. Huygens,1629—1695),荷兰物理学家、数学家,自幼受到良好的教育,对理论十分感兴趣,并且实验能力也强. 他于1645—1647年期间在莱顿大学攻读数学和法律,深受笛卡儿的影响. 他在从事研究工作时,恪守笛卡儿的信条,认为人们对自然界的任何一种解释必须是明白易懂的,而且必须是力学性的诠释,即应该以大小、形状及运动状态来描述.

在1678年,惠更斯提出次波假设以前,光学上已取得了一些重要成就,其中主要包括以下几个方面:正弦规律及费马的最小时间原理,胡克于1665年对透明薄膜颜色的诠释,同时出版的格里马蒂(F. M. Grimaldi,1618—1663)的论著《数学物理》对一些衍射现象作了精细的描绘,1669年,Bartholinus发表了其对晶体双折射的最新观测,1672年,牛顿阐述了他的棱镜色散理论. 1676年,罗默将他对光速的天文测量研究成果送到科学协会,但这些对惠更斯的思想影响不大. 对惠更斯影响最大的要算笛卡儿、胡克和帕蒂,因此首先讨论这三者的思想. 惠更斯当时发展他自己的理论所依赖的基础正是这三者的思想,换言之,惠更斯理论体系的背景材料源于这三者的思想.

惠更斯的自然哲学思想主要是笛卡儿的机械观,同时,对培根的经验主义也极为推崇. 惠更斯认为经验(即事实的累积)有两种目的,其一,是从中得到有关各种现象的知识;其二,去寻求有关这些现象起因的知识. 惠更斯研究光的出发点是笛卡儿的光理论.

1637年,笛卡儿(R. Descartes,1596—1650)认为光是一种运动趋势,存在于一种充满全空间的奇妙的物质中,以现代的物理术语来说就是以太. 他认为发光体的光是一种实际运动,称为 lux,而介质中运动的光则是一种运动趋势,

称为 lumen,这种运动趋势由发光体内的实际运动施加于邻近介质的压力所引起. 显然,他力图以动力学模式来解释光的实质,笛卡儿建立光理论的出发点是为了解释星体发光的传播问题. 他认为光折射时满足正弦规律,正弦值与速度成反比,与现今公认的与速度成正比不同. 他对反射和折射作了如下的解释.

1. 关于反射

若一硬质球从 A 到 B 碰到地面 CB. 假定球下落和升起时速率恒定,那么球从 B 点应回到什么地方?

以 B 为圆心,BA 为半径作圆,如图 2-2 所示. 由于速率恒定,那么球从 B 点回到圆周上的某点所需的时间,与它从 A 到 B 所需时间相同. 将球从 A 到 B 的运动分成两种运动. 一种运动使球从 AF 线降落到 CE 线,另一种运动使球从 AC 线到 FE 线,这两种运动合成起来,才使球从 A 到 B,即将球的运动分解成水平和竖直两个方向上的运动. 地面 CB 将阻碍竖直方向上的运动,而对水平方向的运动将无影响,即水平方向的速率不变. 那么球在从 A 到 B 这段时间内水平方向上走过的距离 AH 应与球从 B 回到圆周某点这段时间内水平方向上走过的距离 HF 相同. 即球应回到 F 点. 另有一点 D 也满足此条件,即水平方向上的距离 DG 与 AH 相等,但由于 CB 以下的空间完全充满,球不可能到达 D 点. 由图中显然可见,反射角等于入射角.

2. 关于折射

设有一球从 A 到 B. 在 B 处碰到障碍物,但这一障碍物不是地面,而是一块布 CBE,这块布是很薄的. 球可将它撕开并完全穿越,而失去一部分速率,比如失去一半.

如图 2-3 所示,以 B 为圆心,BA 为半径作圆,仍将球的运动分解为水平和竖直方向,水平方向上的运动不受阻碍.

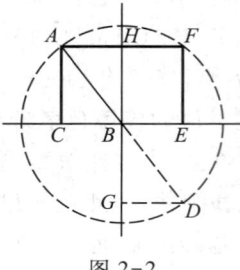 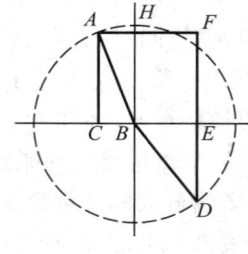

图 2-2　　　　　　图 2-3

作直线 AC、HB、FE 分别与 CBE 垂直且使 $CB=BE/2$. 显然,球应向 D 点运动. 因为球的速率失去了一半,它从 B 点再到圆周上任何一点所需的时间,要等于从 A 到 B 所需时间的两倍. 同时由于水平运动趋势并无丧失,在两倍的时间内在水平方向应走过两倍的距离 $BE=2BC$,即到达 FE 与圆周相交的那一点,此点正是 D.

若球入射角很大,即 BC 较长,以致 $BE(=2BC)$ 中的 E 点落到圆周以外,即 FE 与圆无交点,此时球的行为与反射时的行为是一样的.

若球穿过 CBE 后,速度增加,比如增加 1/3,那么按以上方法,同样可发现球将折到 D 点,其中 $BE=\dfrac{3}{4}BC$,如图 2-3 所示.

由图 2-3 和图 2-4 可以发现,无论球以什么角度入射,CB 与 BE 的比值与球的速率比值相等,与角度无关,这就是折射定律,笛卡儿的折射定律可表达为 $\sin i/\sin r = v_2/v_1$,现今公认的折射定律则是 $\sin i/\sin r = v_1/v_2$.

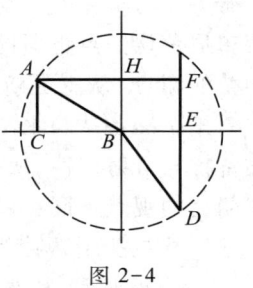

图 2-4

(二) 胡克提出波前的概念

胡克(R. Hooke,1635—1703)对笛卡儿的理论作了认真细致的研究,批判地继承和发展了笛卡儿的理论,胡克的工作是向波动理论前进的很重要的一步,对惠更斯的研究工作有着直接的影响.

他将光定义为:

"光只是发光质各部分的一种特殊运动,这种运动扰动发光质周围的液体而传播.这种液体(即以太)是不可压缩的."

可见,胡克继承了笛卡儿的以太观点,但是他对笛卡儿的瞬时传播观点持怀疑态度,他指出:

"我知道没有任何实验能证明同时传播.当太阳刚跃出水平线时,我们就立即瞧见了.当星体、月球和人眼处于同一直线上时,可观察到星体瞬间便被月球挡住,还有很多类似的观察和假设.对这些观察和假设,我很容易像肯定它们一样地否定它们.我倒希望有人能拿出更充分的理由来确认这一点.确实,如果光传播得很慢的话,从月食这一类实验,也许会发现些什么.如果认为光从地球到月球,再折回只需两分钟的话,没有任何方法能发现是否需要时间."

胡克最主要的贡献是提出了波前的概念,他提出:

"在均匀介质中,光沿各个方向以相同的速率传播.发光质的每一脉冲(即振动)将产生一个球面波,这个球波面逐渐增大,正如石头激起的水波一样,这些球面波的各部分波动地穿过均匀介质,从而形成与之垂直的光线."

这里,胡克已明确地指出了光以波的形式传播.正如怀特克(Whittaker)所说的:引入波前概念的功劳应归功于胡克,同时胡克还正确地指出了均匀介质中,波前是球形.虽然他提到了水波,但是他却未能想到光波是横波,而且也没有提及周期性.其实他对光的本质也不甚清楚.

胡克也对光的色散作了解释,他认为光经折射后其波前将发生不同的偏折,从而对应于不同的颜色.在他对折射作解释时,几乎已经走到了成功的边缘,但是由于他认为折射后波前要发生偏折,与光线不再垂直,他只好接受了笛卡儿有关折射的公式,即 $\sin i/\sin r = v_2/v_1$.这在后面讨论他对折射的解释时,可明显地领悟到.为了便于比较,我们将把胡克对折射现象的解释与惠更斯对折射的解释放在一起讨论.

(三) 帕蒂关于光的波动观点

由于帕蒂的论文已失传,现存的帕蒂的原始文献则不多了,帕蒂计划出版几册关于力学体系的丛书,但未完成. 帕蒂与惠更斯、莱布尼茨的关系很密切. 莱布尼茨认为惠更斯的思想主要是源于帕蒂,惠更斯本人也在他的书中表示对帕蒂的谢意. 从惠更斯的书中也可推测帕蒂的观点.

帕蒂准备从与水波、声波的类比出发,来讨论光的传播、反射和折射,而且准备推导折射定律,从而认识光的特性,他也认为光是一种波动. 他有两点明显与胡克的观点不同:

1. 光的折射规律为 $\sin i/\sin r = v_1/v_2$,这与现行的公式是吻合的.

2. 光折射后,其波前仍与折射后的光线垂直.

这两点在理论上是完全正确的,但是帕蒂没有用这些理论去解释光的反射和折射等行为. 然而惠更斯肯定从中受到启迪,他在 1673 年 6 月 21 日前曾阅读过帕蒂的文章.

(四) 惠更斯集波动理论的大成

惠更斯直接受益于胡克和帕蒂,这一点可在下文讨论他们三者对折射的解释时清晰地显示出来,但是惠更斯波动理论的出发点则是笛卡儿的理论. 1678 年,惠更斯将《论光》著作递交到科学协会时,在协会秘书撰写的报告中这样叙述道:"笛卡儿关于光的理论中的缺陷促使惠更斯去构造更完善的理论,以解决这些缺陷."

依惠更斯看来,笛卡儿理论的主要困难有以下三个方面:

1. 笛卡儿认为光是同时传播的. 惠更斯对此提出怀疑,在《论光》著作中,写道:"若认为光的发射需要时间的话,所有的现象均可解释;相反,如果认为光是同时传播的话,每一件事都不可理解."这表明他只作了一种推测,而没有去寻找证据,而且他感到,关于来自星体的光,若不用同时传播去解释,也很困难. 后来,罗默的实验使他比较确信光传播需要时间,而且他估算出光速值约为 2×10^8 m/s.

2. 笛卡儿认为光是一种运动趋势. 惠更斯以实例反驳. 为什么两个人能同时相互看见对方的眼睛? 如果光是一种运动趋势的话,同一粒子怎么能同时趋向两相反的方向? 为解释同时向相反方向的运动,他作了如下说明:

现有一排相同的硬质球以示代表以太粒子,如图 2-5 所示,用另外两相同的球,以速度 v_1、v_2 分别同时去碰撞这排球的左、右两端,结果发现这两个球的速度同时发生了变换,而中间的球仍维持不动,这表明弹性可使两相反方向的运动得以同时传播.

图 2-5

赋予以太弹性以后,他又用此实验来说明光不是同时传播的,如图 2-6 所示,仍有一列相同的硬质球,现用另一个相同的球以速度 v_1 去碰撞这列球的一端,发现另一端的一个球以 v_1 离开了球列,而其余的所有的球均维持不动. 如果是同时传播的话,所有的球应一起运动.

图 2-6

3. 笛卡儿的折射定律是 $\sin i/\sin r = v_2/v_1 = n_1/n_2$，即光密介质中光速增大．

在阐述惠更斯对折射的解释之前，必须先考察他的最重大的贡献——次波概念的提出．在《论光》中，惠更斯是这样论述的：

"我们必须讨论这种波的起源及其扩展，首先来看光的产生，太阳、蜡烛或燃烧着的煤之类的发光体上有许多小区域，以这些小区域为中心，将产生它们各自的波，如图 2-7 所示中蜡烛上的 A、B、C 各点，同心圆弧代表它们的波．由于中心点，如 A、B、C 在做无规则振动，我们不能假设它们每隔一定距离就发出一个波．图中圆心圆弧代表一个波在不同时刻的情况．并非是从中心点发出的几个波．"

他阐述了光的产生过程，却反对周期性，这是他的不足．

接着，他又说：

"也许最令人奇怪的是由这些粒子产生的波会传播很远的距离，比如从太阳或星体传到地球上．波传得越远将越弱，以至我们感觉不到，但是由于发光体上无穷多点产生无穷多的波同时作用于我们的感官，因此我们能看得见．"

这表明惠更斯考虑到了波的合成概念．

接着，他进一步说：

"进一步考虑这些波的产生，由于传光物质中的每一个粒子，不仅将它的运动只传给辐射线上的下一粒子，而且也会部分地传给与之相接触的粒子，因此以每个粒子为中心将产生一个波，如图 2-8 所示中 DCF 是以 A 点为中心的一个波．在 DCF 内的一点 B 将产生它自己的波 KCL，这个波在 C 处与 DCF 相遇的时刻．显然只有 C 处才与 DCF 相接触，而 C 点正好在 AB 的延长线上．同样在 DCF 内的其他粒子，诸如 bb、dd 之类，也将产生它们各自的波，这些波远离中心 A 的那一部分共同形成 DCF 波，因此 DCF 便更强．"

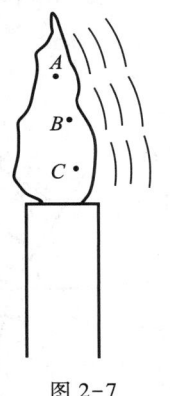

图 2-7

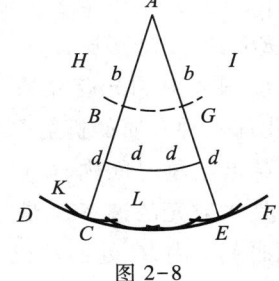

图 2-8

这里的 KCL 波，用现代术语来说就是次波，无穷多次波同时到达某一曲线处,便形成了主波.

关于光的直线传播,惠更斯只作了假定,而没能论证.他是这样阐述的:

"谈到光的特性,我们必须提醒注意的首先是光必须按这种方式传播,即它的末端一定在从发光点引出的一条直线上.因此从开口 BG 出来的光,只在 ABC 和 AGE 所限制的范围内,虽然 CAE 内的粒子产生的波同样可传到 CAE 外,但是它们太弱,不能产生光;即使 BG 再小些,光将同样传播.因 BG 内总会存在着大量的以太物质,要知道以太粒子是难以想象得那样小,因此波的每一部分仍沿着从发光点引出的直线前进,由此可认为光线是直线."

有关光的直线传播的证明是由菲涅耳给出的,但从上文中,我们发现惠更斯已提及衍射."但这些波太弱,不能产生光",这句话表明,波已传到了 BG 的几何投影之外,只是太弱,肉眼无法观察到.

惠更斯根据次波的概念解释反射和折射.反射比较简单,这里仅讨论他对折射的解释,而且,为了便于比较,将胡克和帕蒂的解释放在一起讨论.

人名＼观点	对折射的解释	光线与波前的关系
胡克	继承笛卡儿的观点 $\sin i/\sin r = n_1/n_2 = v_2/v_1$ 即光密介质中,光速大	折射前光线与波前垂直,折射后不垂直
帕蒂	$\sin i/\sin r = n_2/n_1 = v_1/v_2$ 即光密介质中,光速小	折射前光线与波前垂直,折射后也垂直
惠更斯	$\sin i/\sin r = n_2/n_1 = v_1/v_2$ 即光密介质中,光速小	折射前光线与波前垂直,折射后也垂直

显然,惠更斯的理论基础与帕蒂的相同,而与胡克的不同.但帕蒂未作详细而明确的图式分析.胡克根据自己的理论作了清晰而明白的图式分析,只要用帕蒂的理论去纠正胡克的图式分析,就可得到惠更斯对折射的解释,也许惠更斯本人正是这样来得到其折射理论的,因为他对胡克和帕蒂的工作了如指掌.下面讨论胡克和惠更斯的图式分析.

胡克的图式分析:

如图 2-9 所示,设 ACFD 是实际光束. ABC、DEF 是数学光线. DA、EB、FC 是球形脉冲的一小部分,与光线垂直,这些光线斜入射到光疏介质表面 CG 上,设这种光疏介质比前一种介质的折射率小 1/3,那么在 F 点的波到达 G 点这段时间内,C 点的波到达 H 点.令 $FG = v_i t$,v_i 是入射光的速率,t 是从 F 到 G 所需的时间,在相同时间 t 内,C 处的波已在折射介质中传播了 $v_r t = \dfrac{4}{3} FG$,v_r 是折射介质中的速率,虚线大

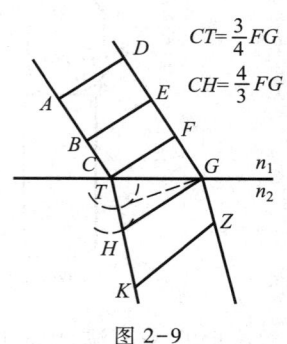

图 2-9

圆半径即 $\frac{4}{3}FG$.

为了确定折射方向,由 $\sin i/\sin r = v_r/v_i = 4/3$. 以 C 为圆心,作半径为 $\frac{3}{4}FG$ 的小圆弧,然后从 G 向该圆弧作切线,交于 T,连接 CT,即为折射方向,因为 $\angle FCG$ 与入射角相等,$\angle CGT$ 与折射角相等,显然可满足

$$\frac{\sin i}{\sin r} = \frac{FG/CG}{CT/CG} = \frac{FG}{CT} = \frac{4}{3} = \frac{v_r}{v_i}$$

延长 CT 与大圆交于 H,GH 即为折射波前,显然 GH 不与光线 CH 垂直.

惠更斯的图式分析:

如图 2-10 所示,AB 是介质分界面. AC 是光波的一部分,与光线 CB、DA 垂直. 设折射率之比为 $n_1/n_2 = 4/3$,AC 波的 C 部分在一定时间内到达了 B 点. 同时,A 部分应直线到达 G(图中未画),且 $BC = AG$,它们也相互平行,这在 $n_1/n_2 = 1$ 时是这样的,这里 $n_1/n_2 = 4/3$,那么 A 点的波在下面介质中传播的长度应为 BC 的 $4/3$,如前所述,它是以球面次波 SNR 的形式传播的,其他各部分,如 H,不仅传到了 K,而且还以 K 为中心,以球面次波的形式继续传播,这些次波的半径为 KM 的 $4/3$,所有这些次波正好同时与 BN 相切,因此 BN 即为折射后的波前,与光线垂直.

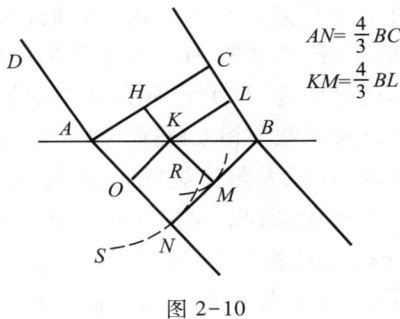

$AN = \frac{4}{3}BC$
$KM = \frac{4}{3}BL$

图 2-10

作一些与 BN 平行的直线 KO,与 AC 平行的直线 KL. 可以看到,AC 波本来是一条直线,但在 KLO 处逐渐变成了折线,最后在 BN 处变成了直线.

[摘自:大自然探索.1989(2).宣桂鑫,侯春洪]

从欧拉、杨氏到菲涅耳:菲涅耳波动理论的形成

在光学发展过程中,只是在惠更斯建立波动理论之后,波动理论才引起普遍关注. 后来,欧拉、杨氏等的研究使波动理论得到进一步发展,最终以菲涅耳完美的数学描述,使波动理论得到举世公认. 本文以欧拉、杨氏和菲涅耳三位科学大师为线索,详细阐述了惠更斯之后的波动理论的发展,并探讨了他们之间的相互交流和影响.

惠更斯的次波原理能解释光的反射和折射现象,也能定性说明障碍物的直

线投影区内有光的存在,这是光学史上的一次突破.然而,尚有许多现象是次波原理所无能为力的,随着历史的演变,又出现了两位巨匠,他们是杨氏和菲涅耳,他们的理论和实验充实和完善了光的波动理论.自菲涅耳以后,波动理论逐渐得到科学界的公认,至此,人类对光有了较完善的认识.本文较详尽地阐述了惠更斯以后至菲涅耳为止的光学发展进程,并探讨了菲涅耳是如何在惠更斯、欧拉和杨氏的光理论基础上完善他的波动理论的.

(一) 追踪欧拉的思想

17 世纪 70 年代,惠更斯提出的次波原理支持了光的波动学说.然而在以后一个世纪里,光的发射说占据了主要地位,只有极少数科学家在重重困境中极力维护和支持光的波动学说.欧拉就是其中的主要代表,他的波动思想对杨氏影响很大,因此先追踪欧拉的思想.

欧拉(Leonhard Euler,1707—1783)是瑞士数学家、物理学家.他在力、声、热、电磁和光等方面作出了许多重要贡献,并提出了一切物理现象都是以太与物质相互作用的结果的思想,企图建立物理世界的统一图像,他是 18 世纪唯一赞成光的波动说,反对光的微粒说的人,并对望远镜、显微镜等光具组的设计与数学计算做出了贡献,他是第一个解析地处理光的振动的人,并考虑了光对以后的弹性和密度的依存关系后,推演了光的运动方程,得到了光的反射和色散的结果.

在 1760 年 3 月至 1762 年 5 月间,欧拉阐述了他的思想,认为远处物体有两种作用方式.一种是物体直接发射的粒子作用于我们的感觉器官,另一种是通过中间介质,只将其运动状态传送过来,而作用于我们的感官.欧拉认为第一种方式不能解释光的发射,这是因为:(1) 这种方式不能解释为什么两光束互相交错而不相互影响;如果是粒子就会相互碰撞.(2) 损耗问题,如果发光体发射粒子,那么其质量将很快减少,像太阳这类发光体,将发射大量粒子,其质量应有明显变化.但是事实并非如此,因此,欧拉选择了第二种方式.

他之所以作这种选择,主要来源于与声波的对比,由于声波是按第二种方式传播的,他的类比很深刻,也是成功的,主要有以下几个方面的类比:

1. 不同的振动频率产生不同的声调,那么以太振动的不同将形成相应的颜色.

2. 声波在可压缩的空气中传播,那么光一定在有弹性的以太中传播,由于光能穿过玻璃之类的固态物质,那么以太也可穿过固态物质.

3. 空气由连续的脉冲引起收缩、膨胀,那么以太也由光波引起收缩和膨胀,由此他得出光是纵波.

欧拉的另一贡献是推导了纵波的声速,其结果为 $v=\sqrt{E/2\rho}$,其中 E 是介质的弹性模量,ρ 是介质的密度,由公式可见,波速与振动频率及振幅无关,对声波,E、ρ 和 v 均可由实验测得,实验结果与公式相符.基于声波与光波的类比,他认为该公式对光波也适用,光速可从罗默(O. Romer,1644—1710)的测量估算得到,而对以太的 E 和 ρ 则无法独立测量,欧拉估算出 $\rho_{以太} \leqslant \rho_{空气} \times 10^{-6}$.因此,以太的弹性应比空气的弹性大得多.

欧拉将物体分成四类:发光体、反射体、透明体和不透明体.以太粒子与这几种物体的作用方式不同,从而引起光的发射、反射和折射.

对于发光体,它自身表面的粒子要发生振动,这种振动将传递给周围的以太粒子,并逐渐传下去,从而形成了光.他认为像太阳这类白炽体,它的每个粒子并不以固定的频率振动因而发白光.

对于反射体,它自身的粒子不发生自振动,但反射表面处的粒子具有弹性,入射光并不使这些粒子发生振动,这些弹性粒子将入射光反射回来,只是改变了方向,而并不改变光的性质,因为反射面上的粒子没有参与运动.

对于透明体,涉及折射.欧拉认为在不同的介质中,光速不同,从纯以太进入透明体的光,其速率减小,而且光线将偏离法线,入射角的正弦与折射角的正弦之比等于以太中的光速与透明体中的光速之比.

对于不透明体,由于这种物体的反射光的颜色发生了改变,而且反射角不直接依赖于入射角;因此他认为入射到不透明体上的光使其表面粒子发生了振动,振动的快慢与表面结构有关,振幅取决于入射光强,像发光体一样,这种振动又传给了周围的以太粒子,因此出射光指向各个方向,且颜色发生了改变.这里,欧拉又借助声、光类比,他指出:乐器上的弦会被外加的声波引起振动,从而发出声音,且发出声音的频率与入射声波频率不同.

(二) 杨氏干涉原理的形成

杨氏(Thomas Young,1773—1829)是英国物理学家,自幼天资过人,一生在物理、天文、化学、医学等领域作了大量的工作.1801年首先做了光的干涉现象的实验,他以实验首次引入干涉概念论证了波动说,又利用波动说解释了牛顿环的成因和薄膜的彩色,1817年当他得悉菲涅耳和阿拉戈关于偏振光的干涉实验后,提出光是横波.

1797年夏,杨氏已从医学转向光学的研究,同年7月8日发表了他写于剑桥的一篇论文《关于声、光的实验和观察概述》.在该文章中可发现他对此问题进行了大量的研究和探索.他用了四分之一的篇幅详细地阐述了他在剑桥所做的新实验,其目的旨在取代牛顿的理论.其立足点为:(1)牛顿反对波动理论,认为波不可能直线传播,他亲自做实验反驳了这一观点;(2)粒子模型存在很多不能回答的问题;(3)新的类比使光、声间的比较更加成功.

杨氏的以太思想与欧拉、牛顿的以太思想有密切联系;他很了解电以太理论,特别是欧拉的工作,但他与欧拉不同,杨氏并不认为电以太、重力以太与光以太是一样的;因此,他对欧拉的折射解释不太满意,不过又无其他选择,他只好接受了与欧拉十分相似的以太密度假设.他指出:以太离物体越远,其密度越小,这与牛顿的假设越远越密相反.由于以太离物体越近越密,因而光照到物体上时,这种以太密度的变化导致光的偏折.他说:"物体的阴影并不是物体的平行投影,考虑到以太圈,阴影将比平行投影更大;进入以太圈的光线受不均匀的以太作用,一些光线将偏离物体,相应也有些光线折入阴影."这是杨氏在1801年时的思想.

事隔不久,他就抛弃了这种以太密度假设.在1802年5月给皇家协会的一篇文章中,他指出:"光偏折的原因很明确,但他们有更多的理由接受另一种观点,正如胡克所指出的那样,光有折向各方向的自然特性,如果认为偏折由以太密度引起的话,那么当物体的质不同时,其偏折程度应不同,其实并非如此."到1803年,他却接受了另一种观点,认为以太可自由穿过物体,据此,他对几种光学现象作了重新解释,特别是衍射,但不很成功.总的说来,杨氏的思想并没有很大程度地超越欧拉的观点,然而他的干涉原理的建立,则是光学史上的一次重大革命,是人类认识光本质的一次重大飞跃.他的干涉原理是怎样提出来的呢?

从杨氏的手迹推测可能有以下三方面的来源:

1. 来自胡克的论文,在1802年第92期《哲学学报》的一篇文章中,他说:"在我对所有这些现象解释感到满意之前,我发现胡克的一篇文章也许早已使我得到相似的结论."

2. 干涉概念也许来自Halley和牛顿对东印度Batsha港内潮汐的研究.该港潮汐现象与其他港不一样,不是一天两次涨潮,两次退潮,而只有一次涨、退,而且每月总有几天港内很平静.牛顿试图对此作出解释.他认为指向港内的涨潮和退潮恰好在某天相遇,因而相互平衡,使得这几天港内很平静.这实际上已用到了相差180°的潮汐波的叠加概念.牛顿可能没有对此作更深的研究,而更敏锐的杨氏则很可能从中受到启发.

3. 杨氏对干涉原理的认识也许来自他对Smith的"和声学"的研究.因杨氏对音乐和声波感兴趣,他研读了Smith的"和声学",该书被认为是这方面的权威著作.杨氏发现书中对声波的交叉作了错误的描述,他这样写道:"很令人惊讶,像Smith这样伟大的数学家也认为,当不同声波的振动相互交错时,其合运动不影响单个的空气粒子.但实际上每个粒子分担了两种运动,这可由Romien Tantini所观察到的拍现象及和声充分证明……如果粒子离原点的距离由坐标表征,那么同方向的两个或多个振动的合运动将由所有坐标之和来代表."

以上三方面的来源只是推测,而最后一种来源的可能性最大.其实,杨氏也许兼受三方面的影响;但无论如何,杨氏最先发现声的干涉原理,然后再用于光.他之所以将声波的干涉原理应用于光,这不得不归于声、光类比,而他最热衷的是欧拉提出的颜色与声调的类比.欧拉只提出光的颜色包含于发光以太振动的不同频率中,而没提供任何证据,而杨氏从他的干涉定律及牛顿的实验中为此提供了证据.

在1801年,他意识到干涉概念可用于光之后,于1801年11月12日在Bakerian讲义中将光的干涉原理交到皇家协会,该讲义于1802年出版.在"论光和色的理论"中,杨氏表述了干涉原理:

"当来自不同源的两列波,处于同一方向或相近方向时,它们的总效应是各运动的合成.

因每一列波都要影响每个粒子,那么波只能通过这些粒子的合运动传播,因此,合运动要么是各运动之和,要么是二者之差.

对于同频率的波,当这两波在某一特定时刻相遇时,合运动最大.相反,当一列波的最大与另一列波的反向最大相遇时,合运动最小;其余状态的合运动强度处于中间状态.至于这种强度的变化规律,没有进一步资料,则不能断定."

以上是杨氏干涉原理的表述.由此可见,当两同频率、同振幅的波相遇时,以太粒子的合运动将是它们相位的函数,相位差180°时,合运动为零.

杨氏的讨论是不完善的,例如,他说:"来自不同源的两列波."这暗示正如声波一样,用两独立的源可得到干涉.尽管如此,他解决了很多问题,如薄膜的颜色等.杨氏与欧拉一样,主要考虑了光线上那些粒子的振动,因此在讨论干涉时,他只选择了两束相干光.当光程差是间隔(即波长)的整数倍时,产生亮条纹,是半波长的奇数倍时,产生暗条纹.

在他发现干涉原理后的几年中,杨氏主要讨论了此原理的应用情况.他讨论过置于眼前的羊毛及其他纤维周围的彩色条纹,还有直边物体及薄片所产生的光晕.

在他的《水动力学》讲义中,杨氏描述了一小水池中的波纹实验.从相邻波源来的两水波可以观察到也发生了干涉,他将干涉点的轨迹描述为双曲线,他认为这是最简单的干涉例子,而且是一个很好的类比.他指出:

"当一束光射到有两孔或两缝的屏上时,这些孔可认为是散射中心.从这里,光向各方向衍射.当新形成的光在一屏上接收时,出现黑白相间的图样.当接收屏离孔较远时,图样变宽,但图样宽度对孔的夹角几乎不变;图样中间总是亮带,当来自两孔的光的光程差为波长的一、二、三……倍时,产生亮带;当光程差为半波长的一、三、五……倍时,出现暗带."

这就是著名的杨氏双缝干涉实验.值得指出的是,杨氏讨论时仅考虑了两条特殊光线,只讨论了极大和极小两种特殊情况,也未涉及惠更斯次波原理.总的来说,杨氏对干涉的讨论,无论在内容上和范围上比菲涅耳的讨论狭窄得多.虽然,杨氏自己认为干涉原理是他的主要成就,而且认为干涉原理使波动理论更加可信,但他的许多同时代的学者并不这样认为,特别在英国,他的理论遭到很多人反对.此时,波动理论仍未战胜牛顿的发射说,只是在菲涅耳以后,人们才彻底抛弃了发射说,下面着重阐述菲涅耳的工作.

(三) 菲涅耳波动理论的形成

菲涅耳(Augustin-Jean Fresnel,1788—1827)是法国物理学家.他约从1814年起对光学发生兴趣,1815年做了一些重要的衍射实验.菲涅耳的主要成就有两方面.其一为衍射,他以惠更斯原理和杨氏的干涉原理为基础,以定量的方式建立了以他们的姓氏命名的惠更斯-菲涅耳原理.其二为偏振,他与阿拉戈一起研究了偏振光的干涉,确定了光的横波性,并发现了圆偏振光和椭圆偏振光,以波动说解释了偏振面的旋转;他推演了光在分界面上的反射和折射的定量规律,即菲涅耳公式,由此解释了马吕斯的反射光偏振现象和双折射现象.菲涅耳的成就与他的数学天赋是分不开的,他能娴熟地运用数学处理物理问题,得出定量的结果.他认为自然是简单而和谐的,真理应源于简单概念,不需人为辅助假说,且能预言事实.

菲涅耳约在1814年开始考察光的衍射现象.一开始,他就认为组成光的脉冲有规则地一个接一个,即光具有周期性.惠更斯则反对周期性.菲涅耳的周期性观点也许来源于欧拉,而更可能是他自己的思想.

他的首次实验就是对衍射的研究.他用自己的干涉原理,而不是杨氏的干涉原理,对衍射进行了解释.菲涅耳的干涉原理有两方面与杨氏的干涉原理不同.首先,菲涅耳考虑了波前上所有各点的贡献,而杨氏只考虑沿特殊路径传播的两条光线.其次,杨氏只讨论了同相和反相两种特殊情况,而菲涅耳的原理对各种相位均适用.实际上,菲涅耳考虑到普遍情况,而杨氏只考虑了特殊情况.

他用头发和其他细小物体做实验,发现几何阴影区内、外均有条纹;当挡住衍射体一边的光线后,发现影区内条纹消失.由此,他得出结论,影区内条纹由来自衍射体两边的光相干引起.而未挡那一边影区外的条纹仍然存在,他认为这是由直接从光源来的光线与从衍射边缘反射的光线相干形成的.这种解释与杨氏的解释相同.

根据这一现象,衍射体边缘的反射程度应与条纹的形成有直接关系.为确定这一点,菲涅耳找到了两片物体,将每片边缘的一半磨粗糙,另一半保持光滑,然后将一片粗糙的那一半与另一片光滑的那一半靠在一起,如果条纹位置与边缘的光洁程度有关的话,条纹将在中间断开.实验结果发现条纹完好无缺.菲涅耳便放弃了这种解释,去寻求新的解释,这是促使他提出惠更斯-菲涅耳原理的因素之一.

菲涅耳的数学才能,使他能够进行数学上的描述.他从路程、波长中推导出了条纹的位置.用红光做实验,在光源、衍射体及接收屏置于不同位置处时,他进行了测量,发现实验值与公式相符得很好.但他发现只有假设光的衍射体边缘偏折时有半波损失,他的公式才能正确预言条纹的位置;否则,暗纹处出现亮纹,亮纹处出现暗纹.菲涅耳的自然哲学非常反对引入人为的辅助性假设,为避免这种人为的假设,他开始寻求新理论.这是促使他提出惠更斯-菲涅耳原理的又一个因素.

为解决上述一些困难,菲涅耳做了大胆的尝试.他将惠更斯次波原理与他的干涉原理相结合,他假设越过衍射体的波前上的每一点产生的次波都将相互干涉,现在问题归结到如何将这些次波叠加起来.这在数学上比较复杂,菲涅耳作了巧妙处理,他发现正如力可以分解成两相互垂直的分量一样,从某点 x 处发出的波 $U = A\sin\left[2\pi\left(t-\dfrac{x}{\lambda}\right)\right]$ 经过位移 C 后变成 $U = A\sin\left[2\pi\left(t-\dfrac{x}{\lambda}\right)-\phi\right]$,$\phi = \dfrac{2\pi C}{\lambda}$.这个波同样可分解成相位差为 $\dfrac{\pi}{2}$ 的两波之和.

$$U = A\sin\left[2\pi\left(t-\dfrac{x}{\lambda}\right)-\phi\right]$$

$$= A\sin\left[2\pi\left(t-\dfrac{x}{\lambda}\right)\right]\cos\phi - A\cos\left[2\pi\left(t-\dfrac{x}{\lambda}\right)\right]\sin\phi$$

令 $A\cos\phi = p$,$A\sin\phi = p'$,$2\pi\left(t-\dfrac{x}{\lambda}\right) = q$,则

$$U = p\sin q - p'\cos q = p\sin q + p'\sin\left(q - \frac{\pi}{2}\right)$$

$$A = \sqrt{p^2 + p'^2}$$

这样很方便地得到了振幅 A 的值.

众所周知,1818 年巴黎科学院悬奖征文,征求解决衍射问题时,微粒说的学者预期他们会夺得胜利,然而以精确的计算和准确的实验事实,加上阿拉戈的有力支持,真理的使者菲涅耳获得了应有的荣誉. 虽然当时有不少著名学者仍反对菲涅耳的理论,但真理是不以人的意志为转移的. 菲涅耳的理论最终还是得到了科学界的公认. 波动理论从此在牢固的基础上建立起来了.

综上所述,菲涅耳将惠更斯原理和杨氏的干涉原理结合起来,牢固地建立了波动理论的基础,它提供了光的直进、衍射的完整理论,提高了人们对波动说的信任. 但是光的波动说对双折射或偏振理论是无能为力的,人们不禁要问:微粒说似乎能对这些现象加以说明? 波动说的这一困难后来也是由菲涅耳解决的.

[摘自:大自然探索.1991(4).宣桂鑫,侯春洪]

光的干涉与衍射的区别和联系

本文拟首先对光的干涉和衍射的基本概念给予界定和说明,随后结合案例——杨氏实验探讨其原理,最后围绕双缝衍射图样认识光的干涉和衍射的区别和联系.

(一) 光的干涉

(1) 定义或解释

两列或几列光波在空间相遇时相互叠加,在某些区域始终加强,在另一些区域则始终削弱,形成稳定的强弱分布的现象称为干涉.

(2) 说明

① 在交叠区域内各处的强度如果不完全相同而形成一定的强弱分布,则显示出的固定的图像叫做干涉图(花)样,也即对空间某处而言,干涉叠加后的总发光强度不一定等于分光束的光强的叠加,而可能大于、等于或小于分光束的发光强度.

② 通常的独立光源是不相干的. 这是因为光的辐射一般是由原子的外层电子激发后自动回到正常状态而产生的;由于辐射原子的能量损失,加上和周围原子的相互作用,个别原子的辐射过程最杂乱无章而且常常中断,持续时间甚短,即使在极度稀薄的气体发光情况下,和周围原子的相互作用已减至最弱,而单个原子辐射的持续时间也不超过 10^{-8} s. 当某个原子辐射中断后,受到激发又会重新辐射,但却具有新的初相位. 这就是说,原子辐射的光波并不是一列连续不断、振幅和频率都不随时间变化的简谐波,即不是理想的单色光,而是在一段短暂时间内(如 $t = 10^{-8}$ s)保持振幅和频率近似不变,在空间表现为一段有限

长度的简谐波列.此外,不同原子辐射的光波波列的初相位之间也是没有一定规则的.这些断续、或长或短、初相位不规则的波列的总体,构成了宏观的光波.由于原子辐射的这种复杂性,在不同瞬时叠加所得的干涉图样相互替换得这样快和这样不规则,以致使通常的探测仪器无法探测这短暂的干涉现象.

尽管不同原子所发的光或同一原子在不同时刻所发的光是不相干的,但实际的光的干涉对光源的要求并不那么苛刻,其光源的线度远较原子的线度甚至光的波长都大得多,而且相干光也不是同一时刻发出的.这是因为实际的干涉现象是大量原子发光的宏观统计平均结果,从微观上来说,光子只能自己和自己干涉,不同的光子是不相干的;但是,宏观的干涉现象却是大量光子各自干涉结果的统计平均效应.

③ 由于20世纪60年代激光的问世,使光源的相干性大大提高,同时快速光电探测仪器的出现,探测仪器的时间响应常量缩短,以至可以观察到独立光源的干涉现象.1963年玛格亚和曼德用时间常量为 $10^{-9} \sim 10^{-8}$ s 的变像管拍摄了两个独立的红宝石激光器发出的激光的干涉条纹.可目视分辨的干涉条纹有23条.

④ 相干光的获得.对于普通的光源,保证相位差恒定成为实现干涉的关键.为了解决发光机制中初相位的无规则迅速变化和干涉条纹的形成要求相位差恒定的矛盾,可把同一原子所发出的光波分解成两列或几列,使各分光束经过不同的光程,然后相遇.这样,尽管原始光源的初相位频繁变化,分光束之间仍然可能有恒定的相位差,因此也可能产生干涉现象.

通常采用的方法有两种.

a. 分波阵面法.将点光源的波阵面分割为两部分,使之分别通过两个光具组,经反射、折射或衍射后交叠起来,在一定区域形成干涉.由于波阵面上任一部分都可看作新光源,而且同一波阵面的各个部分有相同的相位,所以这些被分离出来的部分波阵面可作为初相位相同的光源,不论点光源的相位改变得如何快,这些光源的初相位差却是恒定的.杨氏双缝、菲涅耳双面镜和劳埃德镜等都是这类分波阵面干涉装置.

b. 分振幅法.当一束光投射到两种透明介质的分界面上时,光能一部分反射,另一部分折射.这方法叫做分振幅法.最简单的分振幅干涉装置是薄膜,它是利用透明薄膜的上下表面对入射光的依次反射,由这些反射光波在空间相遇而形成的干涉现象.由于薄膜的上下表面的反射光来自同一入射光的两部分,只是经历不同的路径而有恒定的相位差,因此它们是相干光.

⑤ 光的干涉现象是光的波动性的最直接、最有力的实验证据.

干涉现象是牛顿微粒模型根本无法解释的,只有用波动说才能圆满地加以解释.由牛顿微粒模型可知,两束光的微粒数应等于每束光的微粒之和,而光的干涉现象要说明的却是微粒数有所改变,干涉相长处微粒数分布多;干涉相消处,微粒数比单独一束光的还要少,甚至为零.这些问题都是牛顿微粒模型难以说明的.再从另一角度来看光的干涉现象,它也是对光的微粒模型的有力的否定.因为光总是以 3×10^8 m/s 的速度在真空中传播,不能用人为的方法来使光速做任何改变(除非在不同介质中,光速才有不同.但对给定的一种介质,光速也是一定的).干涉相消处根本无光通过.那么按照牛顿微粒模型,微粒应该总是以 $3×10^8$ m/s 的速度作直线运动,在干涉相消处,这些光微粒到哪里去了呢?如果说两束微粒流在这些点相遇时,由于碰撞而停止了,那么停止了的(即速度不再是 $3×10^8$ m/s 而是变为零)光微粒究竟是什么东西呢?如果说是移到干涉相长之处去了,那么又是什么力量使它恰恰移到那里去的呢?所有这些问题都是牛顿微粒模型根本无法回答的.然而波动说却能令人信服地解释它,并可由波在空间按一定的相位关系叠加来定量地导出干涉相长和相消的位置以及干涉图样的光强分布的函数解析式.

因此干涉现象是波的相干叠加的必然结果,它无可置疑地肯定了光的波动性,我们还可进一步把它推广到其他现象中去,凡有强弱按一定分布的干涉图样出现的现象,都可作为该现象具有波动本性的最可靠最有力的实验证据.

(二) 相干条件

(1) 定义或解释

两束光的相干条件是:

① 两束光波频率相同;

② 在相遇点的振动方向几乎沿同一直线;

③ 在观察时间内,在相遇点的两振动的相位差保持不变.

(2) 说明

① 两束频率相近的光波叠加将会出现拍的现象,这是任何波发生干涉的必要条件.

② 第二条针对光波是矢量波的,如果是标量波没有这个问题.

③ 最后一个条件是干涉的稳定性问题,当然稳定与否的标准又和探测仪器的响应时间有关.对于宏观波源发出的如声波、微波等,它们的振动在观察时间内是持续进行的,不发生中断现象,它们之间的相位差能够保持不变.但对微观客体发射的光波,第三条却成了相干条件中最需要着重讨论的问题.

从一个原子的发光来说,光波是持续的、初相位无规则地变化着的;从不同原子的发光来说,初相位也是毫无规则地改变着的.因此,通常不同原子所发的光,或同一原子在不同时刻所发的光,都是不相干的.这种光在空间某点相遇时,就每一瞬时而言,合强度不等于分强度的和,但合强度却因初相位差的不断迅速变化,时而加强、时而减弱地迅速变化着.而肉眼或探测器都无法感受如此迅速的变化,平均来说,合强度是等于分强度的和,即不出现某处始终加强、某处始终减弱的干涉现象,这就是通常在两束光叠加时,尽管振动频率和方向都相同,也不呈现干涉现象的原因.

④ 为了确保产生显著的干涉现象,还必须满足下列条件,首先两光波在相遇点所产生的振动的振幅相差不太悬殊.如振幅 $A_1 \gg A_2$,则该点的含合成振动的振幅 A 和由单一光波在该点所产生的振动的振幅 A_1 无多大差别,因而很难观察到干涉现象.其次,两光波在相遇点的光程差也不能太大,否则,当一光波

的波列已通过,而另一列光波相应的波列还未到达,两相应的波列间无重叠,因而无干涉现象产生.

（三）光的衍射

(1) 定义或解释

① 光绕过障碍物偏离直线传播而进入几何阴影,并在屏幕上出现光强不均匀分布的现象.

② 光能量的传播不遵循几何光学模型的现象.

(2) 说明

① 光的衍射现象是光的波动性的最直接、最有力的实验证据.牛顿微粒模型难以说明光绕过障碍物后发生的弯曲现象,衍射图样只能用波动说解释.根据惠更斯-菲涅耳原理,不仅可以对光绕过障碍物边缘偏离直线传播的现象作一般的定性说明,而且能定量分析衍射图样的发光强度分布.光屏上任意一点的发光强度可根据次波叠加推算出来.因此光的衍射现象是光的波动性的最直接、最有力的证据.

② 惠更斯原理.在研究波的传播时,总可以找到同相位各点的几何位置,这些点的轨迹是一等相面,叫做波面.惠更斯曾提出次波的假设来阐述波的传播现象,从而建立了惠更斯原理.惠更斯原理的内容如下:任何时刻波面上的每一点都可作为次波波源,各自发出球面次波.在以后的任何时刻,所有这些次波的波面的包络形成整个波在该时刻的新的波面.根据这一原理对光的直进、反射和折射能进行完美的解释;对于波的衍射仅能作定性说明.由于惠更斯原理的次波假设不涉及波的时空周期特性（波长、振幅和相位）,因而只能定性地说明在障碍物边缘波的传播方向偏离直线的现象.事实上,光的衍射现象要细微得多.它有明暗相间的条纹出现,表明各点的振幅大小不等.因此必须定量计算光所到达的空间范围内任何一点的振幅,才能更精确地解释衍射现象.

③ 惠更斯-菲涅耳原理.菲涅耳根据惠更斯的"次波"假设,补充了描述次波的基本特征（相位、振幅）,并增加了"次波叠加"的原理,从而发展成为惠更斯-菲涅耳原理.这个原理的内容表述如下:波面上每个面积元都可以看成新的波源,它们都发出次波.波面前方空间某一点的振动可以由波面上所有面积元所发出的次波在该点叠加后的合振幅来表示.

（四）干涉和衍射的区别和联系

在分析杨氏双缝衍射光强时,我们将它的表示式分为衍射因子和干涉因子.那么,从物理意义上说,干涉和衍射有什么联系和区别呢?

粗浅地说,干涉是若干光束的叠加,更精确地讲,应该是当参与叠加的各束光本身的传播行为可近似用几何光学中直线传播的模型描述时,这个叠加问题是纯干涉问题;若参与叠加的各束光本身的传播明显地不符合直线传播模型,则应该说,对每一光束而言都存在着衍射,而各光束之间则存在干涉关系.所以在一般问题中,干涉和衍射的作用是同时存在的.例如当干涉装置中的衍射效应不能略去时,则干涉条纹的分布要受到单缝衍射因子的调制,各干涉级的强度不再相等.但从根本上讲,干涉和衍射两者的本质都是波的相干叠加的结果,只是参与相干叠加的对象有所区别.干涉是有限几束光的叠加,而衍射则是无穷多次波的相干叠加;前者是粗略的,后者是精细的.其次,出现的干涉和衍射图样都是明暗相间的条纹,但在光强分布(函数)上有间距均匀与相对集中的不同.最后,在处理问题的方法上,从物理角度来看,考虑叠加时的中心问题都是相位差;从数学角度来看,相干叠加的矢量图由干涉的折线过渡到衍射的连续弧线,由有限项求和过渡到积分运算.总之,干涉和衍射是本质上统一,但在形成条件、分布规律以及数学处理方法上略有不同而又紧密关联的同一类现象.

(五) 直线传播和衍射的联系

讨论光的干涉现象时,仅注意到两束或多束相干光波整束的叠加,没有考虑到每一光束中波面上所有各点发出的次波的叠加.当时实际上是假设每束光都是沿直线传播的.但是,在杨氏实验等用小孔或狭缝来分割光束的情况下,不考虑次波的叠加是不够严格的.无论光束截面积大小如何,这种次波作用总是存在的.惠更斯-菲涅耳原理主要就是指出了同一波面上所有各点所发出的次波在某一给定观察点的叠加.例如:当波面完全不遮蔽时,所有次波在任何观察点叠加的结果就形成光的直线传播.如果波面的某些部分受到遮蔽,或者说波面不完整,以致这些部分所发出的次波不能到达观察点,叠加时缺少了这些部分次波的参加,便发生了衍射现象.至于衍射现象是否显著,则和障碍物的线度及观察的距离有关.总之无论光是否沿直线传播,无论有无显著的衍射图样出现,光的传播总是按照惠更斯-菲涅耳原理进行.所以,衍射现象是光的波动特性最基本的表现.光沿直线传播不过是衍射现象的极限表现而已.这样,通过波动学说,特别是对惠更斯-菲涅耳原理的解释,进一步揭示了光的直线传播和衍射现象的内在联系.

[**例 1**] 如图 2-11(a)所示,将焦距为 5 cm 的薄凸透镜 L 沿直径方向剖开,分下两部分 L_A、L_B,并将它们沿垂直于对称轴各平移 0.01 cm.其间空隙用厚度为 0.02 cm 的黑纸片镶嵌.这一装置称为比累对切透镜.若将波长为 632.8 nm 的点光源置于透镜左侧对称轴上 10 cm 处.

(1) 试分析 P 点发出的光束经透镜后的成像情况.若成像不止一个,计算像点间的距离.

(2) 若在透镜右侧 $a=110$ cm 处置一光屏 DD',试分析光屏 DD' 上能否观察到干涉花样.若能观察到,试问相邻两条亮条纹的间距是多少?

解:(1) 如图 2-11(b)所示,该情况可以看作由两个挡掉一半的透镜 L_A 和 L_B 构成,其对称轴为 PO,但是主轴和光心却发生了平移.对于透镜 L_A,其光心移到 O_A 处,而主轴上移 0.01 cm 到 O_AF_A.对于透镜 L_B,其光心移到 O_B 处,而主轴下移 0.01 cm 到 O_BF_B.点光源 P 恰恰在透镜的对称轴上二倍焦距处.由于物距和透镜 L_A、L_B 的焦距都不变,故通过 L_A、L_B 成像的像距也不变.根据物像公式(这里采用新笛卡儿符号法则,而现行中学教材用的是实正虚负法则,结果是一致的)

第 2 章 光的衍射

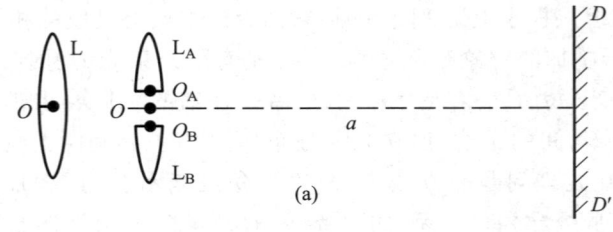

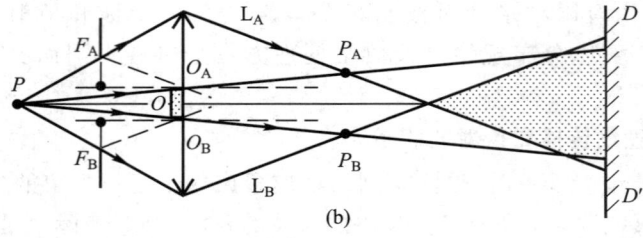

图 2-11

$$\frac{1}{s'}-\frac{1}{s}=\frac{1}{f'}$$

将 $s=-10$ cm 和 $f'=5$ cm 代入上式,得

$$s'=10 \text{ cm}$$

$$\beta=\frac{y'}{y}=\frac{s'}{s}=\frac{10}{-10}=-1$$

故

$$y'=-0.01 \text{ cm}$$

由于 P 点位于透镜 L_A 的光轴下方 0.01 cm,按透镜的成像规律可知,实像 P_A 应在透镜 L_A 主轴上方 0.01 cm 处;同理,P 点位于透镜 L_B 主轴上方 0.01 cm 处,实像 P_B 在主轴下方 0.01 cm 处.

两像点的距离为

$$P_A P_B = d = 2|y'| + h = (0.02+0.02) \text{ cm} = 0.04 \text{ cm}$$

(2)由于实像 P_A 和 P_B 构成了一对相干光源,而且相干光束在观察屏的区域上是相互交叠的,故两束光叠加后将发生光的干涉现象,屏上呈现干涉图样.按杨氏干涉规律,两相邻亮条纹的间距公式为

$$\Delta y = r_0 \frac{\lambda}{d}$$

将 $r_0 = a-s' = (110-10)$ cm $= 100$ cm,$d=0.04$ cm 和 $\lambda = 6\ 328\times 10^{-8}$ cm 代入上式,得

$$\Delta y = \frac{100\times 6\ 328\times 10^{-8}}{0.04} \text{ cm} = 0.158\ 2 \text{ cm} = 1.582 \text{ mm}$$

在观察屏 DD' 的中央附近的干涉条纹近似为等距的直条纹. 由此可知. 无论比累对切透镜或例 2 粘合透镜的基本原理均脱胎于杨氏干涉.

[例 2] 将焦距 $f' = 20$ cm 的薄凸透镜沿正中切去宽度为 a 的一部分, 如图 2-12(a)所示. 再把余下的两部分粘合起来, 构成一黏合透镜. 如图 2-12 中, $D = 2$ cm, 在黏合透镜的中心轴上的一侧距透镜 20 cm 处, 置一波长 $\lambda = 500$ nm 的单色点光源 P; 在透镜的另一侧, 置一垂直于中心轴线的屏. 屏上观察到的干涉条纹的间距为 $\Delta y = 0.2$ mm. 试求:

（1）切去部分的宽度 a 为多少?
（2）为获得最多的干涉条纹, 屏应离透镜多远?

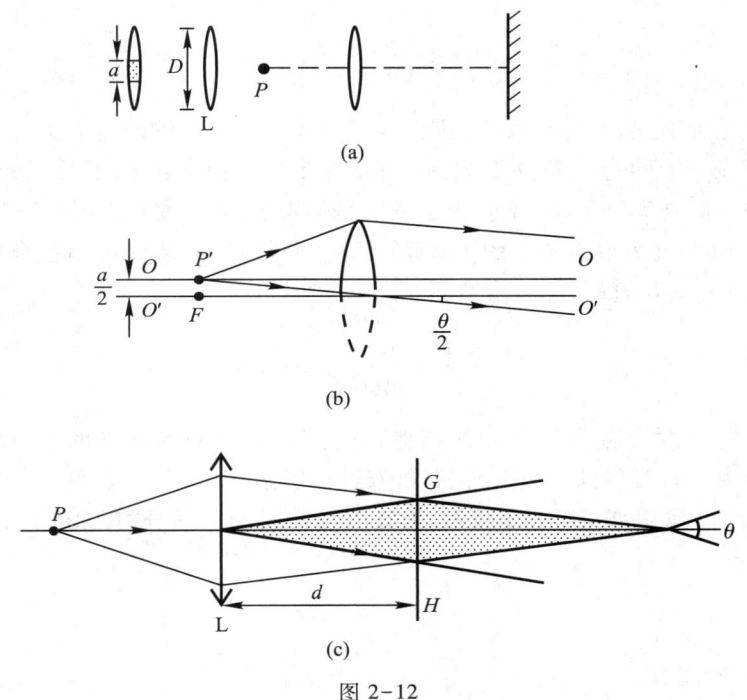

图 2-12

解:（1）首先探讨粘合透镜的上半部分的成像. 如图 2-12(b)所示, 黏合透镜的中心轴线为 OO, 实线表示上半透镜, 虚线表示的是未切割前整个透镜的其余部分. 整块透镜的光轴为 $O'O'$.

半块透镜的成像规律与完整的透镜相同. 这里, 物点 P 置于黏合透镜的中心轴线上, 即在透镜的光轴上方 $a/2$ 处, 离开透镜光心的水平距离恰好为透镜的焦距, 那么, 处于焦平面上的物点 P 发出的光线, 经透镜折射后成为一束向一方倾斜的平行光束, 它与 $O'O'$ 的夹角为 $\theta/2$, 其值近似为 $(a/2)/f'$. 当透镜完整时, 光束的宽度为

$$（透镜的直径）\times \cos(\theta/2) \approx 透镜的直径$$

由于 θ 很小, 故对于上半块透镜, 光束的宽度为 $D/2$. 同理, P 点发出的光线, 经下半透镜折射后, 形成向上偏折的平行光束. 根据对称性, 它与 $O'O'$ 轴

成 $\theta/2$，宽度也为 $D/2$. 半块透镜的成像规律与完整的透镜相同.

在透镜的右方，成为夹角为 θ 的两束平行光的干涉，如图 2-12(c) 的网点所示为干涉区，类似的计算，可知干涉条纹的间距 Δy 满足

$$2\Delta y \sin(\theta/2) = \lambda$$

在 θ 很小的条件下，上式变为

$$\Delta y \cdot \theta = \lambda$$

故透镜切去的宽度为

$$a = 2\left(\frac{a}{2}\right) \approx 2f'\left(\frac{\theta}{2}\right) = \frac{f'\lambda}{\Delta y} = \frac{20 \times 0.5 \times 10^{-5}}{0.2 \times 10^{-2}} \text{ mm} = 0.5 \text{ mm}$$

$$\theta \approx \frac{a}{f'} = \frac{0.5}{200} = 0.0025 \text{ rad}$$

（2）综上所述，干涉条纹的间距 Δy 与屏离开透镜 L 的距离无关，这正是在两束平行光干涉的特定条件下成立. 附带应申明的是屏应位于两束光的相干叠加区中才能观察到干涉条纹. 由于条纹是等距的，显而易见，如图 2-13(c) 所示，屏位于 GH 处可取得最多的干涉条纹. 其实利用这种装置可制备全息光栅，GH 平面到透镜 L 的距离为

$$d \approx \frac{0.5D}{\theta} = \frac{10^{-2}}{0.0025} \text{ m} = 4 \text{ m}$$

[例 3] 两个宽度均为 b 的狭缝，称为双缝，中间不透光的宽度为 a，经准直的光束垂直投射到双缝上，试分析双缝衍射图样.

解：经惠更斯-菲涅耳原理，推算双缝衍射的光强分布如图 2-13(c) 所示，其值为

$$I_P = \frac{\sin^2\left(\frac{\pi b}{\lambda}\sin\theta\right)}{\left(\frac{\pi b}{\lambda}\sin\theta\right)^2} \cdot 4A_0^2 \cos^2\frac{\varphi}{2}$$

= （单缝衍射因子）×（双缝干涉因子）

= [图 2-13(a) × 图 2-13(b)]

注意上式的后一部分与杨氏干涉是一致的，即双缝间的干涉因子，在杨氏双缝实验中，它描述出光强为 A_0^2、相位差为 φ 的两束光干涉时的光强分布. 那时，我们实际上认为两条缝是任意窄的，也就是上式中缝宽 $b \ll \lambda$ 的情况. 这样，光屏上所有相位差 φ 相同的各点的有效光强实际上几乎相同，即干涉时每条纹差不多有相同的强度. 但是，在通常情况下，$b \ll \lambda$ 的条件很难满足，因此，杨氏双缝实验的讨论只是一种近似. 实际上，在杨氏双缝实验中得到的是如上式所表示的双缝衍射图样，如图 2-13(c) 所示，换言之，它是被单缝衍射调制的双缝干涉条纹.

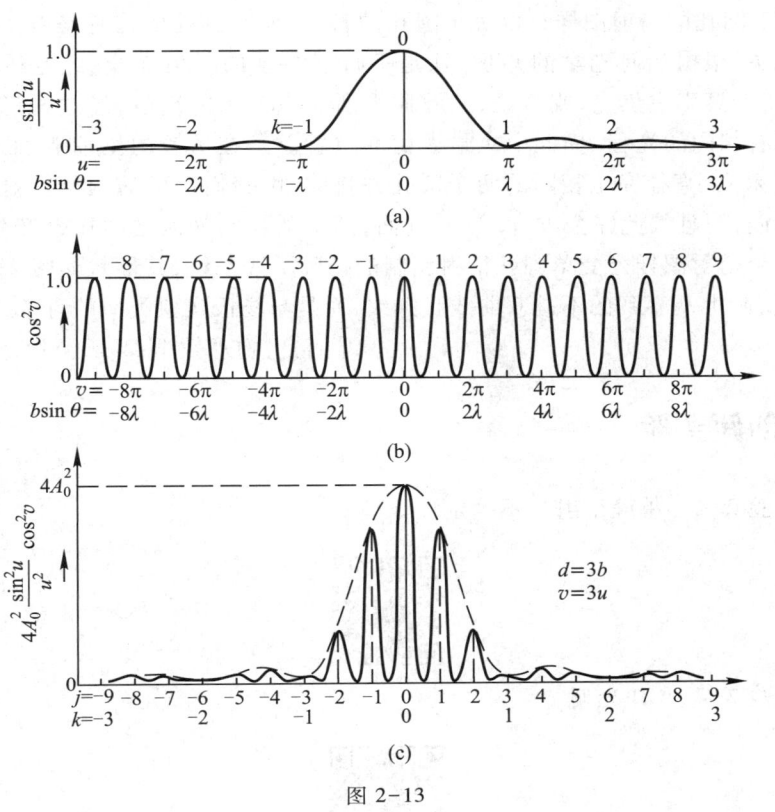

图 2-13

[例4] 如图 2-14(a)所示,经准直的光束垂直投射到一光屏上,屏上开有两个直径均为 d,中心间距为 D 的圆孔,且满足 $D>d$,试分析夫琅禾费圆孔衍射图样.

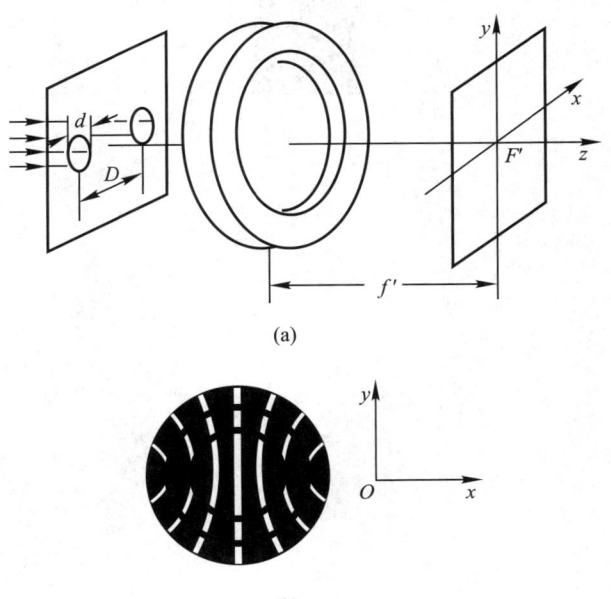

图 2-14

第 2 章 光的衍射

解：圆孔的衍射图样只取决于圆孔的直径,而与圆孔的位置是否偏离透镜主轴无关,根据几何光学的知识,凡是平行于主轴的任何光线,经过透镜折射后,都将会聚于主焦点,或者说,从波面上所有点发出的次波,经过透镜而到达 F' 点都有相同的光程. 因此中央最大值的位置总是在透镜的主轴上,而和圆孔的位置无关. 直径完全相同的两个圆孔并排时,由它们产生的两个衍射图样也完全相同,而且彼此完全重合. 另一方面,两个圆孔的光波之间还会产生干涉,因此整个衍射图样是受单圆孔衍射调制的杨氏干涉条纹、其形状如图 2-14(b) 所示. 实际上观察到的不是双曲线状条纹,而是与杨氏实验类似的直条纹.

[摘自:物理教学;2010(11).宣桂鑫]

七、创新实验

实验 2-1　单缝衍射与不确定性原理

实验 2-2　CD 光栅

实验 2-3　CD-ROM 光谱仪

第3章 几何光学的基本原理

几何光学是以光的直线传播、反射定律和折射定律这三大实验定律为基础的. 它以研究光线传播规律为主要线索,而成像的概念和成像的规律是几何光学着重研究的中心问题. 其中成像的概念涉及实物、实像、虚物和虚像等;成像的规律涉及几何方法,包括计算和作图,即物像公式和光线作图法. 学习本章时,首要的问题是正确运用新笛卡儿符号法则来探求成像规律.

一、框架建构

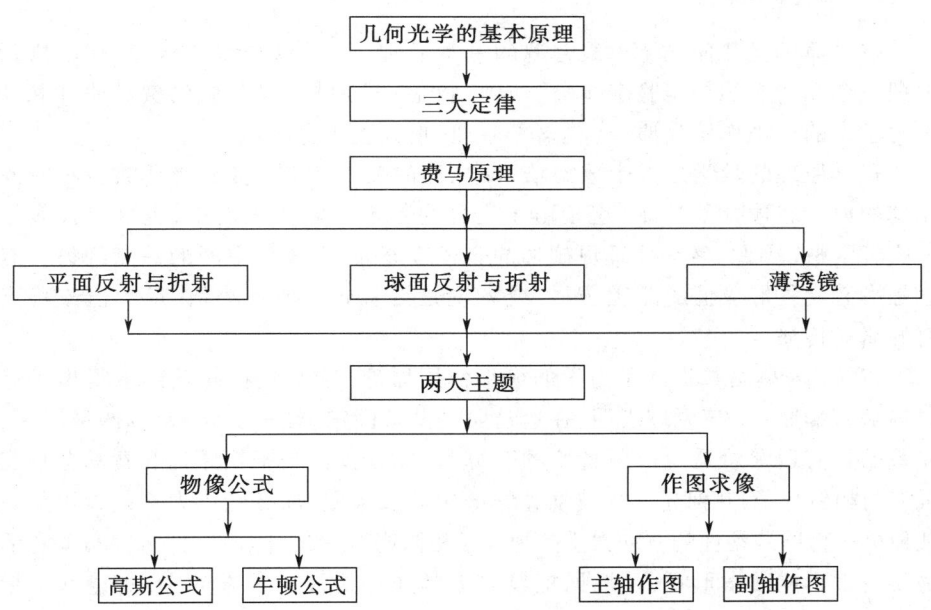

二、课程标准

1. 明确光线和光束的概念.
2. 理解物和像的概念. 掌握虚物和虚像的实质.
3. 了解费马原理在几何光学中的地位和作用.
4. 掌握几何光学中的新笛卡儿符号法则.
5. 掌握用物像公式寻找成像规律.

6. 掌握以几何光学的光线作图法寻找成像规律.
7. 学会运用物像公式和光线作图法求解单球面折射和薄透镜的成像问题.
8. 了解理想光具组的基点和基面的意义.

三、内容分析

本章可分为三单元:第一单元,基本原理(3.1—3.2);第二单元,光在球面界面上的反射和折射、薄透镜(3.3—3.6);第三单元,理想光具组的基点和基面(3.7).其中以第二单元为重点.

1. 光线和光束

光线是表示光传播方向的几何线.由于光的传播总伴随着光能量的传播,因此,光线也表示光能量的传播方向.光束是同一光源发出的许多光线的集合.光线不是具体的一束光,即使是很细的一束光也不宜称为光线.

2. 费马原理

费马原理是几何光学中最普遍的基本原理.费马以光程的概念,高度概括地把三个几何光学的实验定律归结成一个统一的原理.光学中的费马原理和理论力学中的最小作用量原理(莫培督原理)形式上十分相似.

费马原理的数学形式十分简洁,即光程的变分为零.但是费马的最小时间原理的原始叙述并不严谨.这是由于变分为零不一定代表极小,也可以代表极大或者常量.因此,费马原理更确切的表述应该为:光线从空间的一点到另一点总是沿着光程取极值的路径传播;或者说是沿着光程取最小值、最大值或稳定值的路径传播.

1740年,莫培督提出了力学的最小作用原理.哈密顿在此基础上得出了著名的哈密顿原理.该原理表明:在运动路径两端固定,等时变分 $\delta t = 0$ 的情况下,体系的真实运动总是使作用量 S 的变分为零的运动.哈密顿原理和费马原理有很大的相似性,而几何光学是波动光学的短波长极限,那么经典力学是否可能是某种描述物质波动性的波动力学的短波长极限呢? 1926年,薛定谔将德布罗意的物质波表示成数学形式,并根据把经典力学作为短波长极限的考虑,建立了量子力学的波动方程——薛定谔方程.量子力学也称为波动力学,薛定谔方程在经典极限下,又过渡到哈密顿方程.

3. 古斯-汉辛(Goos-Hänchen)效应

1947年古斯-汉辛发表的论文指出:发生全反射时,反射光波相对入射光波沿界面有一位移和相位跃变.通常把这一全内反射时的横向位移和相位跃变现象称为古斯-汉辛效应.设光束从折射率为 n_1 的光密介质投射到折射率为 n_2 的光疏介质时,其入射角为 θ.若以 $(\Delta\varphi)_\perp$ 表示光的相位跃变,以 $(\Delta x)_\perp$ 表示光的横向位移,则经历的相位跃变为

$$(\Delta\varphi)_\perp = -2\arctan\frac{\sqrt{\sin^2\theta - n^2}}{\cos\theta}$$

式中，$n = n_2/n_1$；横向位移为

$$(\Delta x)_\perp = \frac{\lambda}{n_1\pi}\frac{\tan\theta}{\sqrt{\sin^2\theta - n^2}}$$

若 $n_1 = 1.5, n_2 = 1.48, \theta = 85°$，则

$$(\Delta\varphi)_\perp = -2.01\,\text{rad}$$
$$(\Delta x)_\perp = 17.6\lambda$$

综上所述，全反射时，全部光能量都返回第一介质。然而，仍有光波进入第二介质，但光波仅透入到第二介质很薄的一层，而且透入深度约为光的波长。

反射波与入射波能流密度的瞬时值不同。这表明能量并不是绝对不能透过界面而进入光疏介质。其物理图像是这样的：在半个周期内，光波的能量透入光疏介质，在界面附近的薄层储存起来；在另一半周期内，这一能量释放出来变为反射波能量，但在同一周期内能流的平均值为零。所以，全反射时，并不构成折射光束。可见，倏逝波的存在并不和能量守恒定律矛盾。

全反射时，光疏介质中的倏逝波广泛应用于现代光学技术的各个方面。20 世纪60 年代后期出现了一门崭新的学科——集成光学，它主要研究光束穿过薄膜时所发生的现象。这里涉及的一个重要问题是如何将激光束转移到薄膜中去。现在采用的棱镜-薄膜耦合，其原理就是利用光学隧道效应，当激光入射到棱镜-空气界面上时发生全反射，在空气层中形成倏逝波，再利用空气-薄膜界面又把这一倏逝波转换成通常的波。由此而发展起来一门新兴光学分支——导波光学。

4. 几何光学中的新笛卡儿符号法则

目前，国内外的光学书籍或文献中，关于几何光学的符号法则比较混乱，尚未统一。这不仅给学术交流和教学带来不少麻烦，而且给读者学习造成不必要的困难。为此，有必要建立一套统一的符号法则。在中学教学中，为了适应学生的认知能力，采用了直观的实正虚负法则。在大学光学教学中，为力求公式的统一，有必要建立新笛卡儿符号法则，其特点是简明扼要、易于理解和便于应用，在构思上和解析几何的观念相吻合，特别适宜于教学。

众所周知，物体经光学系统成像的情况是错综复杂的，像的位置有时在光学系统的前面，有时却在后面；成像可以是正立的，也可以是倒立的。为此，有必要用统一的符号法则来鉴别，并使物像之间的一一对应关系所满足的物像公式能普遍适用。由于符号法则的规定是人为的，所以具有任意性。

在几何光学公式的推导和成像计算中，所涉及的主要是光线，而光线的要素是方位和指向。因此，符号法则的目的是人为地给光线的指向和方位规定适当的符号。从解析几何的观念来看，光线的指向反映光线是有向线段，光线的方位说明光线和主轴之间的夹角是有向转角。在数学上有向通过正负号来标明。新笛卡儿符号法则正是针对有向线段和有向转角，作出了以下几项规定。

(1) 有向线段的正负

沿主轴的有向线段:光线和主轴交点的位置都是从主点(球面顶点或薄透镜的光心)量起,自左向右量为正,自右向左量为负.

沿垂直于主轴的有向线段:所有距离均以主轴为基准线量起,主轴上方为正,下方为负.

(2) 有向转角的正负

光线的倾斜角都以主轴为始边量起,且取锐角,由主轴转至有关光线是顺时针时,角度为正,反之为负.

入射角、反射角和折射角都以球面法线为始边量起,符号的规定和光线倾斜角相同.

(3) 全正图形

凡是几何图形上有向线段的长度和有向转角的量度都用绝对值表示,即永远为正值,这就是所谓图形的绝对值表示记入法.这样出现的图形称为"全正图形".采用全正图形的目的是便于采用初等几何学和代数方法推导普遍适用的物像公式.

我们可以清楚地看到新笛卡儿符号法则的优点是比较符合数学惯例(仅角度的正负方向照顾到应用光学的习惯),对于不同的光线方向也能适用,所有符号和解析几何中所用的笛卡儿坐标系规定一致,由此得名.

5. 物像公式

3.1 是几何光学物像理论的基本出发点,无论物和像,我们所关心的总是与其联系的有关光束.而本章所讨论的内容,主要是光束的方向和顶点的改变问题以及在怎样的限制条件(即近轴光线、近轴物的条件)下,光束的单心性能够保持的问题.

3.2 是关于棱镜的折射、全反射现象,均是平面界面上的折射.讨论的中心问题是像似深度和棱镜的偏向角.

3.3 球面折射的式(3-17)和反射的式(3-14)是在保持光束的单心性的限制条件下成立的,即仅局限于讨论近轴区域(近轴光线、近轴物)的成像.在应用公式时,应注意以下两点.

首先,公式中各项均为代数值,若 $s<0$,则 $(-s)>0$. 必须熟练地掌握符号法则,以正确的正负值代入. 其次,确切了解公式中每一个量的起讫点. 例如,牛顿公式中的物距 x,起于物方焦点,讫于物点.

总结 3.3、3.4 和 3.5 中关于球面反射、球面折射和薄透镜的成像规律,最基本、最普遍的物像公式有两个,即高斯公式和牛顿公式:

$$\frac{f'}{s'}+\frac{f}{s}=1$$

$$xx'=ff'$$

这两个基本公式对于上述三种情况都普遍适用,区别仅在于不同情况中焦距 f 和 f' 不同. 但是,两个焦距之间却有普遍的关系:

$$\frac{f'}{f} = -\frac{n'}{n}$$

牛顿公式简单而对称,易于记忆,便于运用.但是该公式的符号法则运用中,应注意物距和像距分别从焦点量起,而焦距却仍从球面顶点或薄透镜的中心量起.起点不统一是牛顿公式的缺点.

6. 光线作图法

(1) 物点不在主轴上时可利用三条光线作图法,主轴上的物点则可利用任意光线作图法.光线作图有如下规定:

第一,实际光线用实线,延长线、辅助线等没有实际光线通过的都用虚线;

第二,每条光线上必须标明箭头以表示光的传播方向;

第三,尽量采用按比例成像作图法,以便从光路中定量讨论成像的位置.

(2) 所有入射光线实际上一直投射到光学系统的第一个表面,立刻改变方向.将入射线从这一表面延长到第一主平面的一段理应绘成虚线,但是由于这一表面在图上并不显现,故只能把入射线一直以实线画到第一主平面,并和它相交于 M 点,然后过 M 点画虚线,使它交第二主平面于 M' 点,折射线以 M' 为起点.由于光学系统的最后一个表面在图中也不显现,故一开始也就用实线.

如果第一主平面本身是在第二主平面之后,如图 3-1 所示,则两个主平面之间为物空间和像空间的交叠区,这里入射光线和出射光线应当同时出现.当然这是不符合光学系统中光线实际行进的情况.这种作图是简化作图法,它是以抽象的主平面的特征为依据的.

(3) 作图法除了利用物方焦平面外,还可利用像方焦平面.如图 3-2 所示,从像方节点 K' 作与入射线平行的辅助线 BK',辅助线交像方焦平面于 B 点,连接 BM',BM' 即为所求的出射线.图中物方焦点在 H 之右,即 $f>0$;像方焦点在 H' 之左,即 $f'<0$.利用物方和像方焦平面的两种作图法时应特别小心谨慎.

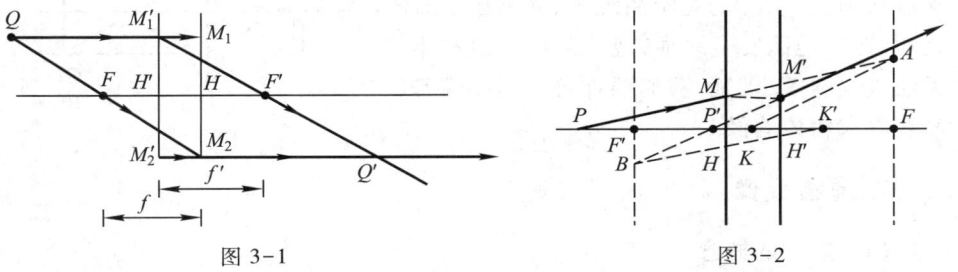

图 3-1   图 3-2

(4) 通过光心的光线不偏折是有条件的.

应该指出的是,在薄透镜成像作图中,若物方折射率 n 和像方折射率 n' 不相等,则通过光心的光线方向将要改变.现通过实例说明.如图 3-3 所示,当薄透镜L的物方焦距 f 和像方焦距 f' 不相等时,用作图法确定物 QP 的像.光线 QM 和 QF 为两条特殊光线,由这两条光线的特性,就可求得物 QP 的像 $Q'P'$.由于 $|f| \neq |f'|$,所以过薄透镜光心 O 点的光线 QO 没有特殊性,但是 QO 这条

光线经过透镜后必定通过像点 Q' 点. 因此,该光线应该偏折,连接 OQ',OQ' 为所求的偏折光线.

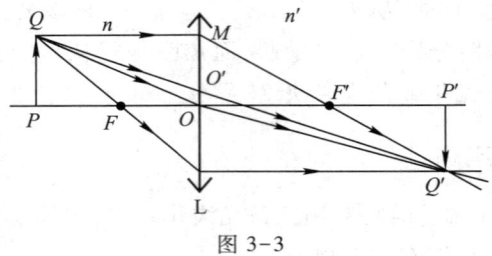

图 3-3

现进一步考察由 Q 点发出的单心光束中,是否存在着一条光线,经透镜后方向不改变呢?结论是肯定的. 这是由于光线 QM 经折射后向下偏折,光线 QO 经折射后向上偏折,故 QM、QO 之间应有一条光线是不偏折的,将 QQ' 连接起来就是所求的光线. 由图中可知,不偏折的点从 O 点向上移到了 O' 点. 综上所述,过光心的光线不偏折是有条件的,通常讲其条件为

$$|f'|=|f|$$

(5) 像的位置和光阑无关.

如图 3-4 所示,在透镜 L 与物 PQ 之间有一光阑 A. 试用作图求物 PQ 的像. 若无光阑存在,可以用特殊光线 QM_1、QM_2 作图求得 PQ 的像 $P'Q'$. 由于光阑的存在,这两条光线被 A 所挡住而无法进入透镜. 在这种情况下如何作图呢?我们说仍然可以用 QM_1、QM_2 来代表从 Q 点发出的单心光束,这样就可以方便地找到像的位置 $P'Q'$. 因为光阑的作用是把物点发出的宽光束挡住一部分,若不考虑像差,余下的那部分照样成像,显然像的位置与光阑无关. 因为成像的过程是物方的单心光束变换成像方的单心光束,因此,考察的重点是单心光束经系统后如何转换,其光束的顶点在何处. 而单心光束的顶点可以用该光束中任意两条光线的交点来确定. 实际的光学系统中,光阑确实存在,甚至于透镜发生缺损,造成某些光线根本无法进入透镜. 然而,我们照样可以运用特殊光线寻求物体的像.

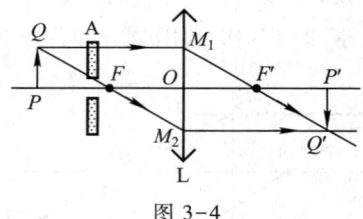

图 3-4

7. 虚物成像

(1) 虚物的概念

若入射到光学系统的光束是一会聚光束,则此会聚光束的顶点(延长线的交点),称为系统的虚物点. 这种情况,通常产生在几个光学系统联合成像的问题中. 例如,考察的透镜之前为一会聚透镜,且前一透镜成像于考察透镜之后,此时入射到被考察透镜上的光束就是会聚的单心光束,经前一透镜所成的像相对后一透镜来说作为物,这个物就是虚物. 因此,虚物点是会聚单心光束延长线的交点,虚物就隶属于被考察的那个透镜,虚物点本身并不发出光束,客观存在的是和该顶点对应的那一会聚光束.

(2) 虚物成像的性质

虚物成像仍然是单心光束之间的转换. 和实物可以成虚像或实像一样, 虚物也可能成实像, 也可能成虚像. 虚物成像的性质归根结底仍旧取决于光学系统的性质以及虚物与系统之间的相对位置.

正是由于虚物只不过是入射会聚光线延长线的交点, 它就呈现出与实物成像不同的若干性质.

首先, 虚物经一凸透镜只能形成缩小的实像, 而实物随物距的不同则可形成放大、缩小的实像或放大的虚像.

其次, 虚物经一凹透镜成像, 则可区分两种情况. 其一, 虚物位于物方焦点以内, 即生成放大的实像; 其二, 虚物位于物方焦点以外, 即生成虚像.

值得指出的是, 由于虚物本身就在透镜像方一侧的空间, 故所形成的实像是正立的, 而所形成的虚像则是倒立的, 这是与实物成像明显不同之处.

若以基点、基面表示光学系统时, 则无需考虑光在系统中的实际行径, 而直接运用基点、基面的性质求像. 应该指出的是对于用基点表示的系统而言是虚物, 实际的光路中不一定是虚物, 反之亦然. 如在第四章将讨论的惠更斯目镜中, 从目镜前面的物镜来的会聚光束成像于目镜系统的物方焦平面 F 上. 这一像对目镜的场镜来说是一个虚物, 但对整个目镜系统来说, 它位于系统的第一主平面的左方, 因而是实物.

常用的光学仪器中, 伽利略望远镜是虚物经目镜成虚像的情况, 而惠更斯目镜则是虚物经目镜成实像的情况. 虚物成像的原理可应用于以望远镜法或共轭点法测定凹透镜的焦距.

(3) 虚物作图求像

根据虚物的定义可知, 虚物作图求像时, 被选作成像的入射光线不能从虚物点发出, 而只能延长相交于虚物点. 作图方法与实物完全一样.

例如用作图法求如图 3-5 所示的虚物 PQ 经凸透镜 L 成像的步骤如下:

① 作平行于光轴射向 Q 点的入射光线 AM_1 与透镜 L 相交于 M_1 点, 并将此光线延长至 Q 点;

② 连接 M_1 点和透镜 L 的像方焦点 F' 得到出射光线 M_1F';

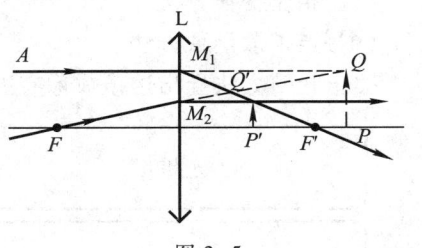

图 3-5

③ 过透镜的物方焦点 F 作射向 Q 点的入射光线 FM_2 与 L 相交于 M_2 点, 并将此光线延长至 Q 点;

④ 过 M_2 点作平行于光轴的光线 M_2Q' 与光线 M_1F' 交于 Q' 点, 即虚物点 Q 的像;

⑤ 过 Q' 点作光轴的垂线, 垂足为 P', $P'Q'$ 为 PQ 的像.

8. 薄透镜

在推导薄透镜的物像公式时, 先讨论对第一球面的折射, P 点是物点, P_1'' 是

像点,写出物像公式:

$$\frac{n}{s_1''}-\frac{n_1}{s}=\frac{n-n_1}{r_1}$$

其中第二项是十分明确的,因为物点 P 和物距$(-s)$均在折射率为 n_1 的介质中,像点 P''和像距 s''却在折射率为 n_2 的介质中. 为什么上式中第一项中用n/s''而不用 n_2/s''呢？这里就应正确理解虚物的概念.《光学教程》(第六版)图 3-21 中, P''点其实并不存在(即 AA'的延长线与光轴 OO'的交点,图中未绘出 P''),所以称为虚物;而实际存在的却是以 P''为顶点的光束,这光束在折射率为 n 的介质中行进. 当它一出这介质,光束的顶点马上发生了改变. 而变成了 P'. 像距 s''虽然在 n_2 介质中,但重要的还是实际行进的光束究竟在哪种介质中. 物像公式中左边两项 n 和 n'的意义均应这样理解. 在几何光学中,无论实物、实像、虚物和虚像都是一视同仁的. 都只不过是一束光的顶点. 光束总是实的,而光束的顶点则可实可虚.

顺便指出的是,在球面反射中,物和像都在同一介质中,但是入射光束和反射光束沿相反方向行进,所以通常可以认为 $n'=-n$. 这样由球面折射的物像公式(3-17)蜕化为球面反射的物像公式. 而且 $f'=f$,因而不必区分物方与像方焦距了. 不过折射率是两种光速的比值. 当然,实际上并不存在负折射率介质,这只是为了处理问题的方便和统一而引入的一种数学变换.

关于透镜成像计算有以下 6 种方法:

(1) 几何方法
(2) 哈密顿公式法
(3) 特征函数方法
(4) 矩阵方法
(5) 相位变换方法
(6) 点扩散函数方法

关于几何方法导出透镜成像有五个公式:

光焦度	$\Phi=\dfrac{n'-n}{r}$
物方焦距	$f=-\dfrac{n}{\Phi}=-\dfrac{n}{n'-n}r$
像方焦距	$f'=\dfrac{n'}{\Phi}=\dfrac{n'}{n'-n}r$
物像距公式:	$\dfrac{n'}{s'}-\dfrac{n}{s}=\dfrac{n'-n}{r}$
高斯公式:	$\dfrac{f'}{s'}+\dfrac{f}{s}=1$

9. 理想的光学系统

理想的光学系统是指物空间内每一物点都能无像散地成像的光学系统。所谓无像散的成像指的是从物点 P 发出的所有光线通过光学系统后都会聚于另一点 P'，P' 就是物点 P 的无像散的像。首先，在均匀介质中，平面镜及其组合是理想光学系统。在这种情况下，无像散的像应与物完全相同，成镜像对称。其次，由球对称的非均匀介质构成的光学系统也是理想光学系统。例如，充满全空间的非均匀介质，设 n_0 为球对称中心 O 点处的介质折射率，n 随着离开 O 点的距离增加而减少。其解析表达式为

$$n = \frac{n_0}{1+(r/r_0)^2}$$

式中，n_0 和 r_0 为常量；r 为离开对称中心 O 的距离。

10. 光学系统的光心

光学系统均具有这样一个特征点，任何光线通过这个点方向不变，这个点就是光学系统的光心。简单的光学系统的光心定义为："主轴上的角度放大率等于 $+1$ 的物像共轭重合点。"对于厚透镜的光心定义为："主轴上角度放大率等于 $+1$ 的物像共轭点分别对于第一、第二折射球面的共轭像、物重合点。"由于厚透镜系统的光心位置不但与构成透镜的参数（厚度 d、折射率 n 和透镜的两曲率半径 r_1 和 r_2）有关，而且还与厚透镜所处的环境（即周围空间的折射率 n_1 和 n_2）有关。所以严格讲光心应指整个系统的光心。通常情况下，厚透镜系统的光心可以处在透镜内部、外部和透镜的表面。

透镜的光心可用解析法讨论，也可用作图法求解。只要经透镜的两曲率中心作两平行线，此平行线分别交于对应的表面于两点，过该两点作连线，交主轴于一点，此点即为透镜的光心。经作图表明：空气中的透镜，双凸和双凹透镜的光心在透镜内部；凹凸透镜与凸凹透镜的光心在透镜以外；而平凸和平凹透镜的光心均在透镜的球面与主轴相交点上。

11. 基点和基面

第三单元的中心内容是为了对复杂光学系统求理想像的位置及大小时，简化计算和作图步骤而提出的。任何复杂光学系统均是由同轴的球面或平面界面所分隔开的不同透明介质所构成的。由前一球面所成的像即作为次一球面的物（包括虚物），以此类推，最后所得的像作为整个复杂光学系统的像。这种计算显得十分繁冗。其实我们所关心只是最终的像。在复杂光学系统中，光线实际沿着怎样的路径行进，在行进的过程中光线会聚于哪些点，这些会聚点的虚实又如何，仅为了寻找最后的像非得逐次加以计算不可。为了简化起见，是否可省略这些繁冗的工作，而以一个等效的光学系统替代整个同轴的光学系统呢？为此，抓住复杂光学系统的基点、基面即可。这就是本单元的中心所在。当然，求基点、基面的过程本身也是比较繁复的，但是一经求得后，就归结为单一光学

系统的成像问题.成像时的一些基本关系式仍是高斯公式和牛顿公式,它是一级近似理论中最普遍的公式.此外横向放大率和角度放大率的公式也是普遍的公式.

12. 现代几何光学

今日的光学工程设计借助计算机解决光学问题,用计算机实现近轴光线追踪、精确光线追踪……并采用 ZEMAX、Vitual Lab TM、optiCAD、TracePro、CODE V等光学设计软件,完成诸如相机镜头、数码相机镜头、显微镜、望远镜、手机摄像头和DVD激光读写头以及干涉仪、激光谐振腔等的设计.

四、例题示范

1. 平面反射和折射

3-1-1 如题 3-1-1 图所示,一平面镜置于充满水的容器的底部,人俯视地对着平面镜看自己的像.设眼睛高出水面 $h_1 = 10$ cm,而镜子在水面之下深 $h_2 = 66.5$ cm 处.试求眼睛在镜中看起来与眼睛的距离.已知水的折射率为4/3.

解:人眼观察水底的平面镜离开自己的距离为

$$h_0 = h_1 + h_2' = h_1 + \frac{h_2}{n}$$

将 $h_1 = 10$ cm, $h_2 = 66.5$ cm, $n = 4/3$ 代入上式,得

$$h_0 = 10 \text{ cm} + \frac{3 \times 66.5}{4} \text{ cm} = 60 \text{ cm}$$

故

$$h_0' = 2 \times h_0 = 120 \text{ cm}$$

即眼睛在镜中的像看起来与人眼的距离为 120 cm. 这里考虑到近轴条件下的像似深度和平面折射与反射问题.平面反射总能使单心光束保持,然而平面折射将会产生像散现象. 在近轴条件下,单心性近似保持.

3-1-2 如题 3-1-2 图所示,一曲率半径 $R = 60$ cm 的凹球面镜装有水,水的折射率为4/3. 若水的深度比半径 R 小得多,试求该系统的焦距.

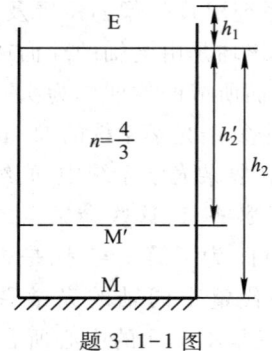

题 3-1-1 图

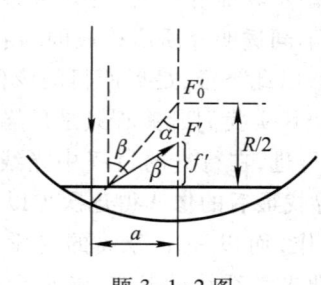

题 3-1-2 图

解：若没有装水时，入射波经镜面反射后通过 F_0'，它离开镜面的距离为

$$f_0' = \frac{R}{2}$$

当装有水时，经折射、反射和折射，其几何关系为

$$\tan\alpha \approx \sin\alpha = \frac{a}{R/2} = \frac{a}{f_0'}$$

$$\tan\beta \approx \sin\beta = \frac{a}{f'}$$

由折射定律，得

$$n = \frac{\sin\beta}{\sin\alpha} = \frac{f_0'}{f'}$$

故加水后，系统的焦距为

$$f' = \frac{f_0'}{n} = \frac{R}{2n} = \frac{60}{2 \times \frac{4}{3}}\text{ cm} = 22.5\text{ cm}$$

由此可知，凹面镜上充少量水时，焦距将会减少到 n 分之一，这个结论是直接运用最基本的折射定律和近似条件得到的.

3-1-3 半径为 $R = 10$ cm 和厚度为 $b = 0.5$ cm 的圆板，它由折射率沿径向变化的材料构成，中心处的折射率为 $n_0 = 1.5$，边缘的折射率为 $n_r = 1.0$. 试求：

（1）圆板的折射率如何变化时，在近轴条件下，平行于主轴的光聚焦；

（2）该焦距的值.

解：（1）如题 3-1-3 图（a）所示，离轴为 r 的光线的光程为

$$n_r b + (f'^2 + r^2)^{1/2} = A$$

即

$$n_r b + f'\left(1 + \frac{r^2}{f'^2}\right)^{1/2} = A \qquad (1)$$

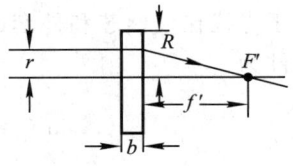

式中 A 为常量，与轴上光线比较，得

$$n_r b + \frac{1}{2}\frac{r^2}{f'} = n_r b + \frac{1}{2}\frac{R^2}{f'} = n_0 b + 0 = A \qquad (2)$$

这里运用到 $r \ll f'$ 的近轴条件，此时，式（1）按牛顿二项式展开，即

$$f'\left(1 + \frac{r^2}{f'^2}\right)^{1/2} = f'\left(1 + \frac{r^2}{2f'^2} + \cdots\right) \approx f' + \frac{r^2}{2f'}$$

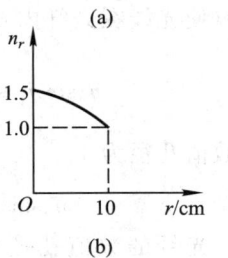

题 3-1-3 图

故折射率满足的条件为

$$n_r = n_0 - \frac{r^2}{2f'b} = n_0 - \frac{r^2(n_0 - n_r)}{R^2}$$

将 $n_0 = 1.5$, $n_r = 1.0$ 和 $b = 0.5$ cm, $R = 10$ cm 代入上式，得

$$n_r = 1.5 - \frac{r^2}{200\text{ cm}^2}$$

折射率变化的曲线如题 3-1-3 图（b）所示.

（2）焦距为

$$f' = \frac{R^2}{2(n_0-n_r)b}$$

将 $R=10$ cm, $n_0=1.5$, $n_r=1.0$ 和 $b=0.5$ cm 代入上式，得

$$f' = \frac{100}{2\times 0.5\times 0.5}\text{ cm} = 200\text{ cm} = 2\text{ m}$$

这实质上是等厚变折射率的透镜，用掺杂的办法增加玻璃的折射率，因而使原来未掺杂的本底折射率 n_0 变成径向变化的折射率. 30 多年来，变折射率光学（gradient index optics）的发展很快. 这里我们用几何光学的最基本原理——费马原理求解.

3-1-4 设光导纤维玻璃芯和外套的折射率分别为 n_1 和 n_2（如题 3-1-4 图所示），且 $n_1>n_2$，垂直于端面的外介质的折射率为 n_0. 试证明：能使光线在光纤内发生全反射的入射光束的最大孔径角 i_1 为

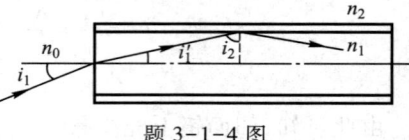

题 3-1-4 图

$$n_0\sin i_1 = \sqrt{n_1^2-n_2^2}$$

其中，$n_0\sin i_1$ 称为光纤的数值孔径.

解：按折射定律，得

$$n_0\sin i_1 = n_1\sin i_1' = n_2\sin i_2 = n_1\sqrt{1-\sin^2 i_2}$$

由于光线在玻璃芯和外套的界面上发生全反射的条件为

$$\sin i_2 \geqslant \frac{n_2}{n_1}$$

故欲使光线在光纤内发生全反射，i_1 需满足

$$n_0\sin i_1 \leqslant n_1\sqrt{1-\left(\frac{n_2}{n_1}\right)^2}$$

故数值孔径为

$$n_0\sin i_1 = \sqrt{n_1^2-n_2^2}$$

光纤的数值孔径反映它的聚光本领，是光导传像的重要参量之一.

3-1-5 给定的一块平行平板，厚度为 h，折射率按下列形式变化：

$$n_x = \frac{n_0}{1-\dfrac{x}{a}}$$

一束光在 O 点由空气垂直入射到平板，并在 A 点以角 α 出射，如题 3-1-5 图(a)所示. 试求 A 点的折射率 n_A，并确定 A 点的位置和平板的厚度. 其

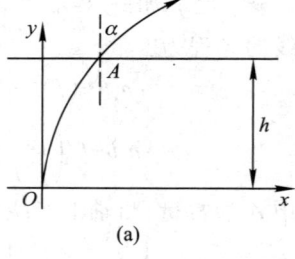

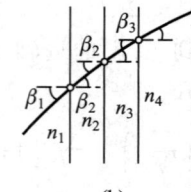

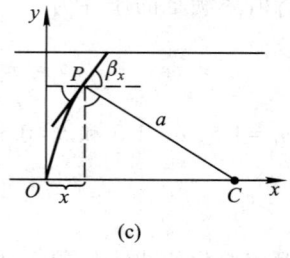

题 3-1-5 图

中，$n_0 = 1.2, a = 13 \text{ cm}, \alpha = 30°$.

解：首先考察如题 3-1-5 图(b)所示的光路. 对于一系列不同折射率的平行平板的透射光，按折射定律：

$$n_1 \sin \beta_1 = n_2 \sin \beta_2 = n_3 \sin \beta_3 = \cdots$$

若折射率沿水平方向 x 变化，则

$$n_x \sin \beta_x = 常数$$

当光线垂直从折射率为 n_0 的点射入，即 $n_x = n_0, \beta_x = 90°, n_0$ 为常数，于是在平板内任一点，有

$$n_x \sin \beta_x = n_0$$

已知 n_x 和 x 的函数关系，故沿平板中的光束为

$$\sin \beta_x = \frac{n_0}{n_x} = 1 - \frac{x}{a} = \frac{a-x}{a}$$

题 3-1-5 图(c)表明光束的路径是一个半径为 $PC = a$ 的圆，故

$$\frac{OC - x}{PC} = \sin \beta_x$$

由光的径迹就有可能求得问题的解答，按折射定律，当光在 A 点出射时，则有

$$n_A = \frac{\sin \alpha}{\sin(90° - \beta_A)} = \frac{\sin \alpha}{\cos \beta_A}$$

由于 $n_A \sin \beta_A = n_0$，故

$$\sin \beta_A = \frac{n_0}{n_A}$$

即

$$\cos \beta_A = \sqrt{1 - \left(\frac{n_0}{n_A}\right)^2}$$

于是

$$n_A = \frac{\sin \alpha}{\sqrt{1 - \left(\frac{n_0}{n_A}\right)^2}}$$

故

$$n_A = \sqrt{n_0^2 + \sin^2 \alpha}$$

将 $n_0 = 1.2, \alpha = 30°$ 代入上式，得

$$n_A = \sqrt{1.2^2 + 0.5^2} = 1.3$$

又按

$$n_A = \frac{n_0}{1 - \frac{x}{a}}$$

得 A 点的坐标为

$$x = \frac{n_A - n_0}{n_A} a = \frac{1.3 - 1.2}{1.3} \times 13 \text{ cm} = 1 \text{ cm}$$

光线的轨迹方程为

$$(y - 0)^2 + (x - a)^2 = a^2$$

将 $x = 1 \text{ cm}, a = 13 \text{ cm}$ 代入上式，得平板的厚度为

$$y = h = 5 \text{ cm}$$

2. 球面反射和折射

3-2-1 体温表的断面如题 3-2-1 图所示. 已知水银柱 A 离顶点 O 距离为 2.5 mm, 设玻璃的折射率 $n = 1.50$, 若欲看到水银柱放大 6 倍的虚像, 顶点 O 处曲率半径 R 应为多大?

题 3-2-1 图

解: 球面折射的焦距为

$$f = -\frac{nr}{n'-n} = -\frac{(-R)3/2}{1-3/2} = -3R \quad (R>0)$$

$$x = s - f = -2.5 \text{ mm} + 3R$$

横向放大率为

$$\beta = -\frac{f}{x} = -\frac{-3R}{2.5 \text{ mm} + 3R} = 6$$

$$3R = -15 \text{ mm} + 18R$$

故

$$R = 1 \text{ mm}$$

3-2-2 盛水银的容器绕竖直轴以匀角速度转动, 角速度为 $\omega = 1$ rad/s. 试求:

(1) 水银面所成的形状;

(2) 该凹面镜的焦距.

解: (1) 如题 3-2-2 图所示, P 点的斜率为

$$\tan\alpha = \frac{dz}{dr} = \frac{m\omega^2 r}{mg} = \frac{\omega^2}{g} r$$

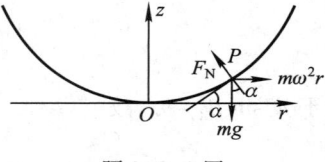

题 3-2-2 图

故

$$z = \frac{\omega^2}{2g} r^2$$

(2) 与抛物线的标准形式

$$y^2 = 2px$$

比较, 得焦点坐标为

$$z = \frac{p}{2}$$

$$2p = \frac{2g}{\omega^2}$$

故

$$f' = z = \frac{p}{2} = \frac{g}{2\omega^2} = \frac{9.8}{2 \times 1} \text{ m} = 4.9 \text{ m}$$

3-2-3 如题 3-2-3 图(a)所示, 某人把折射率 $n = 1.50$、半径为 10 cm 的玻璃球放在书上看字, 试问:

(1) 看到的字在何处? 横向放大率是多少?

(2) 若将玻璃球切成两半并取半球, 令其平面向上, 而让球面和书面相接触, 这时看到的字在何处? 横向放大率为多少?

解: (1) 由于 P 点位于右侧球面的顶点, 故横向放大率 $\beta = 1$, 故仅需计

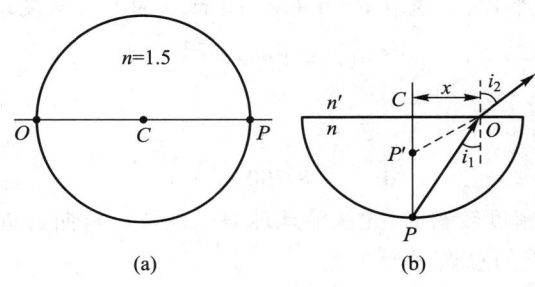

题 3-2-3 图

左侧球面的折射成像即可. 折射成像的物像公式为

$$\frac{n'}{s'_1}-\frac{n}{s_1}=\frac{n'-n}{r}$$

将 $r=-R=-10$ cm, $n=3/2$, $n'=1.0$ 和 $s_1=-20$ cm 代入上式, 得

$$s'_1=-40 \text{ cm}$$

$$\beta_1=\frac{ns'_1}{n's_1}=3$$

成一虚像.

（2）如题 3-2-3 图（b）所示，

$$OP\approx PC=R$$

根据折射定律 $\quad n\sin i_1=n'\sin i_2=\sin i_2$

按几何关系, 得 $\quad \sin i_1=\dfrac{x}{OP}=\dfrac{x}{R}$

$$\sin i_2=\frac{x}{OP'}\approx\frac{x}{CP'}$$

故 $\quad n\dfrac{x}{R}=n'\dfrac{x}{CP'}$

即 $\quad CP'=\dfrac{n'}{n}R=\dfrac{1}{1.5}\times 10 \text{ cm}=6.7 \text{ cm}$

$$\beta_2=\frac{y'_2}{y_2}=\frac{n}{n'}\cdot\frac{p'_2}{p_2}=\frac{1.5}{1}\cdot\frac{CP'}{CP}=\frac{1.5}{1}\cdot\frac{6.7}{10}=1$$

3-2-4 如题 3-2-4 图所示, 空气的折射率在温度为 300 K、大气压强为 10^5 Pa 条件下, 对可见光中心波长为 1.000 3. 设大气层是等温的, 试问密度系数为多少时, 地球表面大气较密而能使光线沿海平面弧度弯曲（在无云的天空中, 理论上可以整夜看到落日, 其形状被剧烈地沿铅直方向压缩）. 设折射率 n 的性质为 $(n-1)$ 正比于大气密度, 且等温大气层 $1/e$ 的高度为 8 700 m.

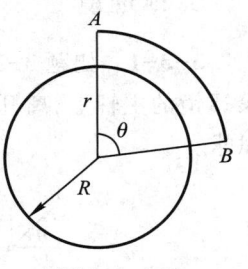

题 3-2-4 图

解: 因 $(n-1)$ 正比于大气密度, 设

$$n(r)-1=\rho e^{-\frac{r-R}{8\,700 \text{ m}}}$$

第 3 章 几何光学的基本原理

式中：R 为地球的半径，这里取 $R = 6\,400 \times 10^3\,\text{m}$；$\rho$ 为大气密度系数.即

$$n(r) = 1 + \rho e^{-\frac{r-R}{8\,700\,\text{m}}} \tag{1}$$

对式(1)求导，得

$$\frac{\mathrm{d}n(r)}{\mathrm{d}r} = -\frac{1}{8\,700\,\text{m}}\rho e^{-\frac{r-R}{8\,700\,\text{m}}} \tag{2}$$

如图所示，当大气密度较密时，光线沿地球海平面弧度弯曲行进.

从 A 点到 B 点的总光程为

$$l = [AB] = n(r)r\theta$$

根据费马原理，A 点到 B 点的光程应取极值，即

$$\frac{\mathrm{d}l}{\mathrm{d}r} = \left[r\frac{\mathrm{d}n}{\mathrm{d}r} + n(r)\right]\theta = 0$$

或

$$\frac{\mathrm{d}n}{\mathrm{d}r} = -\frac{n(r)}{r} \tag{3}$$

由式(2)和式(3)，得

$$\frac{1}{8\,700\,\text{m}}\rho e^{-\frac{r-R}{8\,700\,\text{m}}} = \frac{n(r)}{r} \tag{4}$$

式(1)代入式(4)，得

$$\frac{\rho r}{8\,700\,\text{m}} e^{-\frac{r-R}{8\,700\,\text{m}}} = n(r) = 1 + \rho e^{-\frac{r-R}{8\,700\,\text{m}}}$$

将 $r = R = 6\,400 \times 10^3\,\text{m}$ 代入上式，得

$$\frac{\rho \times 6\,400 \times 10^3}{8\,700\,\text{m}} = 1 + \rho$$

故

$$\rho = 0.001\,36$$

在 $10^5\,\text{Pa}$ 下，温度为 300 K 时，

$$\rho_0 = n_0 - 1 = 1.000\,3 - 1 = 0.000\,3$$

故

$$\frac{\rho}{\rho_0} = 4.53$$

由此可知，当密度系数为实际情况的 4.53 倍时，才能使光线沿地球海平面弧度弯曲.

3. 薄透镜

3-3-1 如题 3-3-1 图所示，将一短金属丝的中点置于焦距为 35 cm 的会聚透镜的主轴上，离开透镜的光心为 50 cm 处. 若金属丝与主轴的夹角为 45°，试求：

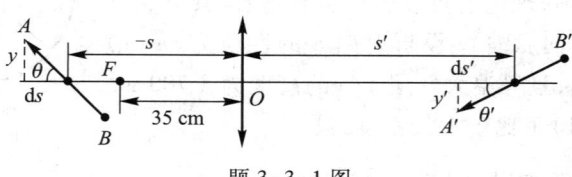

题 3-3-1 图

(1) 金属丝中点的成像位置;

(2) 金属丝的像与主轴的夹角 θ'.

解:(1) 由于沿主轴的物与垂直于主轴的物放大的规律是不同的. 故金属丝的像将会畸变,由物像公式,得

$$\frac{1}{s'} - \frac{1}{s} = \frac{1}{f'}$$

故

$$s' = \frac{sf'}{s+f'} = \frac{(-50) \times 35}{-50+35} \text{ cm} = 117 \text{ cm}$$

(2) 将物像公式两边微分,得

$$\frac{\mathrm{d}s'}{s'^2} = \frac{\mathrm{d}s}{s^2}$$

故

$$\frac{\mathrm{d}s'}{\mathrm{d}s} = \left(\frac{s'}{s}\right)^2 \tag{1}$$

而

$$\beta = \frac{y'}{y} = \frac{s'}{s} \tag{2}$$

由图可知

$$\tan\theta' = \frac{y'}{\mathrm{d}s'} \tag{3}$$

将式(1)、式(2)代入式(3),得

$$\tan\theta' = y\left(\frac{s'}{s}\right)\frac{1}{\mathrm{d}s}\left(\frac{s}{s'}\right)^2 = \frac{y}{\mathrm{d}s}\left(\frac{s}{s'}\right) = \tan\theta\left(\frac{s}{s'}\right) \tag{4}$$

将 $\theta = 45°$ 和 $s = -50$ cm,$s' = 117$ cm 代入式(4),得

$$\tan\theta' = -0.427\ 3$$

故金属丝的像与主轴的夹角为

$$\theta' = \arctan(-0.427\ 3) = -23.2°$$

3-3-2 极薄的表玻璃两片,曲率半径分别为 20 cm 及 25 cm,沿其边缘胶合起来,内含空气而成的凸透镜,将它置于水中,求其焦距.

解:将 $n = 1, n' = n_1 = n_2 = 1.33, r_1 = 20$ cm,$r_2 = -25$ cm 代入薄透镜的焦距公式,得

$$f' = \frac{n_2}{\frac{n-n_1}{r_1} + \frac{n_2-n}{r_2}} = \frac{n'}{n-n'}\left(\frac{1}{r_1} - \frac{1}{r_2}\right)^{-1}$$

$$= \frac{1.33}{(-0.33)}\left(\frac{1}{20} - \frac{1}{-25}\right)^{-1} \text{ cm} = -\frac{1.33}{0.33} \times \frac{100}{4+5} \text{ cm} = -44.78 \text{ cm}$$

由此可见,笼统地称凸透镜是会聚透镜是不妥的,这样说只在周围介质的折射率小于透镜的折射率时才正确.

3-3-3 一平行超声波束入射于水中的平凸有机玻璃透镜的平的一面,球面的曲率半径为 10 cm,试求在水中的透镜的焦距. 假设超声波在水中的速度为 $c_1 = 1\ 470$ m/s,在有机玻璃中的速度为 $c_2 = 2\ 680$ m/s.

解：当折射率为 n_2 的透镜处于折射率为 n_1 的介质中时，透镜的焦距为

$$f' = \frac{1}{\left(\dfrac{n_2}{n_1}-1\right)\left(\dfrac{1}{r_1}-\dfrac{1}{r_2}\right)}$$

式中
$$\frac{n_2}{n_1} = \frac{c_1}{c_2} = \frac{1.470}{2.680} = 0.549$$

故
$$f' = \frac{1}{-0.451 \times 0.1}\text{ cm} = -22.2\text{ cm}$$

它在超声医疗测试中，用以增加人体组织中传播的声强，而人体组织具有和水相仿的密度．

3-3-4 理想气体中的声速 c、压强 p 和气体密度 ρ 之间的关系为

$$c = \sqrt{\gamma \frac{p}{\rho}}$$

式中，γ 为常量．该式表明声速如何随气体的压强和温度而改变．

一大直径的声波薄透镜是这样构成的：两薄塑料片紧固在圆形金属框架上充以氦气．假定两个球面的半径均为 1.6 m，试求声波透镜的焦距．若空气的 $\gamma_1 = 1.41$，氦的 $\gamma_2 = 1.67$．空气和氦的密度分别为 1.29 kg/m³ 和 0.18 kg/m³．

解：透镜的焦距为

$$f' = -f = \frac{n_1}{\Phi} = \frac{n_1}{\Phi_1 + \Phi_2} = \frac{n_1}{\dfrac{n_2-n_1}{r_1}+\dfrac{n_1-n_2}{r_2}}$$

$$= \frac{n_1}{(n_2-n_1)\left(\dfrac{1}{r_1}-\dfrac{1}{r_2}\right)} = \frac{1}{\left(\dfrac{n_2}{n_1}-1\right)\left(\dfrac{1}{r_1}-\dfrac{1}{r_2}\right)} \quad (1)$$

而
$$\frac{n_2}{n_1} = \frac{c_1}{c_2} = \sqrt{\frac{\gamma_1 p_1}{\rho_1}\frac{\rho_2}{\gamma_2 p_2}}$$

当 $p_1 = p_2$，得

$$\frac{n_2}{n_1} = \sqrt{\frac{\gamma_1 \rho_2}{\gamma_2 \rho_1}} \quad (2)$$

式(2)代入式(1)，得

$$f' = \frac{1}{\left(\sqrt{\dfrac{1.41 \times 0.18}{1.67 \times 1.29}}-1\right)\left(\dfrac{1}{1.6}-\dfrac{1}{-1.6}\right)}\text{ m} = -1.22\text{ m}$$

3-3-5 若一会聚透镜在空气中的焦距为 5 cm，置于离水箱底端 40 cm 处，水箱充水至 60 cm 高．试求水箱底面经这一系统后的成像位置．

假设水面开始下降，所得的像将向上还是向下移动？已知构成透镜材料的折射率 $n_1 = 1.52$，水的折射率 $n_2 = 1.33$．

解：如题 3-3-5 图所示，水中的透镜的焦距 f' 与空气中透镜的焦距 f_0' 之比为

$$f':f_0' = (n-1):\left(\frac{n}{n'}-1\right)$$

故 $$f' = \frac{n-1}{\frac{n}{n'}-1}f_0' = \frac{n-1}{n-n'}n'f_0'$$

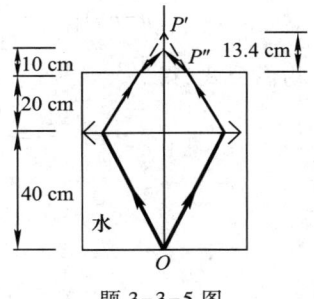

题 3-3-5 图

将 $n = 1.52, n' = 1.33, f_0' = 5$ cm 代入上式，得

$$f' = \frac{0.52}{1.52-1.33} \times 1.33 \times 5 \text{ cm} = 18.2 \text{ cm}$$

根据物像公式

$$\frac{1}{s'} = \frac{1}{s} + \frac{1}{f'}$$

将 $s = -40$ cm, $f' = 18.2$ cm 代入上式，得

$$s' = \frac{sf'}{s+f'} = \frac{(-40) \times 18.2}{-40+18.2} \text{ cm} = 33.39 \text{ cm}$$

按像似深度和实际深度的关系，得

$$y_2 = y_1 n$$

故 $$y_1 = \frac{y_2}{n} = \frac{13.4}{1.33} \text{ cm} = 10 \text{ cm}$$

因此像点位于离水面 10 cm 处. 当水面下降时，所得到的像将向下移动，从平面折射所满足的折射定律经定性分析后，即可得到该结论.

3-3-6 一双凸透镜的第一、第二折射面的曲率半径分别为 20 cm 和 25 cm. 已知它在空气中的焦距为 20 cm. 今将其置于如题 3-3-6 图所示的方玻璃水槽中，并在镜前水中置一高为 1 cm 的物，物距透镜 100 cm. 试求：

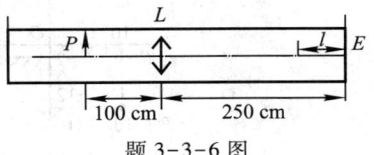

题 3-3-6 图

（1）通过透镜所生成的像的位置、大小和虚实；

（2）若用眼睛在玻璃槽外 E 处观察，该像的表观位置与槽壁的距离 l. 已知水的折射率 $n = 1.33$，其中 E 距透镜的光心 250 cm.

解：（1）由空气中透镜的焦距公式

$$f_0' = \frac{1}{(n-1)\left(\frac{1}{r_1}-\frac{1}{r_2}\right)}$$

得 $$20 = \frac{1}{(n-1)\left(\frac{1}{20}-\frac{1}{-25}\right)} = \frac{1}{n-1}\frac{100}{9}$$

故构成透镜材料的折射率为

$$n = 1.56$$

按透镜在水中的焦距公式,得

$$f' = \frac{n_0}{(n-n_0)\left(\frac{1}{r_1}-\frac{1}{r_2}\right)} = \frac{1.33}{(1.56-1.33)\left(\frac{1}{20}-\frac{1}{-25}\right)} \text{ cm} = 64.25 \text{ cm}$$

由物像公式,得

$$\frac{1}{s'} = \frac{1}{s} + \frac{1}{f'} = \frac{1}{64.25 \text{ cm}} + \frac{1}{(-100) \text{ cm}}$$

$$s' = \frac{64.25 \times 100}{100-64.25} \text{ cm} = 180 \text{ cm}$$

故

$$y' = \beta y = \frac{s'}{s} y = \frac{180}{-100} \times 1 \text{ cm} = -1.80 \text{ cm}$$

即获得高为 1.80 cm 的倒立实像.

(2) 根据像似深度公式 $l = \dfrac{l_0}{n_0}$

式中,l_0 为经透镜所成的实像距槽壁的距离,故

$$l = \frac{250-180}{1.33} \text{ cm} = 52.6 \text{ cm}$$

3-3-7 如题 3-3-7 图(a)所示,薄凸透镜 L 的主轴与 x 轴重合,光心 O 为坐标原点,凸透镜的焦距为 10 cm.现有一平面镜 M 置于 $y = -2$ cm 处,$x>0$ 的位置.眼睛从平面镜反射的光中看到点光源 P 的像位于 P'' 处,P'' 的坐标见图,试求:

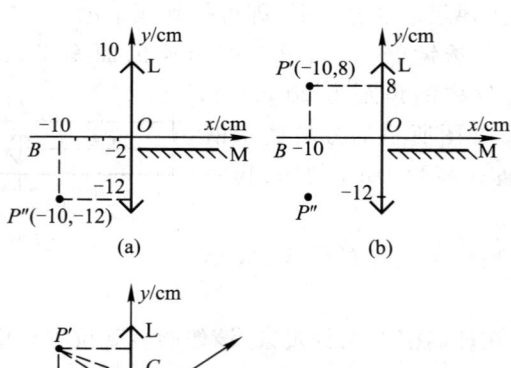

题 3-3-7 图

(1) 点光源 P 点的位置;
(2) 运用作图法求 P 点的位置.

解:(1) 如题 3-3-7 图(b)所示,已知 P'' 是经过平面镜反射后所成的像.由平面镜成像的规律可知,与 P'' 相应的物点 P' 应在 $(-10,8)$ 处. 同时 P' 应为所

求发光点 P 所发的光,经凸透镜折射后所成的像点,进一步按物像公式可求出点光源 P 点的坐标.

设 s、s' 分别为物距和像距,f' 为焦距,则

$$\frac{1}{s'} - \frac{1}{s} = \frac{1}{f'}$$

即

$$s = \frac{f's'}{f' - s'}$$

将 $s' = -10 \text{ cm}$,$f' = 10 \text{ cm}$ 代入上式,得

$$s = \frac{10 \times (-10)}{10 + 10} \text{ cm} = -5 \text{ cm}$$

即点光源 P 的横坐标在 $x = -5$ cm 处.

因为 P' 的纵坐标为 $y' = 8$ cm,设 P 点的纵坐标为 y,则由横向放大率公式,可知

$$\beta = \frac{y'}{y} = \frac{s'}{s} = \frac{-10}{-5} = 2$$

即

$$y = \frac{y'}{\beta} = \frac{8}{2} \text{ cm} = 4 \text{ cm}$$

所以点光源 P 点的坐标为 $(-5, 4)$.

（2）运用光路可逆性,作图也可求得 P 点的位置坐标,其方法如下:利用 P'' 与 P' 的对称关系绘出 P' 点;连接 $P'O$;连接 $P'F'$,与透镜相交于 C 点;过 C 点作 Ox 轴的平行线,与 $P'O$ 相交于 P 点,P 点即为点光源的位置,如题 3-3-7 图(c) 所示.

3-3-8 如题 3-3-8 图所示,一薄凸透镜的孔径为 4 cm,其焦距为 20 cm. 有一点光源 P 置于透镜左方离镜 30 cm 的轴上. 在透镜右方离透镜 50 cm 处置一光屏,以接受来自 P 发出而经过透镜的光. 光屏与镜轴垂直,光屏受光部分具有一定的形状和大小. 现将光屏移至另一位置,使受光部分的形状及其大小相同. 试求此时光屏与透镜的距离.

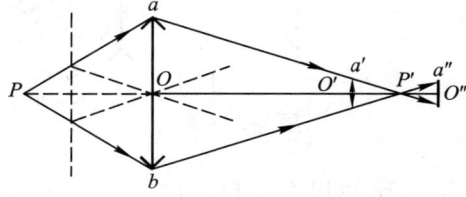

题 3-3-8 图

解：根据高斯公式

$$\frac{1}{s'} - \frac{1}{s} = \frac{1}{f'}$$

$$s' = \frac{f's}{f' + s} = \frac{20 \times (-30)}{20 - 30} \text{ cm} = 60 \text{ cm}$$

即像距为 60 cm. 在透镜的右方 50 cm 处置一光屏, 受光部分的形状和大小, 由图中的几何关系, 得

$$\frac{a'O'}{aO} = \frac{s'-50\ \text{cm}}{s'}$$

将 $aO = 2$ cm, $s' = 60$ cm 代入上式, 得

$$a'O' = \frac{2\times(60-50)}{60}\ \text{cm} = \frac{1}{3}\ \text{cm}$$

面积为

$$\pi r^2 = \pi \left(\frac{1}{3}\right)^2\ \text{cm}^2 = 0.35\ \text{cm}^2$$

当光屏移至对称位置 O'' 时, 再现与前相同形状和大小的受光面, 即

$$O'P' = O''P' = s' - 50\ \text{cm} = 10\ \text{cm}$$

故第二次光屏所处的位置离开透镜的距离为

$$s'' = O'P' + P'O'' + 50\ \text{cm} = 70\ \text{cm}$$

3-3-9 如题 3-3-9 图 (a) 所示, 凸透镜 L_1 与凹透镜 L_2 同轴放置. L_1 的左侧的介质折射率为 n, L_2 的右侧介质的折射率也是 n, 两透镜之间介质的折射率为 n_0, 且 $n<n_0$; F_1 是 L_1 的物方焦点, F_2 是 L_2 的物方焦点, F_2' 是 L_2 的像方焦点. 有一物点 P 位于 L_1 的物方焦平面上.

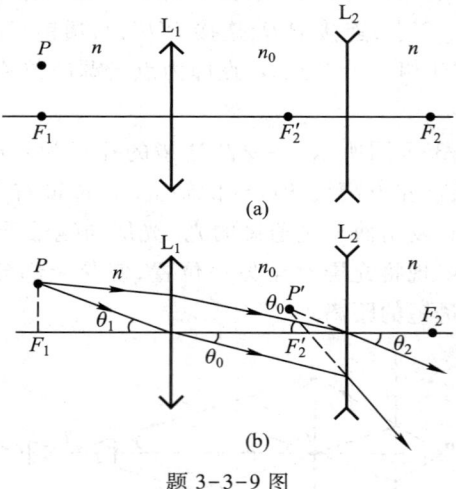

题 3-3-9 图

(1) 试绘出成像光路图, 求出 P' 的位置;

(2) 若 L_1 的物方焦距 $f_1 = -20$ cm, L_2 的像方焦距 $f_2' = -10$ cm, 物点 P 离光轴的距离为 2 cm, 试求像点 P' 离光轴的距离.

解: (1) 如题 3-3-9 图 (b) 所示, 作图的根据为

$$n\sin\theta_1 = n_0\sin\theta_0$$

由于 $n_0 > n$, 故 $\theta_0 < \theta_1$

又 $n_0\sin\theta_0 = n\sin\theta_2$

故 $\theta_2 = \theta_1$

（2）计算像点 P' 的位置为

$$\frac{PF_1}{f_1} = \frac{P'F_2'}{f_2'}$$

故

$$P'F_2' = \frac{f_2'}{f_1'}PF_1 = \frac{-10}{-20} \times 2 \text{ cm} = 1 \text{ cm}$$

4. 复合光具组

3-4-1 如题 3-4-1 图所示，在米尺的零标度处置一光屏，其平面垂直于标尺，标尺指向太阳. 试问将两块焦距均为 100 cm 的薄凸透镜置于标尺上的何处，可使太阳像的直径分别为 4.5 mm 和 6 mm. 设日轮的张角 $\theta = 0.009$ rad.

解：若仅用靠近太阳的那块透镜，那么焦点处总是一个高为 9 mm 的实像. 这是根据

$$d = f_0'\theta = 100 \times 0.009 \text{ cm} = 9 \text{ mm}$$

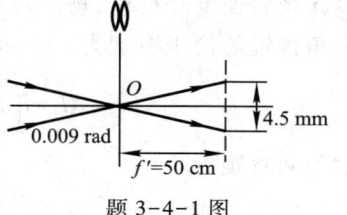

题 3-4-1 图

该实像对第二块透镜而言不能作为实物，这是由于此时的第二块透镜将超出标尺端点范围.

由于第二块透镜处在第一块透镜和 9 mm 的像之间，故 9 mm 的像作为虚物. 对第二块透镜而言，满足物像公式：

$$\frac{1}{s'} - \frac{1}{s} = \frac{1}{f'}$$

$$\frac{s'}{s} = \frac{y'}{y} = \frac{4.5}{+9} = +\frac{1}{2} \quad \text{或} \quad \frac{s'}{s} = \frac{6}{+9} = +\frac{2}{3}$$

把 $s' = +0.5s$ 代入物像公式，得相互紧贴的透镜组的焦距为 $f' = \frac{f_0'}{2} = 50$ cm. 此时的像高为 4.5 mm.

在 $s' = 2s/3$ 的情况下，得

$$\frac{1}{\frac{2s}{3}} - \frac{1}{s} = \frac{1}{f_0'}$$

故

$$\frac{1}{f_0'} = \frac{1}{2s}$$

即

$$s = \frac{f_0'}{2} = 50 \text{ cm}$$

$$s' = \frac{100}{3} \text{ cm} = 33.3 \text{ cm}$$

故第一块透镜置于米尺的 33.3 cm 处，另一块置于 50 cm + 33.3 cm = 83.3 cm 即可.

3-4-2 图为一棱镜和两个透镜所组成的光学系统. 试求如题 3-4-2 图所示的 1 cm 的物体所成的像的位置和大小.

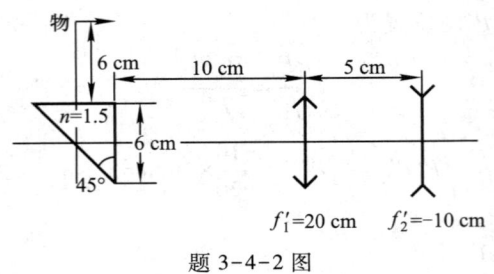

题 3-4-2 图

解：由于直角棱镜的折射率 $n=1.5$，其全反射角 $\alpha = \arcsin \dfrac{1}{n} = 42° < 45°$，故物体经斜面上全反射，物体将在棱镜左侧成虚像. 又考虑到像似深度，此时可将直角棱镜等价于厚度为 $l=6$ cm 的平行平板，则

$$\Delta l = l\left(1 - \dfrac{1}{n}\right) = 6\left(1 - \dfrac{1}{1.5}\right) \text{ cm} = 2 \text{ cm}$$

故等效物距为

$$s_1 = -[6+(6-2)+10] \text{ cm} = -20 \text{ cm}$$

正好处在凸透镜的物方焦点处，将成像于无穷远处，即 $s_1' = \infty$.

对凹透镜而言，$f_2' = -10$ cm，故

$$s_2' = f_2' = -10 \text{ cm}$$

那么在凹透镜左侧 10 cm 处，形成倒立的虚像，像的大小为

$$y_2 = \left|\dfrac{f_2'}{f_1'}\right| y_1 = 0.5 \text{ cm}$$

3-4-3 如题 3-4-3 图(a)所示为一空气中的透镜组. 已知物方焦点 F，像方焦点 F'，物方主平面 H，物高 1 cm，H、F 间的距离为 3 cm.

(1) 试绘出像方主平面 H' 的位置及成像光路图；

(2) 计算像的位置和大小.

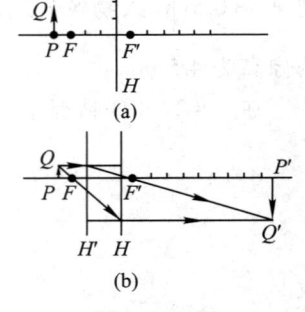

题 3-4-3 图

解：(1) 由 $HF = -3$ cm，得

$$H'F' = +3 \text{ cm}$$

从而确定像方主平面的位置，然后按通常的三条光线作图法求像 $P'Q'$，如题 3-4-3 图(b)所示.

(2) 由物像公式

$$\dfrac{1}{s'} - \dfrac{1}{s} = \dfrac{1}{f'}$$

得

$$s' = \dfrac{f's}{f'+s}$$

把 $s = -4$ cm，$f' = 3$ cm 代入上式，得

$$s' = \dfrac{3 \times (-4)}{3-4} \text{ cm} = 12 \text{ cm}$$

按横向放大率公式，可得像的大小为

$$y' = \beta y = \frac{s'}{s} y = \frac{12}{-4} \times 1 \text{ cm} = -3 \text{ cm}$$

3-4-4 折射率为 1.5,半径为 10 cm 的玻璃球,右半部浸在折射率为 1.75 的液体中,试计算基点的位置.

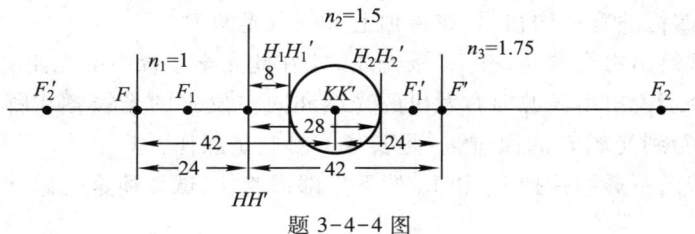

题 3-4-4 图

解:该光学系统由左、右半球构成.左半球面折射部分的焦距公式分别为

$$f_1 = -\frac{n}{n'-n} r$$

$$f'_1 = \frac{n'}{n'-n} r$$

将 $n = n_1 = 1, n' = n_2 = 1.5, r = r_1 = 10$ cm 代入上式,得

$$f_1 = -\frac{1}{1.5-1} \times 10 \text{ cm} = -20 \text{ cm}$$

$$f'_1 = \frac{1.5}{1.5-1} \times 10 \text{ cm} = 30 \text{ cm}$$

右半球面折射部分的焦距的计算,可将 $n = n_2 = 1.5$, $n' = n_3 = 1.75$, $r = r_2 = -10$ cm 代入焦距公式.得

$$f_2 = -\frac{1.5}{1.75-1.5} \times (-10) \text{ cm} = 60 \text{ cm}$$

$$f'_2 = \frac{1.75}{1.75-1.5} \times (-10) \text{ cm} = -70 \text{ cm}$$

由 f_1, f'_1 和 f_2, f'_2 计算这系统的相互间的光学间隔 d:

$$\Delta = F'_1 F_2 = 2|r| + f_2 - f'_1 = 50 \text{ cm}$$

$$d = H'_1 H_2 = \Delta + f'_1 - f_2 = 20 \text{ cm}$$

这光学系统的主点、焦点和节点的位置分为

$$p = H_1 H = \frac{f_1 d}{\Delta} = \frac{(-20) \times 20}{50} \text{ cm} = -8 \text{ cm}$$

$$p' = H'_2 H' = \frac{f'_2 d}{\Delta} = \frac{(-70) \times 20}{50} \text{ cm} = -28 \text{ cm}$$

$$f = HF = \frac{f_1 f_2}{\Delta} = \frac{(-20) \times 60}{50} \text{ cm} = -24 \text{ cm}$$

$$f' = H'F' = -\frac{f'_1 f'_2}{\Delta} = \frac{(-30) \times (-70)}{50} \text{ cm} = 42 \text{ cm}$$

$$x = FK = f' = 42 \text{ cm}$$

$$x' = F'K' = f = -24 \text{ cm}$$

该系统的主点、焦点和节点位置如题 3-4-4 图所示.

3-4-5 焦距均为 f' 的两个透镜 L_1、L_2 与两个圆形反射镜 M_1、M_2 放置如题 3-4-5 图(a)所示. 两透镜共轴,透镜的主轴与两平面镜垂直,并通过两平面镜的中心,四镜的直径均相同,在主轴上有一点光源 P.

（1）试绘出由光源向右的一条光线 PA 在此光学系统中的光路.

（2）分别说出由光源向右发出的光线和向左发出的光线各在哪些位置（P 点除外）能看到光源 P 的像. 哪些是实像？哪些是虚像？

（3）若用不透明片把 L_1 和 L_2 的下半部都遮住,试叙述这时像有什么变化.

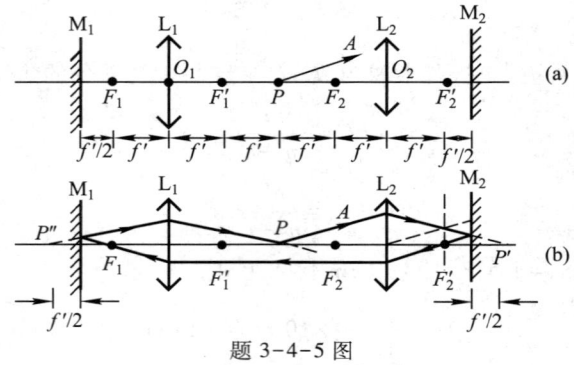

题 3-4-5 图

解：（1）光线 PA 的第一次往返径迹如题 3-4-5 图(b)所示,当光线由图中左方返回经过 P 点后,将继续向右下方进行,作第二次往返. 第二次往返的光路在图(b)中未绘出,但可按图中光路对称于主轴绘出.

（2）向右发出的光线,在 F_2' 处形成实像,F_1 处成实像,P'' 处成虚像.

向左发出的光线,在 F_1 处成实像,F_2' 处成实像,P' 处成虚像.

（3）向右发出的光线只是在 F_2' 处成实像. 向左发出的光线只在 F_1 处成实像. 两像均比未遮住时暗.

五、内容提要

1. 新笛卡儿符号法则

（1）有向线段；

（2）有向转角；

（3）全正图形.

2. 基本物像公式

（1）高斯公式 $\dfrac{f'}{s'} + \dfrac{f}{s} = 1$

（2）牛顿公式 $xx' = ff'$

高斯公式和牛顿公式中所取物距、像距的原点是有区别的.

3. 简单光学系统的焦距公式和高斯公式

（1）球面反射

$$f=f'=\frac{r}{2}$$

高斯公式为

$$\frac{1}{s'}+\frac{1}{s}=\frac{2}{r}$$

（2）单球面折射

$$f=-\frac{n}{n'-n}r$$

$$f'=\frac{n'}{n'-n}r$$

高斯公式为

$$\frac{n'}{s'}-\frac{n}{s}=\frac{n'-n}{r}$$

焦度为

$$\Phi=\frac{n'-n}{r}$$

（3）空气中的薄透镜

$$\frac{1}{f'}=-\frac{1}{f}=(n-1)\left(\frac{1}{r_1}-\frac{1}{r_2}\right)$$

高斯公式为

$$\frac{1}{s'}-\frac{1}{s}=\frac{1}{f'}$$

焦度为

$$\Phi=(n-1)\left(\frac{1}{r_1}-\frac{1}{r_2}\right)$$

（4）介质中的薄透镜

$$f'=\frac{n_2}{\frac{n-n_1}{r_1}+\frac{n_2-n}{r_2}}$$

$$f=-\frac{n_1}{\frac{n-n_1}{r_1}+\frac{n_2-n}{r_2}}$$

高斯公式为

$$\frac{n_2}{s'}-\frac{n_1}{s}=\frac{n-n_1}{r_1}+\frac{n_2-n}{r_2}$$

$$\frac{f'}{s'}+\frac{f}{s}=1$$

焦度为

$$\Phi=\frac{n-n_1}{r_1}+\frac{n_2-n}{r_2}$$

4. 横向放大率和角度放大率

（1）横向放大率

$$\beta=\frac{y'}{y}=\frac{ns'}{n's}$$

(2) 角度放大率 $\gamma = \dfrac{u'}{u} = \dfrac{s}{s'}$

5. 光学系统的基点和基面

(1) 主平面

光学系统中横向放大率为 +1 的共轭垂直主轴的平面.

(2) 主点

主平面与主轴的交点.

(3) 焦点

主轴上无限远点的共轭点. 主点到相应的焦点之间距离为焦距.

(4) 节点

主轴上角度放大率等于 +1 的共轭点. 通过第一节点的光线必定通过第二节点, 且方向不变.

置于同一介质中的光学系统具有下列特征, 即第一节点与第一主点重合; 第二节点与第二主点重合.

6. 空气中薄透镜的组合

(1) 焦距公式 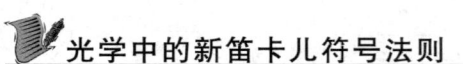 $\dfrac{1}{f'} = \dfrac{1}{f'_1} + \dfrac{1}{f'_2} - \dfrac{d}{f'_1 f'_2}$

(2) 焦度公式 $\Phi = \Phi_1 + \Phi_2 - \Phi_1 \Phi_2 d$

六、文献阅读

光学中的新笛卡儿符号法则

目前, 国内外的光学书籍或文献中, 关于几何光学的符号法则比较混乱, 尚未统一. 这不仅给学术交流和教学带来不少的麻烦, 而且给读者学习造成不必要的困难. 为此有必要建立一套统一的符号法则, 在中学教学中, 为了适应学生的认识能力, 采用了实正虚负法则. 这里介绍的新笛卡儿符号法则, 简明扼要、易于理解和便于运用, 在构思上和解析几何的观念吻合, 特别适宜教学的要求, 下面着重讨论新笛卡儿符号法则及其在成像计算中的应用.

（一） 新笛卡儿符号法则的内容

我们知道, 物体经光学系统成像的情况是错综复杂的, 像的位置有时在光学系统的前面, 有时却在后面; 成的像可以是正立的, 也可以是倒立的. 为此, 有必要用统一的符号法则来鉴别, 并使物像间一一对应关系的物像公式能够普遍适用. 因为符号法则的规定完全是人为的, 具有任意性.

在几何光学物像公式的推导和成像的计算中, 所涉及的主要是光线, 而光线的要素是方位和指向. 因此, 符号法则的目的是人为地给光线的指向和方位规定适当的符号. 从解析几何的观念来看, 光线的指向反映出光线是有向线段,光线的方位说明光线和主轴(或法线)之间的夹角是有向转角. 在数学上有向通常是用正负号来标明的. 新笛卡儿符号法则正是针对有向线段和有向转角的符号作出几项规定：

1. 有向线段的正负

(1) 沿主轴的有向线段 光线和主轴交点的位置都从主点(球面顶点或薄透镜的光心)量起,自左向右量为正,自右向左量为负.

(2) 沿垂直于主轴的有向线段 所有距离均以主轴为基准线量起,主轴上方者为正,下方为负.

2. 有向转角的正负

(1) 光线的倾斜角度都以主轴为始边量起,而取锐角,由主轴转至有关光线是顺时针时,这角度为正,反之为负.

(2) 入射角、反射角和折射角都以球面法线为始边量起,符号的规定和光线倾斜角相同.

3. 全正图形

凡是几何图形上有向线段的长度和有向转角的量度都用绝对值表示,即永远是正值,这就是所谓图形的绝对值表示记入法,这样出现的图形称为"全正图形". 采用全正图形的目的是便于采用初等几何学和代数方法来推导普遍适用的物像公式.

我们可以清楚地看到新笛卡儿符号法则的优点是比较符合数学惯例(仅角度的正负方向照顾到应用光学的习惯),对于不同的光线方向也能适用,所有符号和解析几何学中所用的笛卡儿坐标系规定一致,由此而得名.

现以球面界面上的折射成像来说明新笛卡儿符号法则在推导物像公式中的应用,图 3-6 中的球面 AO 将两种不同的介质分开,左边的折射率为 n,右边的为 n'. 物点 P 在球面顶点的左方,PA 为入射线,AP' 为折射线. 图形上 OP 表示线段的长度,换言之,OP 表示的是 s 的绝对值 $|s|$,由于 s 是负值,根据绝对值的定义

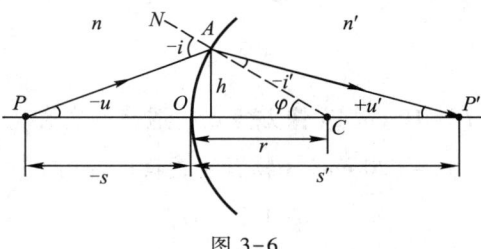

图 3-6

$$OP = |s| = (-s) > 0$$

图中的有向转角、有向线段以及它们的绝对值可归纳成下列表格.

从全正图形中,根据正弦定理和折射定律可推得理想成像条件下球面折射的物像公式：

$$\frac{f'}{s'} + \frac{f}{s} = 1$$

有向线段	有向转角	有向线段的长度	有向转角的量度
s<0	u<0	$OP = \|s\| = (-s) > 0$	$\angle OPA = (-u) > 0$
s'>0	u'>0	$OP' = \|s'\| = (+s') > 0$	$\angle OP'A = (+u') > 0$
r>0	i<0	$OC = \|r\| = (+r') > 0$	$\angle NAP = (-i) > 0$
h>0	i'<0	$PC = (-s) + (+r) > 0$	$\angle OPA' = (-i') > 0$
代数值		绝对值	

这个公式称为高斯物像公式,它是一个普遍的公式,不仅适用于球面折射,而且也适用于球面反射和薄透镜.式中 s 称为物距,s' 称为像距;f 和 f' 分别为光学系统物方和像方的焦距,它们分别从球面的顶点或薄透镜的中心量起.

(二) 新笛卡儿符号法则在成像计算中的应用

在应用物像公式时,应该注意到公式中的各个量 s、s'、f 和 f' 都是代数量,因此,必须考虑正负号.

下面通过两个例子说明如何将新笛卡儿符号法则应用于成像的计算.

[例1] 凸透镜的焦距为 10 cm,凹透镜的焦距为 4 cm,两透镜相距 12 cm,已知物置于凸透镜左方 20 cm 处,计算像的位置并作光路图.

解:(1) 如图 3-7 所示,设物为 PQ,就透镜 O_1 而言,根据新笛卡儿符号法则可知:

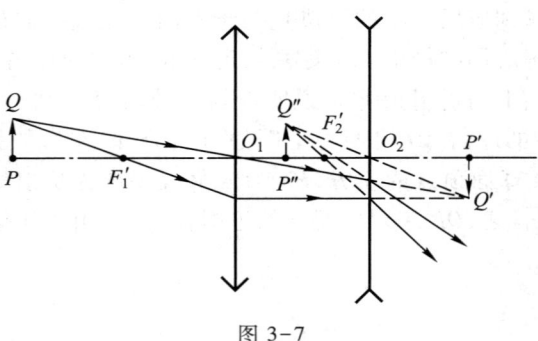

图 3-7

$$f' = 10 \text{ cm} \quad (\text{像方焦点在透镜的右方})$$

$$s'_1 = -20 \text{ cm} \quad (\text{物置于透镜的左方})$$

代入 $\quad 1/s'_1 - 1/s_1 = 1/f'_1$

得 $s' = 20$ cm($P'Q'$),倒立的实像.

(2) 实像 $P'Q'$ 对凹透镜而言为虚物

$$f'_2 = -4 \text{ cm} \quad (\text{像方焦点在透镜 } O_2 \text{ 的左方})$$

$$s_2 = 20 \text{ cm} - 12 \text{ cm} = 8 \text{ cm} \quad (\text{虚物位于透镜 } O_2 \text{ 的右方})$$

代入 $\quad 1/s'_2 - 1/s_2 = 1/f'_2$

得 $\quad s'_2 = -8$ cm $\quad (P''Q'',\text{虚像})$

其光路图如图3-7所示.

[例2] 在焦距为30 cm的凸透镜O_1前15 cm处置一物点在主轴上,在透镜后$d=15$ cm处放一平面镜O_2垂直于主轴,试求像的位置.

解:(1)如图3-8所示,设物点为P,就透镜O_1而言,由符号法则可知

$$f'_1 = +30 \text{ cm} \quad (像方焦点在透镜的右侧)$$

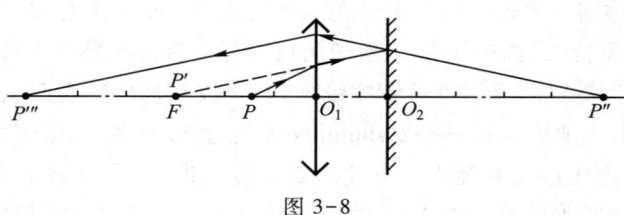

图3-8

$$s_1 = -15 \text{ cm} \quad (物在透镜的左侧)$$

代入

$$1/s'_1 - 1/s_1 = 1/f'_1$$

得

$$s'_1 = -30 \text{ cm}$$

因为s'_1为负值,像在透镜的左方,所以经透镜O_1成的像P'为虚像,且和物位于透镜的同侧.

(2)就平面镜O_2而言,

$$s_2 = -d + s'_1 = -45 \text{ cm}$$

像P'对透镜而言是虚像,这像对平面镜而言是发散光束的顶点,因此是实物,并且物处于平面镜的左方,因此物距为负的.令物像公式中的$f' \to \infty$,得

$$s'_2 = -s_2 = 45 \text{ cm}$$

故经平面镜O_2成一虚像P''于平面镜右方45 cm处.

(3)P''又成为透镜O_1的物点,因为P''是发散光束的顶点,所以对透镜O_1而言是虚物,且位于透镜的右方,所以s_3是正的.即

$$s_3 = s'_2 + d = (45+15) \text{ cm} = 60 \text{ cm}, \quad f'_3 = -30 \text{ cm}$$

此时物处于透镜的右方,像方焦点在透镜的左方,所以像方焦距为负值.

由透镜的物像公式,得

$$1/s'_3 = 1/f'_3 + 1/s_3$$

故

$$s'_3 = -60 \text{ cm}$$

因为s'_3为负值,所以最后成的实像P'''在透镜的左方60 cm处.

[摘自:光的世界.1986(3).宣桂鑫]

直角锥棱镜面面观

"在20世纪60年代,曾经做了一个由三块平面镜组成的反射器,放到月球上,这三块平面镜像室内墙角处那样,彼此相交成直角,能把任何方向射来的光线逆着原方向反射回去,精确测出激光从地面射到这个反射器再返回地球的时间,再根据光速算出的月球与地球之间的距离,误差不超过几厘米."

第3章 几何光学的基本原理

本文拟就该反射器的背景及其应用作一介绍.

我们知道,根据几何光学的反射定律和折射定律可以证明:经过直角锥棱镜的二次折射、三次反射以后的光线必然和原来的方向相反.我们把直角锥棱镜的这一性质称为回光特性.下面列举几方面应用.

(一) 激光测距

和雷达相类似,激光已用于测定距离的远近.1969年7月20日,美国"阿波罗"11号登月飞行中,携带了月球激光角反射器(宇航员能用手提起).它是由100块以石英为材料制成的直角锥棱镜阵列,安放在月球的表面上,每块直径约4 cm,位于宇宙飞船着陆点——Tranquility 海附近20 m处.地球表面的观察者以红宝石激光器发出的激光经120英寸的望远镜扩束后,向月球上安放的激光反射器瞄准,脉冲激光的直径约4 m.由这些反射器阵列反射后沿原路返回地面观察站,加利福尼亚大学的 Lick 观察站接收到反射光束.反射光的脉冲到达观察者近似延迟2.58 s,时间测量精度在0.1 μs以内,距离的误差在6 m以内,随后,得克萨斯州的 McDonald 观察站,测定的时间精度为2 ns,距离的误差在30 cm以内.近期测量的精度有更大的突破.

设激光从地球到月球的往返时间为 Δt,令月球和地球之间的距离为 l,则

$$\Delta t = \frac{2l}{c}$$

式中 c 为光速.将 $c = 3 \times 10^5$ km/s 和 $\Delta t = 2.58$ s 代入上式,可得

$$l = \frac{c\Delta t}{2} = \frac{3 \times 10^5 \times 2.58}{2} \text{ km} = 3.87 \times 10^5 \text{ km}$$

这与天文方法测量的数据是吻合的.

又如在测量人造地球卫星离地球远度的激光测距仪中,发射激光用的望远镜系统就是采用"倒装"的伽利略式望远镜.人造地球卫星激光测距仪是利用人造地球卫星上安装的直角锥棱镜反射器,将地面发射的激光反射回地面,通过对激光往返时间间隔的计算,精密测定人造地球卫星与测量站间的距离.我国人造地球卫星激光测距技术已达到国际先进水平,测量精度达±5 cm.

(二) 重力加速度的测定和激光谐振腔

中学物理教学中,我们曾以落棍实验研究显示重力加速度,或以单摆实验测定重力加速度,或落球法、粉末图计时测重力加速度等,测定精度较低,而重力加速度又是一个重要的常量,在科学技术诸如探矿、地学的研究中是举足轻重的.1984年间,美国国家标准局创制的重力加速仪中,就采用了具有回光特性的直角锥棱镜构成的反射器,测量精度大大提高.

诺贝尔物理奖获得者肖洛(A. L. Schawlow)也曾以这种直角锥棱镜构成的反射器用于激光谐振腔中替代高反介质镜,从事激光光谱学的研究.

(三) 关于自行车的直角锥反射器的近期研究

自行车的直角锥反射器也是运用正立方微棱镜阵列的回光特性制成的一种安全装置,在夜间或恶劣的环境下,它能很好反射外来的光照,使驾驶员或行人有效地识别目标,以保证夜间行车的安全和方便,国内外已广泛应用于高速

公路、车辆、机场、码头、矿井和劳动防护、少儿交通安全防护、广告媒介、国防建设等设施中. 但由于目前自行车的反射器制作设计不尽完善, 只能用于装饰, 尚未真正起到回光作用. 如果能精心设计, 严格制作优良的反射器, 将会对交通安全带来很大的好处.

令人欣喜的是, 上海中德合资企业华德塑料制品有限公司已于 1988 年 1 月 2 日开始试生产高质量自行车反射器, 经测试其光强系数和色度指标达到了美国 CPSC 一级品标准, 至此, 将打破我国自行车和高速公路中长期以来使用进口反射器的局面.

又如上海长征拉链厂制成具有反光功能的消防救护衣, 这种服装用阻燃卡其布作面料, 肩部缀有定向反射织物, 也运用它的回光特性, 在黑暗中穿着这种救护衣, 当用手电筒照射, 肩上的反光织物就能将其反射折回, 能大大加强救护中的相互联络.

物理教学中, 如何激励学生学习物理的兴趣, 使学生从枯燥乏味、单调的学习物理中解脱出来是一个十分重要的课题. 这里结合平面反射和折射的最基础的知识、概念和现象出发阐述新概念、新观念, 诸如激光测月地距离、激光测重力加速度、激光测卫星远度、激光谐振腔. 其中月地的距离、激光器是学生熟悉的. 而知识的应用过程, 又是认知领域的高一层次的目标, 它使知识深化. 直角锥棱镜或直角锥平面镜就成为反射和折射定律的物理背景, 知识与背景之间联系的建立, 也是一种能力的培养. 直角锥棱镜在各方面的应用, 又是物理知识的延续和深化. 我们甚至可以指导学生课外用平面镜反射太阳光投射在自行车反射器上, 观察反射器的回光特性, 也可将反射器从自行车尾翼中拆下来观察它的结构, 逐步养成动手动脑学习物理的习惯.

［摘自：教学月刊.1988(9).宣桂鑫］

全反射时的表面现象

（一） 问题的提出

在物理教学中, 对光的全反射通常是这样叙述的. 如图 3-9 所示, 当光从光密介质 n_1 射到光疏介质 n_2 时, 即 $n_1 > n_2$, 根据折射定律,

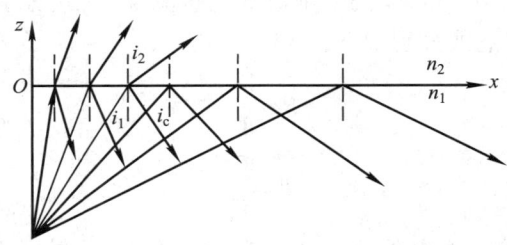

图 3-9

$$\frac{\sin i_1}{\sin i_2} = \frac{n_2}{n_1} < 1 \tag{1}$$

折射角 i_2 比入射角 i_1 大. 当入射角 i_1 逐渐增大, 折射角也随着增大, 折射光线

逐渐趋向于与界面相切. 在某一入射角 $i_1=i_c$ 时, 折射光线沿着界面掠射, 即折射角为 $\dfrac{\pi}{2}$. 当然, 反射光线还是存在的, 并由反射定律来确定. 此时, 临界角 i_c 可由下式来确定:

$$\sin i_c = \dfrac{n_2}{n_1}\sin\dfrac{\pi}{2}=\dfrac{n_2}{n_1}$$

若入射角继续增大, 使入射角 $i_1>i_c$ 时, $\sin i_2=\dfrac{n_1}{n_2}\sin i_1>1$, 这是无意义的, 我们不可能由此求出任何实数的折射角, 这将出现不同于一般的折射反射的物理现象. 换句话说, 此时没有折射光存在, 所有光将全部折回原入射光所在的介质. 这种现象称为全反射.

全反射时, 反射定律仍然适用, 而折射定律则失去意义. 进一步从能量角度来看, 当入射角 i_1 趋近于 i_c 时, 反射光的强度由小到大逐渐增大, 折射光的强度逐渐减小. 当 $i_1>i_c$, 折射光的强度减到零, 反射光强度达到100%, 即全部入射的能量被反射回原来入射的介质. 所以, 光学仪器常利用全反射来改变光线的传播方向和传导光能量, 并由此发展起了纤维光学.

全反射时, 全部光能量反射回光密介质. 是否有透射波进入光疏介质. 理论和实验都证明了必定有透射波存在于光疏介质, 但平均看来并不把能量带出界面. 要阐明这一问题, 涉及光波在分界面上的行为, 即本文所要讨论的课题, 全反射时的表面现象.

(二) 全反射时, 入射波、反射波和折射波的能量关系

光在分界面附近的行为, 如果直接用光线光学的基本定律——反射定律和折射定律来回答这一问题是不可能的, 问题的症结是什么呢? 这是由于几何光学撇开光的波动本性, 仅以光的直线传播为基础, 而光的直线传播对光的实际行为只具有近似的意义, 它是波动光学的极限情况, 它只能应用于有限的范围和给出近似的结果. 因此, 讨论光的全反射时的表面现象, 应采用以光的波动性质为基础的波动光学来研究.

首先, 我们以能量观点来讨论全反射时的表面现象. 通常将分界面上反射波、折射波的能量流 W_1' 和 W_2 与入射波的能量流 W_1 之比分别称为反射率 R 和透射率 T, 其数学表达式分别如下:

$$R=\dfrac{W_1'}{W_1}$$

$$T=\dfrac{W_2}{W_1}$$

根据电磁场理论, 经计算, 对入射的自然光而言, 反射率 R 随入射角 i 的变化关系为

$$R=\dfrac{1}{2}\left[\dfrac{\sin^2(i_1-i_2)}{\sin^2(i_1+i_2)}+\dfrac{\tan^2(i_1-i_2)}{\tan^2(i_1+i_2)}\right] \tag{2}$$

为了确定折射波的能量大小, 根据能量守恒定律, 对于不吸收光的物质, 反

射光和折射光的能量流之和应等于入射光的能量流,即
$$W_1 = W_1' + W_2$$
由此得
$$T = \frac{W_2}{W_1} = 1 - \frac{W_1'}{W_1} = 1 - R \tag{3}$$

为了便于理解,我们分别绘出反射率 $\frac{W_1'}{W_1}$ 和透射率 $\frac{W_2}{W_1}$ 随入射角 i_1 改变的函数关系,如图 3-10 所示. 这一组曲线表示的是当折射率为 1.5 的玻璃中的入射光波投射在玻璃—空气界面上时的情况. 图中表明的是,当光线垂直入射时,进入空气中的能量最大(透射率为 0.96),反射的能量最小(反射率为 0.04),当入射角增大到 40° 时,折射角等于 74.6°,透射率为 0.75,反射率为 0.25. 当入射角 i_1 增大到 42° 时,折射角应为 90°,反射率为 1,透射率为 0,即全反射的情况.

这一结论也可通过将 $i_1 = 42°$,$i_2 = \frac{\pi}{2}$,直接代入式(2)得到:

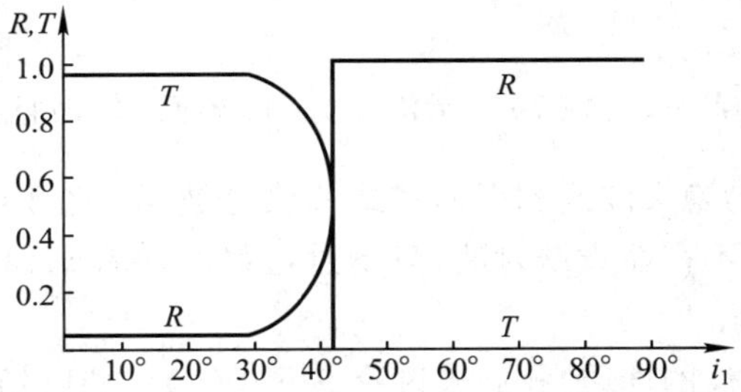

图 3-10

$$R = \frac{W_1'}{W} = \frac{1}{2}\left[\frac{\sin^2(i_1-i_2)}{\sin^2(i_1+i_2)} + \frac{\tan^2(i_1-i_2)}{\tan^2(i_1+i_2)}\right] = 1 \tag{4}$$
$$T = 1 - R = 0$$

这就是全反射时,光能量全部返回第一介质的证明.

(三) 全反射时,必定有透射波存在

根据光的电磁理论,电场强度和磁感应强度不可能在两种介质的分界面上中断,它应该满足连续性条件. 因此,光疏介质中就势必存在着透射波. 故发生全反射时,光疏介质中透射波的存在是光波在界面上满足边界条件的必然结果.

下面讨论透射波的性质,按光的电磁理论,透射波的电场强度为
$$E = A\exp\left\{-i\left[\omega t \pm \frac{2\pi}{\lambda_2}(x\sin i_2 + z\cos i_2)\right]\right\} \tag{5}$$

式中 ω 为光波的频率,λ_2 为光波在第二介质中的波长,i_2 为折射角,沿光源辐射方向取"$-$"号,相反方向取"$+$"号. 这是波动方程,根据折射定律可得
$$\sin i_2 = \frac{n_1}{n_2}\sin i_1 = \frac{1}{n}\sin i_1$$

式中 $n=\dfrac{n_2}{n_1}$，那么 $\cos i_2 = \pm\sqrt{1-\sin^2 i_2}$

全反射时，$\sin i_2 = \dfrac{\sin i_1}{n} > 1$，则

$$\cos i_2 = \pm i\sqrt{\left(\dfrac{\sin i_1}{n}\right)^2 - 1} \tag{6}$$

即全反射时，余弦函数在实数域上无定义.

将式(6)代入式(5)，设光波沿 $+x$ 方向传播，得全反射时，透射波的数学表达式为

$$E = \left\{A\exp\left[-\dfrac{2\pi}{\lambda_2}z\sqrt{\left(\dfrac{\sin i_1}{n}\right)^2 - 1}\right]\right\} \cdot \exp\left[-i\left(\omega t - \dfrac{2\pi}{\lambda_2}\dfrac{x\sin i_1}{n}\right)\right]$$

$$= \{A\exp[-\gamma z]\}\exp\left[-i\left(\omega t - \dfrac{2\pi}{\lambda_2}\dfrac{x\sin i_1}{n}\right)\right] \tag{7}$$

式中 $\gamma = \dfrac{2\pi}{\lambda_2}\sqrt{\left(\dfrac{\sin i_1}{n}\right)^2 - 1}$，式(7)表示沿 x 方向（界面）传播且振幅在 z 方向按指数律衰减的波，称为隐失波或称表面波或称倏逝波. 由此可知，全反射时，在光疏介质中并非完全不存在着透射波，只不过透射波随着 z，而剧骤地衰减，物理图像如图 3-11 所示.

为了说明倏逝波的性质，我们来讨论一下式(7)中的电场强度的振幅因子：

$$A\exp(-\gamma z) \tag{8}$$

该式按指数律减少，在 $z = d = \dfrac{1}{\gamma}$ 处，振幅如图 3-12 所示将减小到只有分界面表面上的 $e^{-1} = 37\%$，通常用这一距离来量度透入光疏介质的深度，称为透入深度.

$$d = \dfrac{1}{\gamma} = \dfrac{\lambda_2}{2\pi}\left[\left(\dfrac{\sin i_1}{n}\right)^2 - 1\right]^{-\dfrac{1}{2}} \tag{9}$$

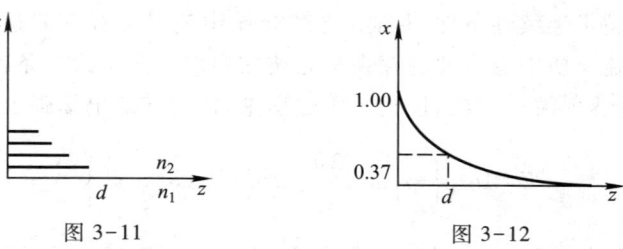

图 3-11　　　　图 3-12

为了对透入深度给读者一个数量级的概念，让我们来计算一下用 632.8 nm 的氦氖激光以 60° 的入射角由玻璃($n_1 = 1.5$)投射到玻璃-空气($n_2 = 1$)分界面上时的透入深度 d，将 n_1、n_2、λ_2 和 i_1 等数据代入式(9)，得

$$d = \frac{\lambda_2}{2\pi}\left[\left(\frac{\sin i_1}{n}\right)^2 - 1\right]^{-\frac{1}{2}} = \frac{632.8 \text{ nm}}{2\pi}$$

$$\left[\left(1.5 \times \frac{\sqrt{3}}{2}\right)^2 - 1\right]^{-\frac{1}{2}} = 121.4 \text{ nm}$$

其值和入射光波的波长有同一数量级,在一般情况下,透入深度和入射角 i_1 有关,当入射角 i_1 与临界角相差愈大,即愈倾斜入射,透入深度愈小,换句话说,衰减得愈快.

综上所述,全反射时,全部光能量都返回第一介质,然而仍旧有光波进入第二介质中,但光波仅透入到第二介质(光疏介质)很薄的一层,而且透入深度约为光波的波长.

(四) 倏逝波和能量守恒定律

倏逝波的存在,似乎和全反射时,反射波带走了全部光能量的结论相矛盾,即违背能量守恒定律. 其实不然,下面来说明这一问题.

根据电磁场理论,全反射时,反射波和入射波的振幅相等,反射波的平均能流密度的数值和入射波的相等,因此,反射率为1,即电磁波能量全部被反射,但一般情况下,反射波和入射波之间有一定的相位关系,根据计算,

$$\varphi = \arctan\sqrt{\frac{\sin^2 i_1 - n^2}{\cos i_1}}$$

因此反射波与入射波能流密度的瞬时值是不同的,这表明能量并不是绝对不能透过界面而进入光疏介质,其物理图像是这样的,在半个周期内,光波的能量透入光疏介质,在界面附近的薄层储存起来,在另一半周期内,这一能量释放出来变为反射波的能量,但在同一周期内的平均值为零. 所以,全反射时,并不构成折射光束. 就这意义上讲,倏逝波的存在并不和能量守恒定律矛盾. 全反射的表面现象的示意图如图 3-13 所示,为清楚起见,界面附近的薄层是有意夸大的,图中倏逝波在分界面附近的薄层流动,最后返回第一介质,并用实反射线表示.

(五) 倏逝波存在的实验和应用

关于全反射时,在光疏介质中存在倏逝波的结论,是由光的电磁理论得到的. 这可用如图 3-14 所示的实验装置的示意图来证实. 图中, S 为光源, D_1、D_2 为两个检测器,把两个 $45°-90°-45°$ 的直角棱镜的斜面放置在一起,中间留一个厚度为 d 的空气隙,它可以调节. 如果 d 十分大,光在 AB 面上发生全反射,并被探测器 D_1 接收. 如果 d 趋向于零,光将全部透射,并被探测器 D_2 接收. 进一步的实验还发现,当 d 的数量级约为入射光波波长时,AB 面上的全反射将会遭到破坏,这时部分光透射,一部分光经 AB 面反射. 我们把倏逝波能够穿过光疏介质而进入到近邻的一个折射率高的区域,即能量穿过间隙而传播的过程,称为受抑全内反射,这一过程非常类似于量子力学中的隧道效应,为了区别起见,又称为光学隧道效应. 这一实验表明:在光密介质和光疏介质的分界面附

近有倏逝波存在.

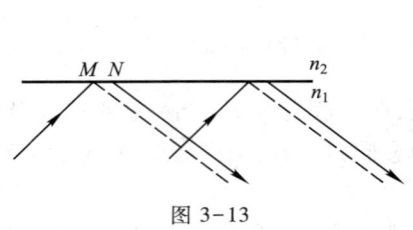

图 3-13

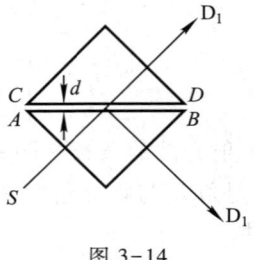

图 3-14

全反射时,光疏介质中的倏逝波广泛应用于现代光学技术的各个方面.下面着重介绍它在集成光学方面的应用. 20 世纪 60 年代后期出现的一门崭新的学科——集成光学,它主要研究光束穿过薄膜时所发生的现象,这里涉及一个重要的问题是如何将激光束的能量转移到薄膜中去. 最简单的办法是直接耦合,运用透镜将激光束聚焦,直接对准薄膜的边缘射入,但由于边缘不可能很平整,因而散射损失很大,现采用的棱镜-薄膜耦合,如图 3-15 所示,棱镜放置在薄膜上面,并在棱镜底面与薄膜上表面之间保持一个很小的空气隙,其厚度约在 $\frac{\lambda}{8} \sim \frac{\lambda}{4}$,而棱镜-薄膜

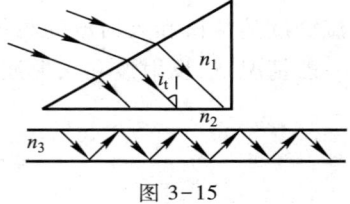

图 3-15

耦合的作用原理是光学隧道效应. 当激光入射到棱镜-空气界面上时发生全反射,在空气层中形成倏逝波,再利用空气-薄膜界面又将这一倏逝波转换成通常的波. 这样激光束的能量被耦合到薄膜中. 棱镜-薄膜耦合是非常有效的,对于空气隙,理论上可以证明激光束的能量的 81% 被耦合到薄膜中. 此外,光学隧道效应还应用于输出的激光光强的调制等.

(六) 教学建议

1. 由于全反射时,尽管光疏介质中有倏逝波存在,但透入光疏介质的平均能量为零. 光能量确实全部返回光密介质. 鉴于以上结论,建议当入射角为临界角时,折射线以不画为宜. 如果要表示,最好用虚线.

2. 关于全反射的条件,一般书上写成 $i_1 \geqslant i_c$,为了避免临界情况的不连续性带来不必要的麻烦,建议还是不包括 $i_1 = i_c$ 为好.

3. 对全反射的完整讨论应包括全反射时的表面现象——倏逝波. 因此,在基础光学的教学中适当介绍一下倏逝波是有必要的,至于其数学推导还是放入电动力学中讲授为宜. 同样,在讨论全反射的应用时,除了介绍大家所熟知的棱镜和光导纤维外,适当介绍倏逝波在现代光学技术中的一些应用还是可行的.

[摘自:物理通报.1983(5).宣桂鑫]

七、创新实验

实验 3-1　光栅立体图

实验 3-2　3D 光束的显示

第4章　光学仪器的基本原理

光学仪器的三个本领,即放大本领、聚光本领和分辨本领是衡量光学仪器的成像和分光质量的主要依据,其中放大本领和分辨本领是重点.在讨论聚光本领时还涉及有效光阑和光度学的问题.在制造具有实用意义的光学仪器时,还必须对像差理论有所了解.在使用光学仪器时,还需通过眼睛进行观察,因此,分析光学仪器时,和人眼结合起来讨论是十分必要的.所以,也适当介绍一下人眼的基本构造和光学性质.

一、框架建构

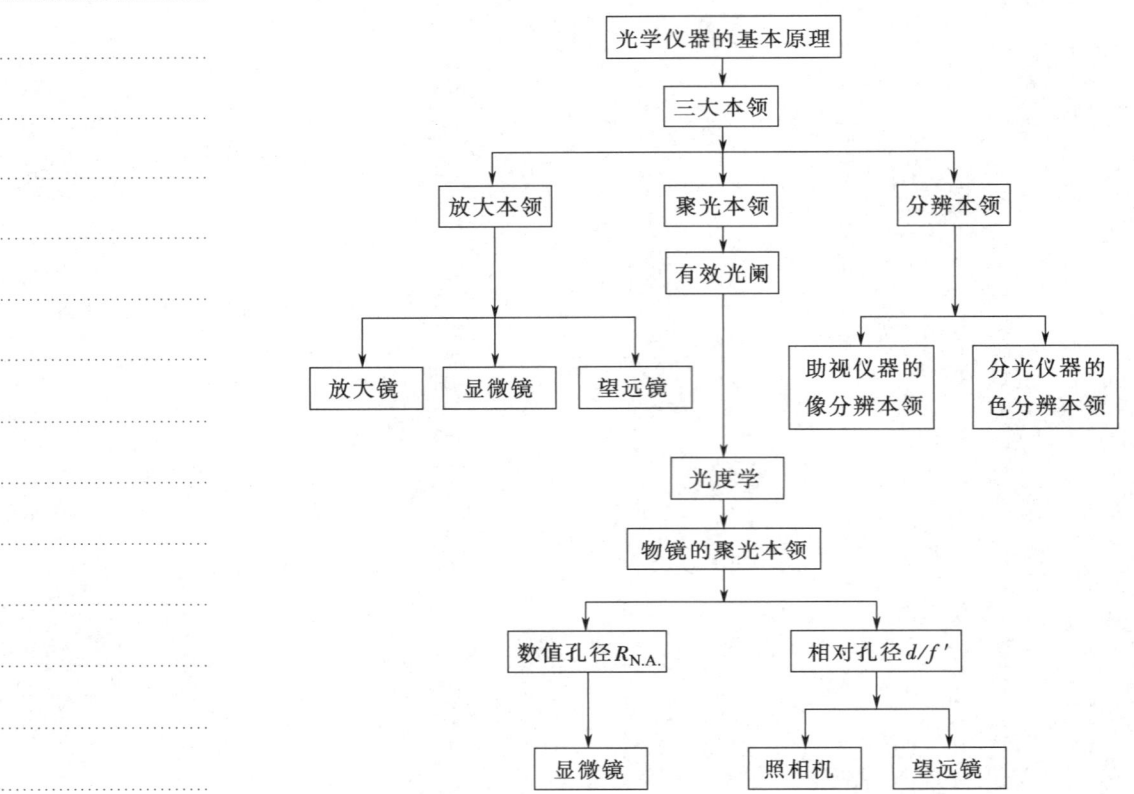

二、课程标准

1. 了解人眼的结构以及非正常眼形成的原因及其矫正措施.
2. 领悟视角的物理意义.
3. 领悟助视仪器的放大本领的物理意义,区别角度放大率与放大本领.
4. 掌握放大镜、目镜、显微镜和望远镜的放大本领的计算.
5. 了解光阑在光学仪器的作用和地位.
6. 学会有效光阑、入射光瞳和出射光瞳的计算.
7. 了解光通量、发光强度、光照度和光亮度的概念及其单位,特别是作为七个基本物理量之一的发光强度的单位——坎德拉(cd).
8. 了解球差和色差.
9. 理解物镜的聚光本领的物理意义.
10. 结合显微镜的聚光本领讨论理解数值孔径的意义;结合望远镜和照相机的聚光本领的讨论理解相对孔径的意义.
11. 领悟瑞利判据、分辨极限和分辨本领的概念.
12. 学会成像仪器的像分辨本领,熟悉人眼、显微镜和望远镜分辨本领的计算.
13. 学会分光仪器的色分辨本领,熟悉棱镜分光计、光栅分光计的色分辨本领的计算.

三、内容分析

本章分为四个单元. 第一单元是助视仪器的放大本领(4.1—4.5). 助视仪器的放大本领总是和人眼联系起来,所以先从人眼讨论着手. 在明确放大本领的定义及形形色色助视仪器的放大本领表达式的基础上,结合显微放大系统和望远系统的典型光路来讨论是有益的. 第二单元,光度学的基本概念和聚光本领(4.6—4.8),主要讨论了光度学中的几个基本物理量及其单位,以及在能量传播中所涉及的有效光阑问题. 这里,相对孔径和数值孔径的引入最好结合望远镜和显微镜来理解. 第三单元,像差(4.9),是有关像差的知识,仅作一般了解即可. 惟色差问题在讨论实际光学仪器时,应用较广. 第四单元,分辨本领(4.10—4.11),涉及成像光学仪器和分光光学仪器. 第一、第四单元为重点. 分析这些仪器的分辨本领的出发点还是瑞利判据.

1. 放大本领

助视仪器的放大本领 M 定义为用了光学仪器后视网膜上像的大小 l' 与不用光学仪器时视网膜上像的大小 l 之比,或定义为用了光学仪器后所成像的视角 U' 和不用仪器时视角 U 之比. 那么为什么要以视角的放大倍数来作为助视仪器的放大本领呢?这是由于肉眼主观感觉到物的大小是以视网膜上像的大小为依据的,在视网膜上成像的范围内的视神经末梢受到光的刺激而形成视觉. 远物小,近物大,太阳看起来和圆盘一样大小,这是我们日常生活中所熟悉的物理现象. 这一现象的实质即视角的大小,它与线度的大小一样也可被用来量度物.

关于视角的概念,要注意到它和理想光学系统的横向放大率 β 和角度放大率 γ 之间的区别. 首先,U 表示视角,而角度放大率中的 u 则是一条光线的倾角;其次,横向放大率和角度放大率中的 y、y' 和 u、u' 是一对共轭量,但 l、l' 和 U、U' 不是共轭量,而是在两个不同条件下物体在视网膜上的像高或张角.

物直接在视网膜上成像的大小或所张的视角 U 均和物所在的位置有关. 若不作一个约定,助视仪器的放大本领将没有一个共同的基准. 为此作如下规定:对于近物,诸如放大镜和显微镜的情况,规定物置于明视距离处,那么,对给定的物来说,l 和 U 就确定了;对于远物,诸如远处的群山、天上的星辰,l 和 U 却是物直接成的像和张的视角. 对于近物,最后可成像于明视距离或无穷远处,在这两种情况下,对应的 l' 或 U' 略有不同,使对应的 M 也稍许有点不同. 这就是为什么简单放大镜的放大本领有两种不同的表达式的缘由. 对于远物,通过仪器最后总是成像于无穷远处,所以望远镜的放大本领表达式却是只有一种确定的形式.

使用仪器时,可以将目的物置于仪器的第一焦平面上(望远镜除外),因而在光束进入瞳孔之前,像在无限远处. 这样可以节省目力,久视不感到疲劳. 因为此时眼球内系住水晶体的肌肉完全松弛. 无疑也可以把目的物置于仪器的第一焦点以内,成像于明视距离处,使像更显得清楚些,即视角更大一点. 所以助视仪器的放大本领一般采用无穷远处和明视距离两种标准.

2. 明视距离和无穷远处

就肉眼调节作用所能看清楚的距离而言,正常眼的近点在 10~15 cm 处,远点在无穷远处. 然而观察物通常距肉眼 20~30 cm 之间,此时视网膜上所形成的像最易调节清楚,所以通常以 25 cm 为明视距离. 因此,在日常生活中,无论是工作或学习,人们总是把书或工作物置于明视距离处. 这样,眼睛不必过分调节,并且也不疲劳. 其次,考虑到在未用显微镜前,我们总是习惯于在明视距离处观察这种细微物体,通常在使用显微镜时,还要一面通过显微镜进行观察,一面把观察的结果记录下来,故也就要求显微镜最后成的像也位于明视距离处. 这样,不仅可以与平时看明视距离的物体一样,不必改变眼睛的调焦情况,而且可以减轻由于长时间使用显微镜而引起的眼睛疲劳. 同样,望远镜是观看无穷远处物体的光学仪器,因此,要求仪器最后成的像也在无穷远处,这样不仅可以不改变眼睛的调焦情况,而且又可以避免眼睛的疲劳.

3. 惠更斯目镜和冉斯登目镜的比较

目镜是助视光学仪器(如显微镜和望远镜)中最末的一个光具,它与人眼相衔接,用以观察前面光具所成的像.

目镜的设计主要考虑两个方面的要求:首先,要使正常眼在不必调焦的自然状态下观察,故来自目镜射出的光束应为平行光.其次,目镜的视场要求较大,约为 30°~60°,又要求有较高的放大本领,约 10×以上,并尽可能的矫正像散、彗差、畸变、像场弯曲,但主要是横向色差.

极大多数目镜的结构是一样的,以同种玻璃制成场镜和视镜.彼此间的距离符合色差矫正的条件,即 $d=(f_1'+f_2')/2$.

在望远镜和显微镜中常使用惠更斯目镜.分光测角仪望远镜的目镜和测微目镜一般属于冉斯登目镜.另一种开尔纳目镜是将冉斯登目镜的视镜换成胶合透镜.双筒望远镜的目镜就是如此.

冉斯登目镜与惠更斯目镜相比较,横向色散较大,然而纵向色差和畸变小,是惠更斯目镜的一半,球差约为惠更斯目镜的 1/5,无彗差.同时冉斯登目镜的接眼距增大 50%,比较利于使用.

国产目镜按像差校正水平常分为普通目镜、平场目镜、平场补偿目镜、广角目镜、平场广角目镜.例如国产 XJ-16 型金相显微镜的惠更斯目镜的主要参数见表 4-1.

表 4-1

放大倍数	6×	10×	15×
焦距/mm	41.7	25.0	16.7
线视场/mm	19.0	13.59	6.3

4. 望远光学系统的放大作用

望远镜的特征是物镜的第二焦点和目镜的第一焦点重合.因此,将物镜和目镜组合成一个光学系统时,其光学间隔 Δ 等于零.复合光学系统的焦点和主点都在无穷远处.这表明入射平行光束,将会聚于无穷远处,也就是说,仍以平行光束出射.这种光学系统称为望远光学系统.它具有一系列特殊的性质,以前所述的物像公式都变得没有意义了.但若分别讨论物镜和目镜时,因为它们本身不是望远光学系统,所以仍旧遵循一般的成像公式.显然,用望远镜也可观察有限距离的远物.此时,远物的像仍落在物镜第二焦点之后.观察时,应挪动目镜使其第一焦平面仍和这个像重合.值得指出的是,这时望远镜不再是望远光学系统.

如果观察物原先在无穷远处,最后成的像也在无穷远处,那么,望远镜是否起不到放大作用了呢?其实不然,首先,无穷远只有相对的意义,尽管月亮和太阳离地球很远,但总还是有限的距离.然而,与地面上两个物体间的距离相比,却可以视作无穷远.说得具体点,只要观察物远到如此地步,以至于眼睛感觉到它发出的光似乎是平行的,这时,物体就算在无穷远处.换言之,在光学中无穷远处是相对人眼的分辨本领而言的,置于无穷远处的点状物,经透镜成像必定在焦平面上成一点状像;而置于有限距离的点状物,在焦平面上成的像不再是一点,而是一个弥散圆.若弥散圆的直径很小,小到肉眼无法分辨出它是一个圆,而把它视作一个点,则这一像看起来还是清楚的. 此时,物点可认为是在无穷远处. 根据这一标准,可以计算各种光学仪器的无穷远起点. 例如,正常眼的无穷远起点是 5 m. 换言之,大于等于 5 m 的所有距离,在正常眼看来可算是无穷远. 因此,视力检查时,要把视力表置于 5 m 远的地方.

其次,望远镜的放大作用,并不是放大物体的线度,而是为了增加人眼观察物体的视角. 而视角的增加,就会使被观察的物体有挪近的感觉. 例如,一架放大本领为 20× 的望远镜观看月球时,可以使人眼观察月球的视角增加 20 倍,这相当于月球到观察者的距离缩短到 1/20. 所以放大是对人的感觉而言的,通过望远镜所看到的月球,总不会比月球本身的线度还大,故望远镜并没有起放大物体的线度作用,只是物体的像向观察者方向挪近了. 但在光学上这个距离仍可以认为是无穷远.

5. 显微镜物镜的数值孔径

显微镜的讨论涉及成像原理、像差分析、光阑的作用、光度学和衍射方面的问题. 成像系统的主要元件为物镜、目镜、物镜的有效光阑和目镜的视场光阑. 有效光阑的作用在于控制物点成像光束孔径的大小,视场光阑的作用在于控制成像空间的范围.

显微镜的光学筒长为 $\Delta = F_1' F_2$,直筒式显微镜中,拿去物镜和目镜后剩下的镜筒长度,即物镜和目镜的支承面之间的距离称为显微镜的机械筒长. 一般规定在 160~190 mm 的范围内,我国规定的机械筒长为 160 mm. 光学筒长的选取应使显微镜满足齐焦条件,即在显微镜使用过程中,当更换物镜和目镜时不必重新调焦却能看清楚物体的要求.

显微镜的物镜外壳上常标有诸如 "40×0.65" 字样,前者 "40×" 表示放大本领为 40,后者 "0.65" 指的是数值孔径 $R_{N.A.}$. 它对显微镜许多方面的性能有影响. 现分别讨论如下.

（1）数值孔径与横向分辨本领

显微镜的物镜横向分辨本领常用最小分辨极限 Δy 表示,即

$$\Delta y = \frac{0.61\lambda}{R_{N.A.}}$$

数值孔径 $R_{N.A.}$ 愈大, Δy 愈小,横向分辨本领就愈大.

（2）数值孔径与纵向分辨本领

当显微镜调焦于某一物平面上时,若位于其前、后的物平面仍然被观察者看清楚的话,则该两平面之间的距离 Δx 就称为显微镜的景深. 那么 Δx 表征显微镜的纵向分辨本领.

显微镜观察的样品通常不会是一个平面. 例如在金相检测中,试样经侵蚀后将会出现侵蚀坑,某些诸如碳化物的质点则高于侵蚀表面,只要在视场范围内这些高低面距离在景深范围内,便可以使各层组织都能清晰地同时显现出来. 但在操作时不宜过分地选取小数值孔径的物镜,或者过分地调小有效光阑来提高景深,因为这样会牺牲显微镜的横向分辨本领. 因此,提高纵向和横向分辨

能力对数值孔径提出了相反的要求,在实际操作中,应两者兼顾.

(3)数值孔径与有效放大本领

经计算表明,显微镜的有效放大本领的范围为

$$500R_{N.A.} \sim 1\,000R_{N.A.}$$

或许有人认为:"显微镜的放大本领愈大,显微镜的分辨本领也愈大."其实不然,例如,一台 $R_{N.A.}=0.65$ 的 40×的物镜,再配以 20×的目镜,放大本领为 800×的显微镜;另一台 $R_{N.A.}=1.30$ 的 100×的物镜,配以 8×的目镜,放大本领也是 800×. 两者虽然具有相同的放大本领,但是,第一台的分辨极限不少于 0.42 μm,而后一台却可达 0.21 μm,显然后者比前者性能优良.

(4)实际的数值孔径和像的亮度

分析亮度为 B 的物体,经物镜成像,像的亮度 B' 为

$$B' = \left(\frac{n'}{n}\right)^2 B$$

对于一般光学仪器来说,物和像常处于空气中,在这种情况下,像的亮度不可能大于物的亮度,即光学系统无助于亮度的增加. 值得指出的是,这里是对物的亮度 B 给定的条件下而言的. 如果通过照明系统将物照得更亮,像的亮度 B' 显然也会更大一些. 而通常的金相显微镜物镜不仅起物镜作用,而且兼任照明系统的作用. 当可调有效光阑扩大时,对物的照度相应增加,因而物的亮度也增加,显然像的亮度 B' 也有所增加. 换言之,如果物镜兼作照明系统元件时,其实际孔径增加,像的亮度也增加.

(5)数值孔径与像的照度

如果显微镜用作显微摄影时,像的照度 E' 与 B_0、数值孔径 $R_{N.A.}$ 的关系为

$$E' = \pi(B_0)(R_{N.A.})^2 \frac{1}{\beta^2}$$

式中 β 为显微摄影时的横向放大率. 或许有人认为:"对同一物镜、摄影目镜组合系统而言(即 β 一定),E' 与 $(R_{N.A.})^2$ 成正比." 其实,这仅对本身发光的物体而言才是对的. 若观察的试样是要照明的,特别是金相显微镜中,物镜兼作照明系统,由于可调有效光阑的扩大,例如数值孔径增大到 1.5 倍,像的照度并不止增大到 2.25 倍,而会更大些,因为这时 B 也增加了.

6. 显微镜物镜的像面衍射是夫琅禾费衍射

有限远的物点 P 经透镜 L 在有限远处成一像点 P' 时,物像公式为

$$\frac{1}{s'} - \frac{1}{s} = \frac{1}{f'}$$

如图 4-1(a)所示,入射于透镜的和经圆孔射出的均为球面波. 似乎有人认为:这不是夫琅禾费衍射. 如果将图 4-1(a)的光路图绘成如图 4-1(b)所示的等效光路时,即把

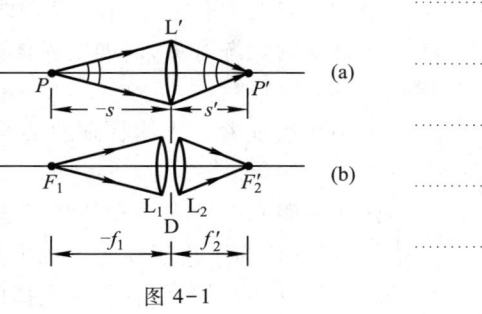

图 4-1

透镜 L 视成焦距分别为 f'_1 和 f'_2 的两个透镜 L_1 和 L_2. 按复合透镜的焦距公式,则

$$\frac{1}{f'_1}+\frac{1}{f'_2}=\frac{1}{f'}$$

将该式与前式比较,若令

$$f'_1=-s, \quad f'_2=s'$$

则物点 P 就相当于位于 L_1 的物方焦点 F_1 处,由 L_1 出射的平面波到达圆孔 D, 随后是平面波经 L_2 的夫琅禾费衍射. 在 L_2 的像方焦点 F'_2 处产生一艾里斑. 故从波动光学来分析,显微镜的物镜的像面上仍是夫琅禾费衍射.

7. 聚光本领

聚光本领是像面上的光强问题,可用像面的照度来量度. 这主要取决于有多少能量从发光物体上的一个点发出,通过整个光学系统而最后会聚到像面上的一点. 这部分的能量多少由下列因素所决定:

第一,光束的截面的大小,这涉及有效光阑和光瞳的概念(4.6);

第二,发光体本身的发光强度,这涉及光度学的几个概念(4.7);

第三,发光体的远近,这涉及数值孔径和相对孔径的概念(4.8).

关于第一因素,最后会聚到像面上一点的能量包含在顶角有一定大小的一束光中. 但是进入光学系统最前面一个透镜的光束并不一定会完全通过其他部分,因此,重要的是去寻找整个光学系统中哪一个光阑或透镜边缘起着限制光束截面积大小的作用;只要光束通过它,就不再受其他限制而能一直到达像点会聚. 这个光阑就是有效光阑. 值得指出的是光阑是实物,而光瞳通常是像. 在具体寻求有效光阑时,涉及物在光学系统的右侧时的成像问题,即光束从右向左投射. 在应用新笛卡儿符号法则时,应特别注意像方和物方的区别.

关于第二因素,光通量是光度学的最基本概念,其他概念都是由此衍生而来的. 对于肉眼这一独特的光接收器,用光视效率来描述其光谱特性,经光视效率把辐射通量转化成光通量. 其他的光接收器,诸如光电倍增管、光敏电阻和 CCD 等器件,也有类似的光谱特性曲线,通常称为频率响应.

对于光度学中的一些概念,要注意到它们各自描述的对象,这样就有助于认识到它们的联系和区别. 在这些概念中,比较难以掌握的是亮度的概念. 从发光体表面上一个面元 S 发出的,在立体角 $\mathrm{d}\Omega$ 内的光通量,通常既和 S 的大小、$\mathrm{d}\Omega$ 的大小有关,还和 $\mathrm{d}\Omega$ 轴线与 S 的法线之间的夹角 θ 有关,显然还和发光体自身的状态有关,诸如发光体的温度、表面状态等,故应写成如下形式:

$$\mathrm{d}\Phi=f(S,\theta,T,\mathrm{d}\Omega)$$

式中 T 表征着发光体状态的某些物理量. 在 S 和 $\mathrm{d}\Omega$ 不大的情况下,上式蜕化为

$$\mathrm{d}\Phi=F(\theta,T)S\mathrm{d}\Omega$$

该式表明同一发光体在给定状态下在一定倾角 θ 的立体角 $\mathrm{d}\Omega$ 内发射的光通量,可以认为正比于面元 S 的大小和立体角 $\mathrm{d}\Omega$ 的大小. 通常 $F(\theta,T)$ 的函数形式是十分复杂的,但有些发光体的 $F(\theta,T)$ 有比较简单的形式,在理想发光体的

情况下,可以认为是正比于 $\cos\theta$,因而,$\mathrm{d}\Phi$ 可写成
$$\mathrm{d}\Phi = B(T)S\cos\theta\mathrm{d}\Omega$$
上式表明 $B(T)$ 仅和发光体本身状态有关的量称为亮度. 理想发光体的特征是亮度为常定值,不随 θ,φ 角而改变. 这正是点光源的发光强度不随方向而变的情况. 但是,通常的点光源的发光强度是随方向而异,故
$$\mathrm{d}\Phi = I_{\theta,\varphi}\mathrm{d}\Omega$$
值得指出的是发光物体的亮度不同于点光源的发光强度,均匀点光源的 I 随方向而变,$\mathrm{d}\Phi = I\mathrm{d}\Omega$,光通量只正比于立体角的大小,而和方向无关. 理想发光体的 B 不随方向而变,表达式为
$$\mathrm{d}\Phi = BS\mathrm{d}\Omega\cos\theta$$
光通量不仅正比于立体角的大小,还正比于 θ 角的余弦,故理想发光体也称余弦发光体,它与方向有关.

关于第三因素,在计算像面上的照度时,相对孔径和数值孔径是两个重要的概念. 首先讨论数值孔径,对于横向放大率为确定值的光学系统,近物的聚光本领正比于 $(n\sin u)^2$,式中 n 为物所在空间的折射率,u 为入射光瞳半径对物点所张的孔径角. 如果要提高聚光本领,不但要求有较大的孔径角 u,而且物所在的空间内应充满折射率较大的透明介质. $n\sin u$ 称为光学系统的数值孔径,以符号 $R_{\mathrm{N.A.}}$ 表示. 其次,讨论相对孔径,在其他条件相同的情况下,光源在远距离时,物镜的聚光本领正比于 $(d/f')^2$,式中 d 为入射光瞳的直径,f' 为焦距. 若要提高聚光本领,不是单纯要求大孔径的物镜或短焦距的物镜,而是要求孔径 d 与焦距 f' 的比值大,这个比值 d/f' 称为相对孔径. 数值孔径和相对孔径这两个概念十分重要,必须很好掌握它的含义,在分析成像仪器的分辨本领时也会涉及.

8. 分辨本领

第四单元应注意分辨本领和分辨极限的各种表达式. 在计算分辨本领时,应注意到两个发光点在光学系统入射光瞳中心所张的视角 U_0 和中央亮斑的角宽度 θ_1 之间的区别. 前者是从几何光学成像方面来考虑的,像点仅有位置,而无宽度可言,实际上相当于衍射花样的中央最大值的位置. 两个发光点的像之间的角距离,也就是两个衍射花样中央最大值位置间的角距离. 这一角距离必须不小于单独一个中央亮斑的角宽度,才满足瑞利判据.

应掌握棱镜光谱仪和光栅光谱仪的光路,了解其中主要光学元件的作用. 通常一台光学仪器由若干光学元件组成,要分清哪一个元件孔径的衍射决定于分辨本领. 对于望远镜,一般由物镜孔径决定分辨本领;光栅光谱仪的分辨本领既与谱线宽度有关,又和色散相关,由 jN 共同决定. 这里 N 不仅和光栅照射面积有关,还和光栅常量有关.

9. 瑞利判据

根据瑞利判据,如果一个物点的衍射花样的中央衍射最大恰好与另一个物点的衍射第一最小重合时,则恰恰能分辨出这两个物点. 这里应分两种情况

来讨论合成光强分布曲线的中央凹陷处的光强.若以单缝为出射光瞳,合成光强分布曲线的中央凹陷处的光强是两侧最大光强的 81%.但如果在圆孔光瞳的情况下,其合成光强分布曲线的中央凹陷处的光强则约是两侧最大光强的 73.6%.证明如下.

在单缝的情况下:

$$I = I_0 \left(\frac{\sin x}{x}\right)^2 + I_0 \left[\frac{\sin(x-\pi)}{(x-\pi)}\right]^2$$

当 $x = x_p = \dfrac{\pi}{2}$,即中心凹陷处,则

$$I = 2I_0 \frac{\sin^2(\pi/2)}{(\pi/2)^2} = \frac{8}{\pi^2} I_0 = 81\% I_0$$

在圆孔的情况下:

$$I = I_0 \left[\frac{J_1(x)}{x}\right]^2 + I_0 \left[\frac{2J_1(x-1.22\pi)}{(x-1.22\pi)}\right]^2$$

当 $x = x_p = 0.61\pi$,即中心凹陷处,则

$$I = 2I_0 \left[\frac{2J_1(0.61\pi)}{0.61\pi}\right]^2 = 73.6\% I_0 \approx 74\% I_0$$

瑞利判据的实质是一种明暗对比的规定,即规定 1∶74% 是可分辨的标准.虽然测定表明,明暗对比为 1∶85% 时人眼还是可分辨的.但在评估光学仪器的性质时,还是以 1∶74% 作为基准.

在讨论艾里斑交叠时的强度分布时,涉及的是强度相加而不是振幅相加,即只有在两个艾里斑是非相干的情况才成立.如果考察的物体本身是发光的,则来自不同点所发出的光是不相干的,上述讨论是正确的.若物体是被照明的情况下,则计算比较麻烦,这是由于不同物点发出的光是部分相干的,艾里斑的重叠区域光强分布不能用光强相加去计算.

如果成像的物体不是两个发光点,而是有一个均匀的明背景,这时像面上的明暗对比不再为 1∶74%.因此仅用最小分辨距离这一物理量,就不能反映不同使用条件下的仪器特性,而要采用光学传递函数来评估光学仪器的特性参量.

10. 人眼的分辨极限

人眼相当于一个光阑可变、焦距可变的凸透镜.由于透镜的两侧折射率是不同的,故通过透镜的光心的共轭光线是折线.而且满足折射定律 $n'\theta' = n\theta$.式中 n 为空气的折射率;n' 为玻璃体的折射率.如果 A、B 两物点在视网膜上形成的艾里斑为 A'、B',而且 A'、B' 恰好满足瑞利判据,则 θ 和 θ' 称为眼外和眼内的最小分辨极限角,它们之间的关系为

$$\theta = \frac{n'}{n}\theta' = \frac{n'}{n}\left(1.22\frac{\lambda'}{D}\right) = \frac{n'}{n}\left(1.22\frac{\lambda}{n'}\frac{1}{D}\right) = 1.22\frac{\lambda}{nD} = 1.22\frac{\lambda}{D}$$

人眼的外分辨极限角约为 $1'$.

四、例题示范

1. 放大本领

4-1-1 一架显微镜的物镜和目镜相距为 20 cm,物镜焦距为 7 mm,目镜的焦距为 5 mm,把物镜和目镜均看作是薄透镜.试求:

(1) 被观察物到物镜的距离;

(2) 物镜的横向放大率;

(3) 显微镜的放大本领.

解:(1) 由于经显微镜所成的中间像位于目镜第一焦点附近,故此显微镜的中间像对物镜的距离为

$$s_1' = (200-5) \text{ mm} = 195 \text{ mm}$$

按物像公式:

$$\frac{1}{s_1'} - \frac{1}{s_1} = \frac{1}{f_1'}$$

得

$$s_1 = \frac{f_1' s_1'}{f_1' - s_1'} = \frac{7 \times 195}{7 - 195} \text{ mm} = -7.3 \text{ mm}$$

(2) 物镜的横向放大率为

$$\beta = \frac{s_1'}{s_1} = \frac{195}{-7.3} = -26.7$$

(3) 显微镜的放大本领等于物镜的横向放大率与目镜的放大本领之乘积.而目镜的放大本领为

$$M' = \frac{d}{f_2'} = \frac{250}{5} = 50$$

故

$$M = \beta M' = (-26.7) \times 50 = -1\,335$$

4-1-2 一显微镜具有三个物镜,两个目镜.三个物镜的焦距分别为 16 mm、4 mm 和 1.9 mm,两个目镜的放大本领分别为 5 倍、10 倍.设三物镜所成之像都能落在像距 160 mm 处.试问这显微镜的最大和最小的放大本领各为多少?

解:由显微镜的放大本领公式,得

$$M_{\max} = \beta_{\max} M'_{\max} = \left(-\frac{s'}{f'_{\min}}\right) M'_{\max} = -\frac{160}{1.9} \times 10 = -842$$

$$M_{\min} = \beta_{\min} M'_{\min} = \left(-\frac{s'}{f'_{\max}}\right) M'_{\min} = -\frac{160}{16} \times 5 = -50$$

4-1-3 拟制一台 3× 的简易望远镜,已有一个焦距为 50 cm 的物镜.试求:

(1) 在开普勒型中,目镜的光焦度以及望远镜的筒长;

(2) 在伽利略型中,目镜的光焦度以及望远镜的筒长.

解:(1) 按题意可知 $M = -3$

又望远镜的放大本领为
$$M = -\frac{f_1'}{f_2'}$$

故
$$f_2' = -\frac{f_1'}{M} = 17 \text{ cm}$$

焦度为
$$\Phi = \frac{1}{f_2'} = \frac{1}{0.17 \text{ m}} = 6 \text{ D}$$

望远镜的筒长为
$$l = f_1' + f_2' = 50 \text{ cm} + 17 \text{ cm} = 67 \text{ cm}$$

（2）目镜的焦距为
$$f_2' = -\frac{f_1'}{M} = -\frac{50}{3} \text{ cm} \approx -17 \text{ cm}$$

焦度为
$$\Phi = \frac{1}{f_2'} = -6 \text{ D}$$

望远镜的筒长为
$$l = f_1' + f_2' = 50 \text{ cm} + (-17) \text{ cm} = 33 \text{ cm}$$

4-1-4 一架书写投影仪的投影镜头的焦距为 7.5 cm，当幕由 8 m 移至 10 m 远时，镜头需移动多少距离？

解：由物像公式的牛顿形式
$$x_1 x_1' = ff'$$
$$x_2 x_2' = ff'$$

得物位移量 Δx 与像位移量 $\Delta x'$ 的关系为
$$\Delta x = x_2 - x_1$$
$$= \frac{ff'}{x_2'} - \frac{ff'}{x_1'}$$
$$= -ff' \cdot \frac{x_2' - x_1'}{x_2' x_1'}$$

由于书写投影仪的焦距远小于像距，故
$$x_1' \approx s_1' = 8 \text{ m}$$
$$x_2' \approx s_2' = 10 \text{ m}$$

则
$$\Delta x' = x_2' - x_1' \approx s_2' - s_1' = 2 \text{ m}$$

故
$$\Delta x = -\frac{\Delta x'}{x_2' x_1'} ff' = -\frac{200}{1\,000 \times 800} \times 7.5 \times (-7.5) \text{ cm} = 0.014 \text{ cm}$$

即投影仪的镜头应向画片移动 0.014 cm．这是一个有实际背景的问题．我们常用书写投影仪、视频平台、多媒体投影装置、电子白板等实现现代信息技术与光学课程的整合．通常的经验是镜头作稍许的移动，像面却移动很多．这一习题正是反映这些数量的变化范围，而且由于采用了近似，使计算大大简化．

2. 有效光阑和聚光本领

4-2-1 考察下述简易望远镜的结构，如题 4-2-1 图（a）所示．组成望远镜的薄透镜的参数如下：

L_1： $f_1' = 10$ cm　孔径　$d_1 = 4$ cm

$$L_2: \quad f'_2 = 2 \text{ cm} \quad \text{孔径} \quad d_2 = 1.2 \text{ cm}$$

$$L_3: \quad f'_3 = 2 \text{ cm} \quad \text{孔径} \quad d_3 = 1.2 \text{ cm}$$

（1）试追迹一束经望远镜的特殊光线；

（2）计算出射光瞳的位置和大小；

（3）说明透镜 L_2 的作用.

解：（1）现利用作图法追迹一束平行光，其平行于光轴且通过望远镜边缘的光线，如题 4-2-1 图(b)所示. 由于 L_1 的像方焦点 F'_1 与 L_3 的物方焦点 F_3 重合于 L_2 的中心 O_2，故 L_2 对平行于光轴入射的光线不起偏折作用.

（2）L_1 是望远镜的有效光阑和入射光瞳，它被 L_2、L_3 所成的像为出射光瞳. 首先求出出射光瞳的位置，把 L_1 对 L_2、L_3 相继成像，由物像公式，得

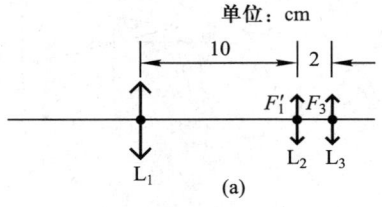

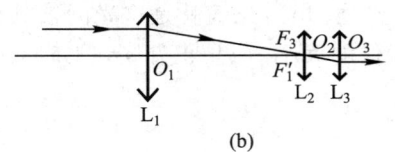

题 4-2-1 图

$$\frac{1}{s'_2} - \frac{1}{s_2} = \frac{1}{f'_2}$$

和

$$\frac{1}{s'_3} - \frac{1}{s_3} = \frac{1}{f'_3}$$

式中，$s_2 = -10 \text{ cm}$，$s_3 = s'_2 - d = s'_2 - 2 \text{ cm}$，$f'_2 = 2 \text{ cm}$，$f'_3 = 2 \text{ cm}$.

将数据代入上述两式，得

$$s'_3 = \frac{2}{5} \text{ cm} = 4 \text{ mm}$$

即出射光瞳在 L_3 的右方 4 mm 处.

出射光瞳的大小为

$$d' = \frac{f'_3}{f'_1} d_1 = \frac{2}{10} \times 4 \text{ cm} = 8 \text{ mm}$$

（3）由于透镜 L_2 置于物镜 L_1 的像方焦点上，称为物镜. 其作用有两个方面：首先，可以把轴外光束范围压缩，使之在目镜 L_3 上的入射高度降低，从而减小目镜的口径，得到完善的成像质量；其次，用以限制成像空间的视场范围，即视场角.

望远镜的出射光瞳的直径应与眼睛的瞳孔直径相当，即为 2~4 mm. 这里的系统出射光瞳的直径为 8 mm，显然大于眼瞳的直径，故该仪器未能与眼睛很好匹配.

4-2-2 如图所示，有一光阑，孔径为 2.5 cm，位于透镜前 1.5 cm；透镜焦距为 3 cm，孔径为 4 cm；物长为 1 cm，位于光阑前 6 cm 处. 试求：

（1）入射光瞳和出射光瞳的位置及大小；

（2）像的位置，并作图表示.

解：（1）因光阑前面没有透镜，直接比较光阑及透镜对物的张角，光阑即入

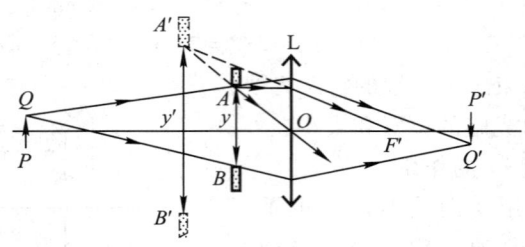

题 4-2-2 图

射光瞳. 出射光瞳就是这光阑被其后面透镜所成的像. 设此像离透镜的位置为 s', 像的大小为 y'. 已知 $s = -1.5$ cm, $f' = 3$ cm, 代入

$$\frac{1}{s'} - \frac{1}{s} = \frac{1}{f'}$$

得

$$s' = -3 \text{ cm}$$

由横向放大率

$$\beta = \frac{y'}{y} = -\frac{f}{x} = \frac{-3}{1.5} = 2$$

得

$$y' = \beta y = 2 \times 2.5 \text{ cm} = 5 \text{ cm}$$

(2) 像的位置的计算: 已知 $s = -(6+1.5)$ cm $= -7.5$ cm, $f' = 3$ cm, 代入物像公式

$$\frac{1}{s'} - \frac{1}{s} = \frac{1}{f'}$$

得

$$s' = 5 \text{ cm}$$

4-2-3 一望远镜的物镜直径为 5 cm, 焦距为 20 cm; 目镜的直径为 1 cm, 焦距为 2 cm. 试求此望远镜的入射光瞳和出射光瞳的位置和大小.

解: 如题 4-2-3 图所示, 由几何知识可知物镜 L_1 的边缘为有效光阑, 所以入射光瞳为物镜本身. 出射光瞳为物镜对目镜在像方的共轭像, 按物像公式

$$\frac{1}{s'} - \frac{1}{s} = \frac{1}{f'}$$

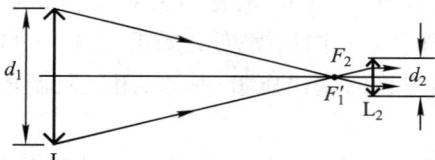

题 4-2-3 图

得

$$s' = 2.2 \text{ cm}$$

$$\beta = \frac{s'}{s} = \frac{2.2}{-22} = -0.1$$

故出射光瞳的直径为

$$d' = |\beta| d_1 = 0.5 \text{ cm} = 5 \text{ mm}$$

4-2-4 焦距为 20 cm 的薄透镜, 放在发光强度为 15 cd 的点光源之前

30 cm处,在透镜后面 80 cm处放一光屏,在屏上得到明亮的圆斑,不计透镜中光的吸收时,求圆斑的平均照度.

解:将 $s = -30$ cm, $f' = 20$ cm 代入物像公式,得像距为

$$s' = \frac{sf'}{s+f'} = \frac{(-30)\times 20}{-30+20} \text{ cm} = 60 \text{ cm}$$

设透镜的面积为 ΔA,通过该面积的光通量为 $\Delta \Phi$;屏上圆斑的面积为 $\Delta A'$,通过它的光通量为 $\Delta \Phi'$.由于不计及透镜的吸收,故

$$\Delta \Phi = \Delta \Phi'$$

设透镜对物点 P 所张的立体角为 $\Delta \Omega$,亮斑对像点 P' 所张的立体角为 $\Delta \Omega'$,那么由照度定义可知

$$\Delta \Phi = I \Delta \Omega = I \frac{\Delta A}{R^2}$$

$$\Delta \Phi' = I' \Delta \Omega' = I' \frac{\Delta A'}{R'^2} = I' \frac{\Delta A}{R_0^2}$$

故

$$I' = I \frac{R_0^2}{R^2} = 15 \times \left(\frac{60}{30}\right)^2 \text{ cd} = 60 \text{ cd}$$

而

$$E' = \frac{\Delta \Phi'}{\Delta A'} = \frac{I' \Delta \Omega'}{\Delta A'} = \frac{I'}{R'^2}$$

$$= \frac{60}{0.2^2} \text{ lx} = 1\ 500 \text{ lx}$$

其示意图如题图 4-2-4 所示.

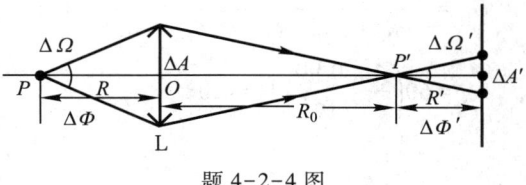

题 4-2-4 图

4-2-5 将望远镜倒过来可用作激光扩束器.设一望远镜的物镜焦距为 30 cm,目镜的焦距为 1.5 cm,它能使激光的直径扩大几倍?

解:设物镜的直径为 d_0,出射光瞳直径为 d',则

$$\frac{d_0}{d'} = \frac{f'_1}{f'_2}$$

又

$$M = -\frac{f'_1}{f'_2}$$

故

$$\frac{d_0}{d'} = |M| = \frac{f'_1}{f'_2} = 20$$

使用该倒装望远镜,激光束的直径将扩大 20 倍.这种望远镜广泛应用于科研、测量诸方面.

4-2-6 如题 4-2-6 图所示，一 60 cd 的点光源 O 置于水平地板上方 4 m 处，而一直径为 3 m 的圆形平面镜放在水平面上，平面镜的圆心位于光源的上方 4 m 处．若光投射于平面镜时，将 80% 的光反射．试求下列几种情况下的照度：

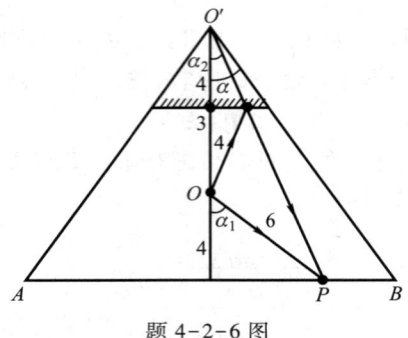

题 4-2-6 图

（1）在光源的正下方上一点处；
（2）光源的正下方 3 m 点处；
（3）光源的斜下方 6 m 地板上一点处．

解：（1）应用反平方定律且注意到 $\cos\alpha$ 的倾斜因子，而且平面镜在光源的镜像处提供一个附加的 0.8×60 cd 发光强度的镜像光源 O'．但是，这一镜像光源 O' 照明地板的有限区域．根据题意，所求点的照度为实际光源 O 和镜像光源 O' 共同作用的结果，即

$$E_1 = \frac{I_1\cos\alpha_1}{R_1^2} + \frac{I_2\cos\alpha_2}{R_2^2} = \frac{I}{R^2} + \frac{I}{(3R)^2}\times 0.8$$

$$= 60\left(\frac{1}{4^2} + \frac{0.80}{12^2}\right) \text{lx} = 4.08 \text{ lx}$$

（2）

$$E_2 = \left[\frac{60}{3^2} + \frac{0.8\times 60}{(4+4+3)^2}\right] \text{lx} = 7.06 \text{ lx}$$

（3）镜像光源的光束范围为

$$x = 12\tan\alpha \text{ m} = 12\times\frac{1.5}{4} \text{ m} = 4.5 \text{ m}$$

$$\cos\alpha_1 = \frac{4}{6} = \frac{2}{3}$$

$$\cos\alpha_2 = \frac{4+4+4}{\sqrt{12^2+(\sqrt{20})^2}} = \frac{12}{\sqrt{164}}$$

故

$$E_3 = I\left(\frac{\cos\alpha_1}{R_1^2} + \frac{0.8\cos\alpha_2}{R_2^2}\right) = 60\left(\frac{2/3}{36} + \frac{0.8\times 12}{164\sqrt{164}}\right) \text{lx} = 1.385 \text{ lx}$$

这里应特别注意，计算中首先得知道考察点是否在镜像光源的光束范围内，否则镜像光源对某点的照度将无贡献．

4-2-7 如题4-2-7图(a)所示,从发光强度为 I 的点光源 P 发出的光线,经凸透镜 L 投射在一屏幕 DD' 上.透镜的焦距为 f',光源到透镜的距离为 d(设 $d>f'$),屏幕到透镜的距离为 l,若光通过透镜 L 时能量损失可忽略.试求屏上的平均照度.

解:如题4-2-7图(b)所示,首先求各向同性的、发光强度为 I 的点光源发出在张角 α 的圆锥体范围的光通量:

$$\Phi = I\int_0^{2\pi}\int_0^{\alpha/2}\sin i\,di\,d\varphi = 2\pi I\int_0^{\alpha/2}\sin i\,di$$

$$= 2\pi I\left(1 - \cos\frac{\alpha}{2}\right) \qquad (1)$$

式中 $\cos\dfrac{\alpha}{2} = \dfrac{d}{(d^2+r^2)^{1/2}} = \left[1+\left(\dfrac{r}{d}\right)^2\right]^{-1/2}$

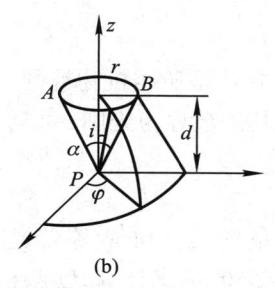

题 4-2-7 图

设点光源到透镜的距离 d 远大于透镜的半径,则

$$\cos\frac{\alpha}{2} \approx 1 - \frac{r^2}{2d^2} \qquad (2)$$

把式(2)代入式(1),得

$$\Phi = 2\pi I\left[1-\left(1-\frac{1}{2}\frac{r^2}{d^2}\right)\right] = 2\pi I\frac{r^2}{2d^2} = \frac{\pi r^2}{d^2}I$$

若光通过透镜时无光能量损失,则投射到屏上的光通量不变,仍为

$$\Phi' = \frac{\pi r^2}{d^2}I$$

若 $(d'-l)$ 大于受光面积的线度,则

$$A' = \frac{\pi r^2}{d'^2}(d'-l)^2$$

利用物像公式,得

$$d' = \frac{f'(-d)}{(-d)+f'} = \frac{f'd}{d-f'}$$

故屏上的平均照度为

$$E = \frac{\Phi'}{A'} = \frac{\dfrac{\pi r^2}{d^2}I}{\dfrac{\pi r^2}{d'^2}(d'-l)^2}$$

将 d' 代入上式,得

$$E = \frac{If'^2}{(f'd+f'l-dl)^2}$$

3. 分辨本领

4-3-1 一架3D生物显微镜,物镜的标号为 15×0.25,即物镜的放大本领

为 15 倍,数值孔径 $n\sin u$ 为 0.25;若光波波长为 550 nm,试问分辨极限是多少? 目镜物方焦平面上恰可分辨的两物点的艾里斑中心间距是多大?

解:分辨极限为

$$\Delta y = \frac{0.61\lambda}{n\sin u} = \frac{0.61\times 550}{0.25}\times 10^{-9}\text{ m} = 1.342\text{ μm}$$

目镜物方焦平面上恰可分辨的两物点的艾里斑中心间距是

$$15\times\Delta y = 20.13\text{ μm}$$

4-3-2 一般照相机对远近不同物点拍摄时,其像距总是和镜头焦距 f' 很接近,因此照相机物镜恰好能分辨的两像点的最小间距为

$$\Delta y' = f'\Delta\theta' = \frac{1.22\lambda f'}{D}$$

其中 D 是照相机物镜的有效光阑的孔径. 通常把 D/f' 称为物镜的相对孔径,而将其倒数称为光圈. 可见,照相机底片处每毫米能分辨的最多刻痕数为

$$N = \frac{1}{\Delta y'} = \frac{D}{1.22\lambda f'}$$

这里的 $\Delta y'$ 和 λ 等都是以 mm 为单位的. 若以光圈 2.8 来进行拍摄,并用 $\lambda = 550$ nm 来计算,则照相机底片处每毫米能分辨的最多刻痕数是多少? 一般胶卷颗粒度大小只能分辨约每毫米 200 刻痕数,试问这时感光胶片所能分辨的最小间距是多少? 这要求照相机使用的光圈必须多大?

解:当光圈为 2.8 时

$$N_1 = \frac{1}{\Delta y'} = \frac{D}{1.22\lambda f'} = 5.3\times 10^2$$

若 $N_2 = 200$,则感光胶片所能分辨的最小间距 $\Delta y_2'$ 和照相机使用的光圈分别为

$$\Delta y_2' = \frac{1}{N_2}\text{ mm} = 5.0\text{ μm}$$

$$\frac{f'}{D_2} = \frac{1}{1.22\lambda N_2} = 7.5\approx 8$$

4-3-3 如题 4-3-3 图所示,以单色光垂直照射到一块宽度 $l = 6$ cm、每毫米 1 000 条线的透射光栅 G 上. 若物镜 L 的主轴与波长 $\lambda_0 = 500$ nm 的第一级衍射光平行,且与照相版 P 垂直,物镜的焦距 $f' = 3$ m.不同单色光的光谱成像在底板的 Oy 轴上,试求:

(1) 第一级光栅光谱中,波长 $\lambda_1 = 490$ nm 和 $\lambda_2 = 510$ nm 的两条光栅光谱在底板上的距离;

(2) 波长 $\lambda_3 = 600$ nm 的第一级光栅光谱中,光栅的角色散值;

(3) 在波长 $\lambda_3 = 600$ nm 的第一级光栅光谱中,光栅可分辨的最靠近的两条谱线的波长差;若用三棱镜获得与该光栅相同的分辨本领,则此棱镜的底边 δ 有多宽?(假定棱镜对波长差为 0.1 nm 的两

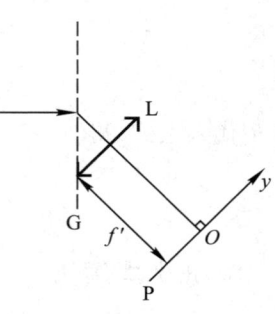

题 4-3-3 图

条谱线,其折射率之差为 1.0×10^{-5}.)

解:(1) 衍射光栅的光栅方程为

$$d \sin \theta = j\lambda \qquad (1)$$

式(1)微分,得

$$d \cos \theta \mathrm{d}\theta = j \mathrm{d}\lambda \qquad (2)$$

又

$$\mathrm{d}x = f' \mathrm{d}\theta \qquad (3)$$

式(2)代入式(3),得

$$\mathrm{d}x = f' \frac{j \mathrm{d}\lambda}{d \cos \theta}$$

将 $j = 1$,$\sin \theta = 1/2$,$\theta = 30°$ 和 $\mathrm{d}\lambda = 20$ nm $= 20 \times 10^{-6}$ mm,$d = 10^{-3}$ mm,$f' = 3\,000$ mm 代入上式,得

$$\mathrm{d}x = 3\,000 \times \frac{1 \times 20 \times 10^{-6}}{10^{-3} \times \frac{\sqrt{3}}{2}} \text{ mm} = 69.3 \text{ mm} = 6.93 \text{ cm}$$

(2) 光栅的角色散为

$$\frac{\mathrm{d}\theta}{\mathrm{d}\lambda} = \frac{j}{d \cos \theta} = \frac{j}{d \sqrt{1 - \sin^2 \theta}} = \frac{j}{d \sqrt{1 - \frac{j^2 \lambda^2}{d^2}}} = \frac{j}{\sqrt{d^2 - j^2 \lambda^2}}$$

将 $j = 1$,$d = 10^{-3}$ mm $= 10^3$ nm,$\lambda = 600$ nm 代入上式,得

$$\frac{\mathrm{d}\theta}{\mathrm{d}\lambda} = 1.25 \times 10^{-3} \text{ rad/nm}$$

(3) 由于光栅的分辨本领为

$$P = jN = j \frac{l}{d} = 1 \times \frac{60}{10^{-3}} = 6 \times 10^4 = \frac{\lambda}{\Delta \lambda}$$

故

$$\Delta \lambda = \frac{\lambda}{P}$$

将 $\lambda = 600$ nm,$P = 6 \times 10^4$ 代入上式,得

$$\Delta \lambda = \frac{\lambda}{P} = \frac{600}{6 \times 10^4} \text{ nm} = 0.01 \text{ nm}$$

棱镜底边的宽度满足

$$P = \frac{\lambda}{\Delta \lambda} = \delta \frac{\mathrm{d}n}{\mathrm{d}\lambda}$$

故

$$\delta = \frac{P}{\frac{\mathrm{d}n}{\mathrm{d}\lambda}} = \frac{60\,000}{1.0 \times 10^5} \text{ m} = 0.6 \text{ m}$$

即棱镜底边的宽度为 0.6 m.

4-3-4 (1) 如题 4-3-4 图(a)所示的三块薄凸透镜,间距均为 f',物置于 L_1 左方 $f'/2$ 处.试用追迹光线的方法确定像的位置.并指出横向放大率和像的正或倒.

(2) 一种众所周知的不用眼镜改善视力的方法是用一小孔贴近人眼看物.若你是近视眼,在未戴眼镜时,可将 20 cm 远的物聚焦.试估计能使远物很好成像时小孔应有的直径.

解:(1) 过物点 Q 作平行于主轴及过焦点的两条光线,即可依次成像交于 Q' 点.由物像公式分析可知像位于透镜 L_3 的右侧 $f'/2$ 处,横向放大率为 -1,成的是倒像,如题 4-3-4 图(b)所示.

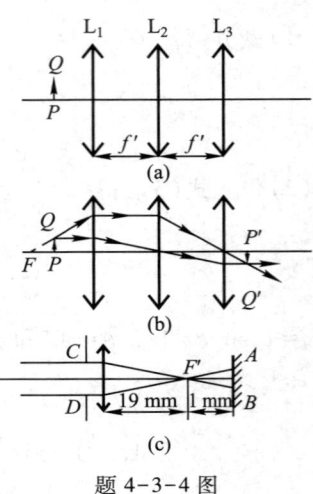

题 4-3-4 图

(2) 小孔的引入是为了改善视力,其原理在于小孔限制进入人眼的光线增加焦深.假定人眼视网膜至水晶体距离为 20 mm,如题 4-3-4 图(c)所示,由已知物距 $s = -20$ cm,像距 $s' = 2$ cm,可得焦距为

$$f' = \frac{ss'}{s-s'} = \frac{(-20) \times (2)}{-20-2} \text{ cm} = 18 \text{ mm}$$

当物在无限远时,像聚焦于焦点 F' 处,在视网膜上,偏离焦点,而变成斑 AB.对于小孔直径 $d = CD$,则离焦斑 AB 与 d 的关系为

$$d = 18 \, AB$$

根据人眼的分辨极限

$$\theta_0 = 1' = 3 \times 10^{-4} \text{rad}$$

相应的人眼视网膜上像的可分辨间距的最小值为

$$(AB)_{\min} = 3 \times 10^{-4} \times 20 \text{ mm} = 6 \times 10^{-3} \text{ mm}$$

于是小孔的大小不得大于

$$d_0 = 18 \times 6 \times 10^{-3} \text{ mm} = 0.108 \text{ mm}$$

其实进一步的讨论还涉及眼内的细胞的大小以及由于小孔所引起的衍射效应的影响.

4-3-5 如题 4-3-5 图(a)所示,把缝和光源成像于屏上,使两透镜 L_1、L_2 间的光线成为平行光线,棱镜的折射率 $n(\lambda) = 1.5 + 0.02[(\lambda - \lambda_0)/\lambda_0]$(式中 $\lambda_0 = 500$ nm),系统以 500 nm 的光校准.

(1) 试求两透镜的焦距;

(2) 试求屏上缝的横向放大率和角放大率,并绘出光路图;

(3) 光源波长 $\lambda = 505$ nm 时,光线偏离光轴多少?

解:(1) 由于经透镜 L_1 的光束为平行光,故光源 P 在 L_1 的前焦面上,即

$$f'_1 = 25 \text{ cm}$$

另一方面,欲使平行光经透镜 L_2 后会聚于屏上,则

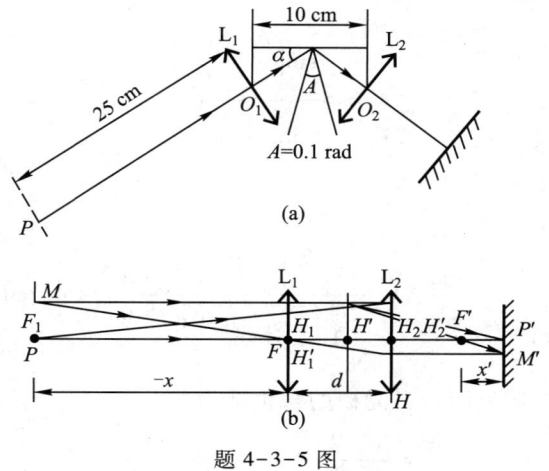

题 4-3-5 图

$$f'_2 = 10 \text{ cm}$$

（2）可将原装置等效一个如题 4-3-5 图(b)所示的共轴系统，对于一小角度棱镜的偏向角为

$$\theta = (n-1)A \approx 0.05 \text{ rad}$$

故 L_1、L_2 之间的间距近似为

$$d \approx 10 \text{ cm}$$

由已知条件

$$-f_1 = f'_1 = 25 \text{ cm}, \quad f'_2 = -f_2 = 10 \text{ cm}$$
$$\Delta = d - f'_1 + f'_2 = -25 \text{ cm}$$

计算复合光具组的基点和基面，即

$$H_1H = \frac{f_1 d}{\Delta} = 10 \text{ cm}$$

$$H'_1H' = \frac{f'_2 d}{\Delta} = -4 \text{ cm}$$

$$f = HF = \frac{f_1 f_2}{\Delta} = -10 \text{ cm}$$

$$f' = -f = 10 \text{ cm}$$

故横向放大率为

$$\beta = \frac{P'M'}{PM} = -\frac{f}{x} = -\frac{-10}{-25} = -0.4$$

角放大率为

$$\gamma = \frac{\tan u'}{\tan u} = \frac{f+x}{f'+x'} = \frac{-10-25}{10+4} = -2.5$$

倒像，光路如题 4-3-5 图(b)所示.

（3）波长 λ 的变化与偏向角 θ 的关系为

$$\Delta\theta = \frac{\Delta\theta}{\Delta\lambda}\Delta\lambda \approx \frac{d\theta_0}{d\lambda}\Delta\lambda$$

θ_0 为最小偏向角,按

$$n = \frac{\sin\left(\frac{\theta_0 + A}{2}\right)}{\sin\left(\frac{A}{2}\right)}$$

得

$$\Delta\theta = \frac{2\sin\frac{A}{2}}{\sqrt{1-n^2\sin^2\frac{A}{2}}} \frac{dn}{d\lambda} \Delta\lambda = \frac{2\sin\frac{0.1}{2}}{\sqrt{1-1.5^2\sin^2\frac{0.1}{2}}} \times \frac{0.02}{5\,000} \times 50 \text{ rad} = 2\times 10^{-5} \text{ rad}$$

4-3-6 (1) 试证明衍射光栅的角色散为

$$\frac{d\theta}{d\lambda} = \frac{j}{d\sqrt{1-\left(\frac{j\lambda}{d}\right)^2}} = \frac{j}{\sqrt{d^2-(j\lambda)^2}}$$

式中,d 为光栅常量;j 为级次;λ 为入射光的平均波长.

(2) 为了能使钠黄光双线($\lambda_1 = 589$ nm,$\lambda_2 = 589.6$ nm)分开 3×10^{-4} rad,问此时光栅的角色散为多少?

(3) 若第一级的钠黄光线分成上述的角度,试问光栅常量为多少?

解: (1) 由光栅方程

$$d\sin\theta = j\lambda$$

两边微分,得

$$d\cos\theta \, d\theta = j \, d\lambda$$

$$\frac{d\theta}{d\lambda} = \frac{j}{d\cos\theta} \tag{1}$$

$$\cos\theta = \sqrt{1-\sin^2\theta} = \sqrt{1-\left(\frac{j\lambda}{d}\right)^2} \tag{2}$$

把式(2)代入式(1),得

$$\frac{d\theta}{d\lambda} = \frac{j}{d\sqrt{1-\left(\frac{j\lambda}{d}\right)^2}} = \frac{j}{\sqrt{d^2-(j\lambda)^2}} \tag{3}$$

(2) 光栅的角色散为

$$D = \frac{d\theta}{d\lambda} = \frac{3\times 10^{-4}}{589.6-589} \text{ rad/nm} = 0.5\times 10^{-3} \text{ rad/nm}$$

(3) 由于 $d \gg j\lambda$,故

$$\frac{d\theta}{d\lambda} \approx \frac{j}{d}$$

当 $j=1$ 时,

$$d \approx \frac{1}{\frac{d\theta}{d\lambda}} \approx 2\times 10^3 \text{ nm}$$

4-3-7 如题 4-3-7 图(a)所示,由法布里-珀罗干涉仪与光栅分光系统构

成的摄谱装置,其中 d_0 为法布里-珀罗干涉仪反射镜 A、A′间某个距离;透镜 L_1 的焦距为 f_1';L_2、L_3 的焦距为 f';L_1、L_2 的光轴与 A、A′及光栅 G 的平面相垂直;而 L_3 的光轴与其一波长 λ_0 的一级衍射光相平行,且与接收屏 PQ 垂直;光栅常量为 d.

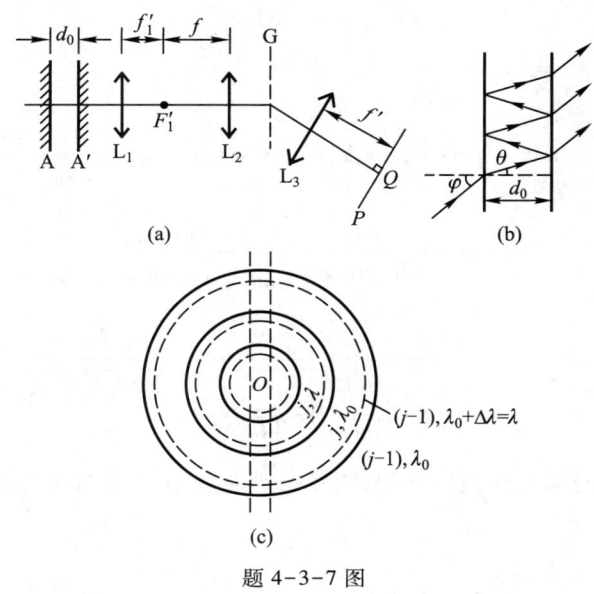

题 4-3-7 图

(1) 当自扩展光源波长为 λ_0 的单色光投射到法布里-珀罗干涉仪上时,试描述与光轴相垂直的 F_1' 平面上所得的光谱图样,并表示亮条纹的角距和线距.

(2) 计算光栅对 λ_0 的一级衍射角色散和在 PQ 平面上的线色散;

(3) 若在 F_1' 平面上放一个与光栅刻痕平行(与纸面垂直)的狭缝,并使狭缝中心通过光轴,在考虑只计算光栅的一级衍射时,描述与 λ_0 略有差异的 λ 光在接收平面的光谱图样.

解:(1) 以波长 λ_0 的单色扩展光源投射下,在干涉仪焦平面 F_1' 上产生等倾干涉条纹,它是以 F_1' 平面与 L_1 透镜光轴交点为圆心的一族同心圆环形条纹,由于是多光束干涉,干涉环是被暗间隔分开的狭窄的亮圆环,干涉光束的数目愈多,环也愈清晰.

现计算相邻两个亮环的角距离与线距离. 干涉仪相邻两光束的光程差为

$$\delta = 2d_0 \cos \theta$$

式中,θ 为光线在镀膜上的入射角. 由于干涉仪的薄片是近于平行的平面,因此角 θ 几乎等于光线在干涉仪上的入射角 φ,这时产生主最大的条件为

$$2d_0 \cos \varphi = j\lambda_0$$

即

$$\cos \varphi = j \frac{\lambda_0}{2d_0}$$

该式表明与靠近中心的圆环对应较高的级次,而外围的亮环则对应较低的干涉

级,与 j 级和 $j-1$ 级圆环对应的表式分别为

$$\cos \varphi_j = j \frac{\lambda_0}{2d_0} \tag{1}$$

$$\cos \varphi_{j-1} = (j-1) \frac{\lambda_0}{2d_0} \tag{2}$$

式(2)减去式(1),得

$$\cos \varphi_{j-1} - \cos \varphi_j = \Delta(\cos \varphi) = \sin \varphi \Delta \varphi = -\frac{\lambda_0}{2d_0}$$

故

$$\Delta \varphi = -\frac{\lambda_0}{2d_0 \sin \varphi} = -\frac{\lambda_0}{2d_0 \sqrt{1-\cos^2 \varphi}}$$

$$= -\frac{\lambda_0}{2d_0 \sqrt{1-\left(j\frac{\lambda_0}{2d_0}\right)^2}} = -\frac{\lambda_0}{\sqrt{(2d_0)^2 - j^2 \lambda_0^2}}$$

由此可知,随着对圆心距离的增加,圆环角距离愈小,环分布愈来愈密.

线距离为

$$\Delta l = f_1' \Delta \varphi \approx -\frac{f_1' \lambda_0}{\sqrt{(2d_0)^2 - (j\lambda_0)^2}}$$

(2) 对光栅方程

$$d\sin \theta = j\lambda_0$$

微分,得

$$d\cos \theta \, \mathrm{d}\theta = j \, \mathrm{d}\lambda$$

故

$$\frac{\mathrm{d}\theta}{\mathrm{d}\lambda} = \frac{j}{d\cos \theta} = \frac{j}{d\sqrt{1-\sin^2 \theta}}$$

令 $j=1$,即第一级衍射的角色散为

$$\frac{\mathrm{d}\theta}{\mathrm{d}\lambda} = \frac{1}{d\sqrt{1-\sin^2 \theta}} = \frac{1}{d\sqrt{1-\frac{\lambda_0^2}{d^2}}} = \frac{1}{\sqrt{d^2 - \lambda_0^2}}$$

第一级衍射的线色散为

$$D = \frac{\mathrm{d}x}{\mathrm{d}\lambda} = f' \frac{\mathrm{d}\theta}{\mathrm{d}\lambda} = \frac{f'}{\sqrt{d^2 - \lambda_0^2}}$$

(3) 当干涉仪被波长很接近的 λ_0 与 $(\lambda_0 + \Delta\lambda) = \lambda$ 两单色光照明时,在平面 F_1' 上得到如题 4-3-7 图(c)所示的两组同心的干涉环条纹,虚线代表波长为 λ 的光的条纹.

若在 F_1' 平面上,放一与纸面相垂直的狭缝,透过狭缝有两组对称分布的亮点.经光栅光谱仪后被分开,形成两组相互错开的一级光栅光谱.

五、内容提要

1. 人眼的结构和非正常眼的矫正

（1）正常眼的明视距离为 25 cm，近点为 10 cm，远点位于无穷远处.

（2）近视眼的远点在有限距离处，明视距离小于 25 cm，近点又小于 10 cm. 可以戴凹透镜矫正.

（3）远视眼的明视距离大于 25 cm，近点大于 10 cm，可以戴凸透镜矫正.

2. 目镜

目镜是用来放大前面光学系统所成的像的，主要有惠更斯目镜和冉斯登目镜.

3. 放大本领

助视仪器的放大本领指的是视角放大，它与角放大率和横向放大率不同. 助视仪器的放大本领定义为用仪器观察时的视角 U' 与不用仪器观察时的视角 U 之比，即

$$M = \frac{U'}{U}$$

4. 几种助视仪器的放大本领

（1）放大镜

$$M = \frac{25}{f'}$$

（2）显微镜

$$M = \frac{25}{f'} = \left(-\frac{l}{f'_1}\right)\left(\frac{25}{f'_2}\right) = \beta_1 M_2$$

$$= (物镜的横向放大率) \times (目镜的放大本领)$$

（3）望远镜

$$M = -\frac{f'_1}{f'_2}$$

式中，f'_1 为物镜的焦距；f'_2 为目镜的焦距. 开普勒望远镜是由两个会聚透镜分别作为物镜和目镜所构成的，伽利略望远镜是由发散透镜作为物镜和会聚透镜作为目镜构成的.

5. 有效光阑和光瞳

（1）有效光阑

在光学系统中，所有光学元件的边缘，或者有一定形状的开孔的屏称为光阑．它们在光学系统中起着限制光束的作用．

在所有的光阑中，限制入射光束最起作用的那个光阑称为有效光阑．

（2）光瞳

有效光阑被其前面的光学系统所成的像为入射光瞳；它被后面那部分的光学系统所成的像为出射光瞳．

6. 光度学的几个基本参量

（1）辐射通量

单位时间内通过某一截面的辐射能量，单位为 W．

（2）光通量

光通量是用以表示光源表面的客观辐射通量对人眼所引起的视觉强度的物理量．以单位时间内某一波段的辐射能量和该波段光视效率的乘积来量度，单位为 lm．

（3）发光强度

发光强度是用以描述光源在一定方向范围内发出的可见光辐射强弱的物理量．以光源在某一方向上单位立体角所发射的光通量来量度，单位为 cd．

（4）照度

投射于受照物体单位面积上的光通量称为照度．它是描述受照面明亮程度的物理量，单位为 lx．

点光源所形成的照度反比于光源到受照面的距离的平方，正比于光源的发光强度和光束的轴线方向与受照面法线间夹角的余弦．

（5）亮度

亮度是表示发光面发光强弱的物理量．在数值上等于光源单位投影面上的发光强度，单位为 cd/m^2．

7. 数值孔径和相对孔径

助视仪器往往配有目镜，将物镜所成的像加以放大，但目镜不能增加聚光本领．对物镜的要求，除放大被观察的物体外，还要增加像面的照度．

物镜的聚光本领以像面的照度来量度．

（1）数值孔径

对于横向放大率为确定值的光学系统，近物的聚光本领正比于 $(n\sin u)^2$．式中，n 为物所在空间的折射率；u 为入射光瞳半径对物点所张的孔径角．若要提高聚光本领，不但要求大的孔径角，而且物所在空间内应充满折射率较大的物质．$n\sin u$ 称为光具组的数值孔径．

（2）相对孔径

在其他条件相同的情况下，光源在远距离时物镜的聚光本领正比于 $(d/f')^2$. 式中，d 为入射光瞳的直径；f' 为焦距. 为了提高聚光本领，不单是要求大孔径的物镜或短焦距的物镜，而且要孔径 d 和焦距 f' 的比值大. 该比值称为相对孔径.

8. 瑞利判据

一物点衍射花样的中央最大与另一物点衍射花样的第一最小重合时，两物点的角距离为分辨极限角，即

$$U = \theta_1 = 0.610 \frac{\lambda}{R}$$

式中，R 为圆孔半径；λ 为波长.

9. 分辨本领

（1）像分辨本领和分辨极限

眼睛：以两物点的最小分辨角 θ_1 定义

$$\theta_1 = 0.610 \frac{\lambda}{R} \quad （分辨极限）$$

式中，λ 为入射光在真空中的波长；R 为瞳孔的半径.

望远镜：
$$\Delta y' = 1.22 \frac{\lambda}{(d/f_1')} \quad （分辨极限）$$

式中，d 为物镜的直径；f_1' 为物镜的焦距.

显微镜：
$$\Delta y = 0.61 \frac{\lambda}{n\sin u} = 0.61 \frac{\lambda}{R_{\text{N.A.}}} \quad （分辨极限）$$

式中，$n\sin u$ 为显微镜的数值孔径.

分辨极限的倒数为分辨本领.

（2）分光仪器的色分辨本领

分光仪器是观察由色散和衍射所引起的光谱结构. 分辨所摄光谱中两个波长很靠近的谱线的本领也有一定的限制.

棱镜：
$$\frac{\lambda}{\Delta \lambda} = \delta \frac{\mathrm{d}n}{\mathrm{d}\lambda}$$

式中，$\mathrm{d}n/\mathrm{d}\lambda$ 反映构成棱镜的材料的折射率随波长变化的特性. $\Delta \lambda$ 为棱镜光谱仪对波长在 λ 附近的光所能分辨的最靠近的两光谱线的波长间隔. δ 为棱镜底面的宽度.

光栅：
$$\frac{\lambda}{\Delta \lambda} = jN$$

式中,N 为光栅的狭缝条数;j 为光谱的级数.

六、文献阅读

原子结构的成像

提要:扫描隧穿显微术(STM)是逐个原子地研究表面的技术.STM 可以观察原子的排列甚至它们的色,这对了解表面和控制其状态是有益的.STM 也是一种工具,可修补表面或沉积于表面的微粒或分子.它为新器件的开发开辟了道路,不仅是较小的器件,而且包括以完全不同原理工作的那些器件.原子力显微镜(AFM)有将 STM 技术拓宽到用于绝缘材料的潜力.

首先,扫描隧穿显微术(STM)的工作原理是:锐利的金属针尖沿所考察的导电表面扫描.针尖与表面的距离是十分接近的,它们之间有一外加电压,隧道电子的电流随针尖与表面间的距离变化十分灵敏.当针尖在表面沿一条线扫描时,调节针尖离表面的距离使电流恒定.因此,针尖的运动描绘出沿扫描线上的表面的高度轮廓线.若在彼此十分靠近的一条条线上依次重复这种扫描,则可得到分辨率很好的整个表面的高度轮廓.在讨论中,应指出 STM 的四个方面的问题:

1. 虽然 STM 成像达到了新的质量,但就原理而论,它是几种已知技术的组合,如电子显微镜中的电子束扫描,场离子化显微镜中的隧道,针尖与尖笔轮廓计中的针尖十分类似.

2. 产生所需质量的针尖的标准技术.

3. 针尖位置:固定在压电管中,并以五个电极覆盖着,其中四个在管内,另一个在管外.在电极间加电压时,压电管在加压方向发生收缩和弯曲.

4. 努力设法避免有害的振动.

显然,人们期待着看到和听到有关 STM 取得的成果.目前已证明和解释了一系列的图像,从成像过程的最初阶段开始,一直到高度复杂的原子景观:单原子厚度的表面、原子列、一个个硅原子单位原胞,等等.然而,新闻报道的通栏标题却是:"教授说:原子像马铃薯!".肯定是一种杰作.进一步的详情已由原子成像探明:改变电压极性和大小,可以看到一种特殊的电子态("色")、化学键和明显的空态和满态.

除了成像,STM 也用来有意识地修补表面和针尖:可以剥离、沉积原子,可在某处打断键.如有人演示了如何把最后一个原子沉积到尖顶上,完成一个角锥.

最后,对"原子力显微镜"提出瞻望:在这类情况中,被研究的表面是一绝缘体,记录的不是电流,而是针尖和表面之间的作用力.(这个力使精细的杠杆畸变,通过流向邻近电极的隧道电流记录畸变.0.1 nm 畸变导致电流一个数量级的变化.)这种方法或许可能研究与原子十分接近的生物物质的动力学(例如,观察细胞膜如何交换蛋白质或离子),而且,精细的杠杆也可以记录十分微

小的力,可能是将来重力波的检测器.

[摘自:大自然探索.1989(2).诺贝尔奖获得者 G.宾尼希著,宣桂鑫译]

七、创新实验

实验 4-1　三基色

第 5 章　光 的 偏 振

光的干涉和衍射现象揭示了光的波动性,但还不能由此确定光波究竟是横波还是纵波.而光的偏振现象说明了光的横波性.本章着重讨论偏振光的产生、检定和干涉.

光的干涉、衍射和偏振构成了波动光学的基础.

一、框架建构

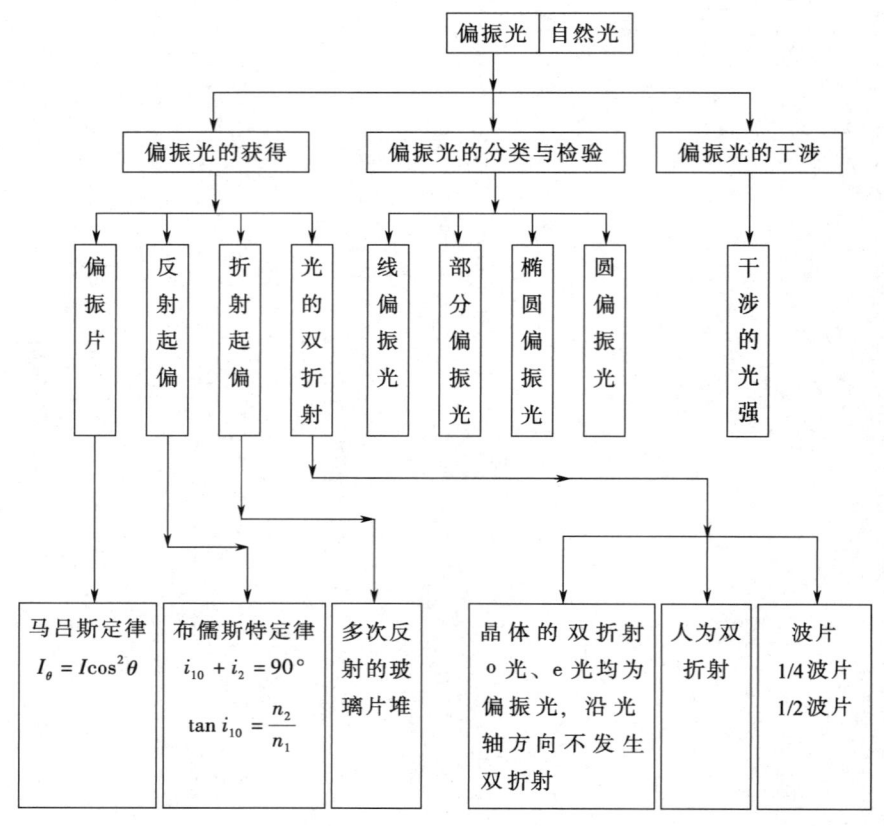

二、课程标准

1. 了解偏振光和自然光的表观区别和内在联系.

2. 理解光的偏振现象是光的横波性最直接和最有力的实验证据.

3. 明确单轴晶体的光轴、主截面和振动面的意义;寻常光和非常光的性质.

4. 掌握单轴晶体中的惠更斯作图法确定光在单轴晶体内的传播方向.

5. 理解运用反射或折射、尼科耳棱镜、晶体的双折射和具有二向色性的人造偏振片等产生线偏振光.

6. 掌握布儒斯特定律和马吕斯定律.

7. 掌握产生线偏振光、圆偏振光和椭圆偏振光的条件.

8. 明确 1/4 波片和 1/2 波片的功用.

9. 学会利用波片和检偏器来产生和检定各种偏振光的原理和方法.

10. 分析偏振光干涉光强的计算.

11. 了解旋光现象及其应用.

三、内容分析

本章分六个单元. 第一单元,有关由反射和折射所引起的偏振现象(5.1 和 5.2);第二单元,光通过晶体所引起的偏振现象(5.3—5.6);第三单元,偏振光的叠加(5.7—5.9);第四单元,光弹效应和电光效应(5.10);第五单元,旋光效应(5.11);第六单元,偏振态的矩阵表示(5.12).重点为第二和第三单元.

1. 振动面和偏振面的概念

偏振面是指反射光发生全偏振时的入射面,振动面指的则是光波中电矢量(即电场强度矢量)所振动的平面. 这两个平面是互相正交的. 应注意它们都是对同一束偏振光而言的. 而偏振面这一名词的来源系历史上的原因,即在马吕斯实验中把反射镜作为检偏器,当其旋转时,入射面随着旋转,在某一入射面内发生了全偏振,就将这一入射面称为偏振面,但在当时人们对光的波动性还不十分清楚,因此就把入射面视为标志,这也是十分自然的事. 然而,不久观察到,光经过某些晶体,会发生线偏振光——寻常光和非常光,也仍沿用这个名词,就会发生困难. 因为入射光只有一个入射面,况且垂直入射时根本无法谈到入射面. 显然,寻常光和非常光的偏振面就不可再把它理解为入射面了. 于是又把偏振面规定为垂直于光的振动方向的平面. 但也有人提出这样的规定. 即把偏振面理解为磁场强度矢量振动的平面. 这似乎不太妥当. 因为电磁波中的电场强度矢量和磁场强度矢量总是在相互垂直的平面内振动的,同时由于引起视觉和感光的主要是电场强度矢量,而现在却搬出磁矢量来定义. 故最好建议将偏振面这一名词摒弃不用. 鉴于现行书籍和文献上这两个名词还常常并用着,学习中应特别注意.

2. 光轴和主轴

在涉及晶体的光学性质时,首先应注意光轴的概念. 读者往往会根据已有的关于轴的数学和物理概念,认为它是某一特殊的直线. 其实,晶体中的光轴仅是一个方位而不是通过某一点的具有某种特性的特殊直线,这与在几何光学的光具组的主轴截然不同,主轴是通过光具组各球面曲率中心的特定直线,与它平行的不通过这些球心的直线就不是主轴. 为了避免名词上的混淆,以及反映这两个概念是有区别的,在命名上,切不可把光具组的主轴称为光轴,也不要称为主光轴. 晶体中的光轴,即一定的方位,光沿着它通过时将不发生双折射现象.

3. 主平面和主截面的概念

为了描述晶体中的光波,定义包含晶体光轴和一条给定光线的平面称为与这条光线相对应的主平面. 显然,通过 o 光和光轴所作的平面就是和 o 光对应的主平面,通过 e 光和光轴所作的平面就是和 e 光对应的主平面. 包括晶体光轴和界面法线的平面称为主截面. 当光线的入射面与主截面重合时,o 光和 e 光都在入射面内,它们的主平面互相重合,并与主截面及入射面重合. 光线在晶体中的主截面与几何光学中的棱镜主截面、透镜主截面不同,后者仅取决于光学元件的几何形状,前者却是和光线在晶体中的方位有关.

4. 寻常光的折射率和非常光的折射率

所以要引入主截面,主要是为了说明寻常光和非常光振动方向的不同. 寻常光的振动方向垂直于寻常光的主截面;非常光的振动方向平行于非常光的主截面. 同一条自然光线进入晶体后所分成的寻常光线和非常光线传播方向一般是不同的,这是由于晶体的双折射,也就是说它们的主截面不相重合,因而它们的振动方向不是严格的相互垂直.

由于寻常光遵循折射定律,即 $n_1 \sin i_1 = n_2 \sin i_2$,折射率为常量,只要知道入射光的方向,就可以从折射率的大小决定寻常光在晶体内向那个方向行进. 非常光不遵循折射定律,显然就无折射率可言. 要简单确定非常光在晶体内的行进方向,可用惠更斯作图法来解决. 所谓折射率其实指的是光在真空中的传播速度与光在某一物质中的传播速度之比. 寻常光的特点是速度不随传播方向而变,所以它的波面是球面;而非常光的速度随传播方向而改变,所以它的波面不是球面. 只有在非常光的传播方向垂直于光轴时,其传播速度达到最大值(负晶体)或最小值(正晶体). 所谓非常光的折射率,仅是指它的传播方向垂直于光轴时这一特殊情况,对于其他传播方向,就谈不到折射率. 当晶体的光轴垂直于入射面的情况,就符合这一条件,这时非常光也遵循折射定律,通常以真空中的光速 c 与非常光在垂直于光轴方向的传播速度 v_e 之比称为晶体对非常光的折射率.

5. 寻常光和非常光

经尼科耳棱镜透射出来的线偏振光如果再进入各向同性的介质中,其传播方向仍遵循折射定律. 不要机械地理解为从尼科耳棱镜透射出来的是非常光,因而不再遵循折射定律,它必须和晶体的主截面联系起来才有意义. 既然离开了晶体,那么除了振动面还是保持着它刚离开晶体时的方位以外,和通常的光线丝毫没有什么不同. 所以我们讨论双折射、渥拉斯顿棱镜等出射光线时,就不应当再称它为非常光,否则易引起不必要的误会.

6. 尼科耳棱镜

尼科耳棱镜是用来获得线偏振光的主要仪器之一,其优点是可以取得严格的线偏振光,而且透明无色. 至此,已讲过三种获得偏振光的方法,即以布儒斯特角入射到各向同性介质表面时的反射,尼科耳棱镜和人造偏振片. 其原理都是一样的,即把自然光分成两个偏振成分而去除其中一个;但分成两个偏振成分的方法则各不相同. 在布儒斯特角反射的情况中,光是分成对于入射面平行和垂直的两成分,反射光中没有平行于反射面的成分;在尼科耳棱镜中,寻常光被树胶层全反射而不能通过;人造偏振片则把一个成分的极大部分能量吸收了. 反射光不强,人造偏振片的选择吸收不能达到100%,所以偏振光并不纯,稍带部分偏振. 反射偏振仅在理解偏振现象的理论上最简单,实际应用较少. 人造偏振片可以制成大面积的偏振片,在不需要严格偏振的情况下,有广泛的应用. 尼科耳棱镜是精密的偏振光仪器,要弄清楚通过尼科耳棱镜后的偏振光、振动面的方位是怎样的.

7. 部分偏振光和自然光经晶片后,出射光的性质

自然光投射于晶片,若入射光束足够细,而晶片又足够厚,那么透射出来的寻常光和非常光可以完全分开. 若晶片足够薄,宽束的自然光投射到晶片上,例如 1/4 波晶片,出射光是什么性质的光呢? 由于自然光是电矢量对称分布的大量线偏振光的混合,这些线偏振光有各种可能的取向,各种取向的振动彼此间无固定的相位差. 对于振动方向平行于光轴或垂直于光轴的线偏振光,出射后是振动方向不变的线偏振光. 大量的为振动方向与平行于光轴或垂直光轴不重合的线偏振光,每一线偏振光在波晶片要分解为平行光轴和垂直光轴的振动,经过晶片时两振动有一附加相位差,出射后又重新合成,合成结果通常为椭圆偏振光. 所以自然光经 1/4 波晶片后的性质是大量、有各种长短轴比例的正椭圆偏振光的混合. 这些大量的椭圆偏振光仍然是混沌的分布,彼此间无固定的相位关系. 因此,出射光的性质仍是自然光.

8. 线偏振光通过晶片时的物理图像

晶体内的寻常光和非常光必然是同频率的而且是相干的,因为它们是由同一束入射光所分成的. 把晶片切割得使光轴平行于其表面,且使入射光垂直于晶体表面,则进入晶体后分成寻常光和非常光都沿原来方向前进,因而它们的振动面严格相互垂直. 这样,叠加起来必然是椭圆偏振光. 必须指出的是入射的是线偏振光. 当寻常光和非常光在晶体内沿着同一方向前进时,由于速度不同,因而它们的相位关系在不断改变. 在刚进入表面时,它们的相位差是相同的,逐渐深入晶体,相位差逐渐增加. 它们始终是并驾齐驱的,所以沿路上都叠加成

椭圆,所有这些椭圆的方位逐次变化.其实,当线偏振光垂直入射到晶体前表面后,就一直以椭圆偏振光的形式在晶体内前进,在前进方向上椭圆的方位继续逐点变化,不必再分作寻常光和非常光了.当它们从晶体的后表面透射出来时,就以在到达后表面时的椭圆方位为最后方位,从此进入空气中,不再改变.这最后的方位取决于晶体的厚度 l 所引起的寻常光和非常光的相位差.

关于光通过晶体后椭圆偏振光的形成,应注意三点:首先,入射光必须是严格的线偏振光;其次,垂直入射到晶体表面;最后,晶体光轴与晶体表面平行.

关于椭圆的形状和方位,必须注意两点:首先,入射的线偏振光的振动方向与晶体光轴之间的夹角 θ 决定椭圆长短轴的比值;其次,晶片厚度 l 决定椭圆长短轴相对于光轴的方位.

9. 偏振光的检定

不论椭圆偏振光或圆偏振光必须通过晶片或补偿器使它还原成线偏振光,然后用检偏器来观察.因为既然不可能是唯一地直接鉴定椭圆偏振光或圆偏振光,即无法断定它们和部分偏振光或自然光的区别,那么只能用可以唯一地检定的线偏振光了.好在椭圆偏振光和圆偏振光都可由线偏振光产生,所以都可仍还原为线偏振光.这里应指出的是晶片的作用不同于起偏器.虽然,自然光通过尼科耳起偏器也成为线偏振光,而起偏器也是晶体构成的,但它们的作用原理基本不同.起偏器作用是把寻常光和非常光这两个线偏振的成分之一去掉,仅使其中一个成分通过;而晶片则是两个成分一起通过,利用它们之间的相位差,叠加起来使成为线偏振光.所以说晶片的作用是使椭圆偏振光或圆偏振光还原为线偏振光,而用起偏器来获得的线偏振光根本不是把入射光还原的结果,实际上已把它改造了.

10. 杨氏干涉和线偏振光的干涉

我们知道自然光是振动面各不相同的无数线偏振光的混合,那么这里就存在着这样一个问题:自然光的干涉是否也一定是振动方向在同一直线上的两束光叠加的结果呢?在阿拉戈和菲涅耳利用杨氏实验装置的两束相干光束(自然光)中各置一起偏振镜的情况下,要使振动方向沿同一直线上是可以人工加以控制的,但原来的杨氏实验中直接用的是自然光,是否也能保证这两束光的振动方向必然在同一直线上呢?而在讨论杨氏实验时,我们就用标量近似带过去了,其实并没有真正提到光波的振动方向.实际的过程又如何呢?首先,正如上面已提到的,自然光是无数线偏振光的混合,但这些线偏振光分别由光源中不同的原子发出,所以它们是不相干的.显然,我们所观察的干涉现象不是它们相干叠加的结果.然而,每一个别原子每次发出的线偏振光由人工分成两束,它们都保持着原来的振动方向,一直到达同一观察点.所以在观察点叠加时,振动方向可以尽量地保持沿着同一直线.另一个原子发出的光也是线偏振的;显然它的振动面和第一个原子所发的光的振动面之间毫无固定的相位关系;即使是同一原子两次所发的光,由于原子的状态不断地变化,这两次发出的光的振动也不是一样的,其间也毫无固定的关系.显然,第一次振动叠加所保持的直线和第二次是不一样的,它取决于各次的振动面,但是叠加的不是先后两次不同直线方向上的振动,而是各次都分别各自进行叠加.然而对于给定的一个观察点而言,它到两个相干光源之间的光程差是不变的,所以无论哪一次叠加,在某一观察点相长的总是相长,在另一观察点相消的总是相消.而光屏上各点的照度的强弱只取决于在各点叠加后合成振幅大小的平方,并不取决于振动方向.所以即使振动方向是时刻在变化的,由无数线偏振光混合所成的自然光叠加时,只要它们是相干的,就必然会得到与线偏振光振动方向沿同一直线的叠加所形成的相长相消干涉完全一样的结果.

这里或许有这样一个问题,如图 5-1 所示,S_1P 和 S_2P 的方向是不相同的.由于光波是横波,垂直于图面的振动方向固然可以保持同一直线,但平行于图面的振动方向就随着光线的方向不同而不同,所以在 P 点叠加时,也不是在同一直线上,那么也会发生相干、相消干涉吗?在干涉实验装置中,两相干光束的传播方向一般是几乎相同的,即使不同,也总是相

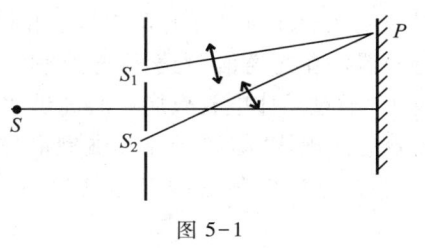

图 5-1

差甚微,即所谓近轴条件.例如杨氏实验中,S_1 和 S_2 两个小孔总是相距很近的.只要方向相差不大,不在同一直线上叠加时相消的结果光强虽然不等于零,但必将是最小值,与相长处的光强最大值,仍有较好的对比度,故仍然可能观察到明暗相间的干涉条纹.其实,即使在同一直线上叠加,如果相干的两束光振幅不相同,相消的结果,光强并不等于零.

11. 场致双折射、旋光效应实验及其现代应用

晶体声光效应实验

光波在各向异性介质(晶体)中传播时,其传播规律和光学特性受到晶体的宏观光学参量(折射率、极化率、介电常量)所制约,会表现出介质及其作用条件所特有的规律和现象.晶体的上述光学参量是介质的特性参量,但是也会因受到外界各种因素的影响而改变,从而导致光波光学特性的变化,产生不同的效应.例如,介质受到超声波场作用引起折射率分布发生变化,会产生声光效应;介质受到外加电场作用引起的光学参量变化,会产生电光效应;因磁场而引起的折射率变化,则会产生磁光效应.上述效应实际上分别是力场、电场、磁场等外加场通过晶体与光波发生相互作用的效果.另外,这些效应都是光波调制技术的重要手段,在信息光学、激光技术和光通信等领域都有着广泛的应用.因此,进行晶体电光效应实验和晶体声光效应实验可以分别研究声光效应和电光效应的物理规律,而且可以分别利用声光调制和电光调制实现音频信息的激光传输和通信实验,充分体现两种效应的应用特点.它是近代物理实验和光学

实验的典型实验项目.通过该实验不仅可以使学生掌握声光效应,而且有利于促进学生从机理、现象和应用上对声光效应进行研究.诸如观察和测量布拉格衍射;利用声光效应测量声波在介质中的传播速度;利用声光调制进行音频信号的激光传输测量声光器.

晶体电光效应实验

外加电场能够引起光学介质材料的折射率分布发生变化,从而导致其光学性质发生改变的系列效应称为电光效应.其中,晶体折射率的改变正比于电场强度的效应称为线性电光效应,由泡克耳斯(Pockels)于1893年发现,故亦称泡克耳斯效应;而克尔(Kerr)发现的由电场二次项引起介质折射率的变化称为二次电光效应(或克尔效应).通常一次效应比二次效应显著得多.电光效应具有对介质光学性质良好的调制特性和极快的响应速度,所以利用电光效应制成的电光器件在光通信、光学信息处理、高速摄影、激光测距等许多方面具有广泛的应用.通过晶体电光效应实验能够直观地反映电光效应的特点,方便地测试电光效应的规律,诸如研究铌酸锂晶体的横向电光效应,测量 LN 晶体的半波电压,观测电光调制器的工作性质,利用电光调制进行音频信号的激光传输和通信.

晶体磁光效应实验

当线偏振光通过处于恒定(或低频)的外磁场中时,由于体系的对称性可能会遭到破坏,致使光束的偏振特性发生变化,这就是磁光效应.若磁场方向平行于入射光波的波矢方向,就会发生磁致旋光现象,即入射光波的振动面在磁场作用下发生旋转,旋光角度正比于磁场强度,且当磁场反向时振动面旋转方向也相反,这类磁光效应称为法拉第磁光效应.在现代信息技术中磁光效应有着广泛的应用,例如,在激光技术中法拉第磁光效应常用于制作光学隔离器、光环行器和光调制器;在信息存储技术中,也常利用磁光效应进行信息的读取.用晶体磁光效应仪能够清楚地反映法拉第磁致旋光效应的物理规律,并以独特的调制方式通过示波器直观巧妙地确定消光位置,精确测量样品的维尔德常量;还配备了特斯拉计以方便地检测磁场强度.

四、例题示范

1. 马吕斯定律和布儒斯特定律

5-1-1 经偏振片观察部分偏振光,当偏振片由对应于最大强度的位置转过 $\pi/3$ 时,光强减为一半,试求光束的偏振度.

解:方法一:

$$A_1^2\cos^2(\pi/3)+A_2^2\sin^2(\pi/3)=A_1^2/2 \tag{1}$$

则 $$\frac{A_1^2}{4}+\frac{3}{4}A_2^2=\frac{A_1^2}{2} \tag{2}$$

故偏振度为 $$P=\frac{A_1^2-A_2^2}{A_1^2+A_2^2} \tag{3}$$

由式(2),得 $$3A_2^2=A_1^2$$

即可得 $$P=\frac{3A_2^2-A_2^2}{3A_2^2+A_2^2}=\frac{1}{2}$$

方法二:

由于部分偏振光的最大和最小的方位总是相互正交的,故任意方位的光强为 $I_{\max}$ 与 $I_{\min}$ 的非相干叠加,即

$$I=I_{\max}\cos^2\theta+I_{\min}\sin^2\theta$$

由题意知 $\theta=\pi/3$ 时, $I=I_{\max}/2$,代入上式,得

$$I_{\min}=\frac{1}{3}I_{\max}$$

故该部分偏振光的偏振度为

$$P=\frac{I_{\max}-I_{\min}}{I_{\max}+I_{\min}}=\frac{1}{2}$$

5-1-2 在测定感光乳胶特性的实验中,需要用一系列不同强度的光使感光片曝光,这些不同强度的光可借助于两个偏振片得到. 为使感光片以 $1:0.8:0.6:0.4:0.2:0$ 的光强比曝光,两个偏振片的透振方向必须相应地转过多大的角度?

解: 按马吕斯定律,为使感光片以 $1:0.8:0.6:0.4:0.2:0$ 的光强比曝光, θ 角依次为 $0°,26°34',39°14',50°46',63°26',90°$.

5-1-3 自然光投射到互相重叠的两块偏振片上,如果透射光的强度为

(1) 第一次透射光束最大强度的 $\frac{1}{3}$;

(2) 入射光束强度的 $\frac{1}{3}$;

则两块偏振片的偏振方向之间的夹角为多大?假定偏振片是理想的,经偏振片后,自然光的强度减少一半.

解: (1) 令入射的自然光的强度为 I_0,则透过一块偏振片的强度为

$$I_1=\frac{I_0}{2}$$

经第二块偏振片后的光强为

$$I_2=I_1\cos^2\theta_1=\frac{I_0}{2}\cos^2\theta_1=\frac{I_1}{3}$$

故 $$\cos^2\theta_1=\frac{I_2}{I_1}=\frac{1}{3}$$

则 $$\cos\theta_1 = \frac{\sqrt{3}}{3}$$

即 $$\theta_1 = 54.73°$$

（2）由已知条件
$$I = \frac{I_0}{3}$$

得 $$I = I_1\cos^2\theta_2 = \frac{I_0}{2}\cos^2\theta_2 = \frac{I_0}{3}$$

故 $$\cos^2\theta_2 = \frac{2}{3}$$

$$\theta_2 = 35.26°$$

5-1-4 布儒斯特定律提供一种测定不透明电介质折射率的方法. 今测得某一电介质的起偏振角为 57°, 试求该电介质的折射率.

解: 利用布儒斯特定律可得
$$n_2 = n_1 \tan i_{10} = 1.54$$

5-1-5 一线偏振光垂直入射于一方解石晶体, 它的振动面和主截面成 30°, 两束折射光通过方解石后面的一个尼科耳棱镜, 其主截面与入射光的振动面成 50°. 试计算两束透射光的相对强度.

解: 经方解石透射出来时的两束线偏振光的振幅分别为
$$A_o = A\sin 30°, \quad A_e = A\cos 30°$$

透射光再经过尼科耳棱镜后, 透射出来的是两束线偏振光, 其振幅分别为
$$A_1' = A_e \cos 20°$$
$$A_2' = A_o \sin 20°$$

故 $$\left(\frac{A_2'}{A_1'}\right)^2 = \left(\frac{A_o\sin 20°}{A_e\cos 20°}\right)^2 = \left(\frac{A\sin 30°\sin 20°}{A\cos 30°\cos 20°}\right)^2 = 0.044$$

或 $$\left(\frac{A_1'}{A_2'}\right)^2 = 22.73$$

以上系令振动面与尼科耳棱镜主截面在晶体主截面两侧时的情况, 若振动面与尼科耳棱镜主截面在晶体主截面同侧, 则透射光再经过尼科耳棱镜后, 透射出来的是两束线偏振光, 其振幅分别为
$$A_1 = A_e\sin 10° = A\cos 30°\sin 10°$$
$$A_2 = A_o\cos 10° = A\sin 30°\cos 10°$$

故 $$\left(\frac{A_2}{A_1}\right)^2 = \left(\frac{A\sin 30°\cos 10°}{A\cos 30°\sin 10°}\right)^2 = 10.73$$

或 $$\left(\frac{A_1}{A_2}\right)^2 = 0.093\ 2$$

5-1-6 如题 5-1-6 图所示, 用 ADP（$NH_4H_2PO_4$）晶体制成顶角为 50° 的棱镜. 光轴与棱镜主截面垂直, $n_o = 1.524\ 6$, $n_e = 1.479\ 2$. 试求 o 光和 e 光的最小偏向角及其两者之差.

解：由于在这一条件下，o 光和 e 光均遵循普通的折射定律，另一方面，最小偏向角的条件为光线对称入射和出射，即

$$i_1 = i_1'$$
$$i_2 = i_2' = \frac{A}{2}$$

因 o 光和 e 光具有不同的折射率，故它们的 i_1、i_1' 是不同的，分别为

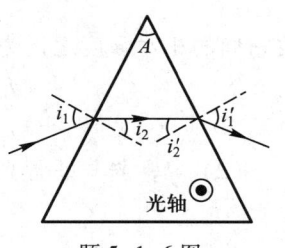

题 5-1-6 图

$$i_{1o} = \arcsin\left(n_o \sin \frac{A}{2}\right) = \arcsin(1.524\,6 \times \sin 25°) \approx 40.11°$$

$$i_{1e} = \arcsin\left(n_e \sin \frac{A}{2}\right) = \arcsin(1.479\,2 \times \sin 25°) \approx 38.69°$$

各自的最小偏向角分别为

$$\theta_o = 2i_{1o} - A = 30.22°$$
$$\theta_e = 2i_{1e} - A = 27.38°$$

偏向角的差值为 $$\Delta\theta = \theta_o - \theta_e = 2.84°$$

5-1-7 假定在两个静止的、理想的、正交的起偏器之间有另一个理想的起偏器，以角速度 ω 旋转，试证透射光的强度满足下列关系式：

$$I = \frac{I_1}{8}[1 - \cos(4\omega t)]$$

其中，I_1 为从第一个起偏器透射出来的光强度，I 为最后出射的光强度.

解：设 A_1 为从第一个起偏器透射出来的线偏振光的振幅，由马吕斯定律，得

$$I = (A_1^2 \cos^2\theta)\cos^2\left(\frac{\pi}{2} - \theta\right) = A_1^2 \cos^2\theta \sin^2\theta = \frac{1}{4}A_1^2[1 - \cos^2(2\theta)]$$

$$= \frac{A_1^2}{4}\left\{1 - \frac{1}{2}[1 + \cos(4\theta)]\right\} = \frac{A_1^2}{8}[1 - \cos(4\theta)]$$

故 $$I = \frac{I_1}{8}[1 - \cos(4\omega t)]$$

2. 双折射和波晶片

5-2-1 线偏振光垂直入射到一块光轴平行于表面的方解石晶片上，光的振动面和晶片的主截面成 30°.

（1）试问透射出来的两束线偏振光的相对强度为多少？

（2）用钠光时，若要产生 90°的相位差，晶片的厚度应为多少？设波长为 589.3 nm，$n_o = 1.658$，$n_e = 1.486$.

解：（1）寻常光的振幅为

$$A_o = A \sin 30°$$

非常光的振幅为

$$A_e = A\cos 30°$$

故它们的相对强度之比为

$$\frac{I_o}{I_e} = \frac{A_o^2}{A_e^2} = \left(\frac{\sin 30°}{\cos 30°}\right)^2 = \tan^2 30° = \frac{1}{3}$$

（2）寻常光与非常光之间的相位差为

$$\Delta\varphi = \frac{2\pi}{\lambda}\delta = \frac{2\pi}{\lambda}(n_o - n_e)l$$

令

$$\Delta\varphi = (2k+1)\frac{\pi}{2}$$

故

$$l = \frac{\lambda}{2\pi}\frac{\Delta\varphi}{n_o - n_e} = \frac{\lambda}{2\pi}\frac{\frac{\pi}{2}(2k+1)}{n_o - n_e}$$

$$= \frac{5.893\times 10^{-5}}{4\times(1.658-1.486)}(2k+1)\text{ cm} = 8.57\times 10^{-5}(2k+1)\text{ cm}$$

$$(k = 0, 1, 2, \cdots)$$

晶片的最小厚度为

$$l_o = 8.57\times 10^{-5}\text{ cm}$$

5-2-2 题 5-2-2 图所示为一杨氏干涉实验装置，其两缝间的距离为 $d = 1$ mm，观察屏到两狭缝的距离 r_0 为 50 cm. 当用单色自然光照射时，测得屏上 P 处的亮纹到屏中心 P_0 的距离 $y = 0.245$ cm.

（1）若将一厚度为 5×10^{-4} cm，折射率为 1.58 的云母片贴在狭缝 S_2 上. P 处被另一级亮纹占据. 求原来在 P 处的那一级亮纹加云母片后到屏中心 P_0 的距离.

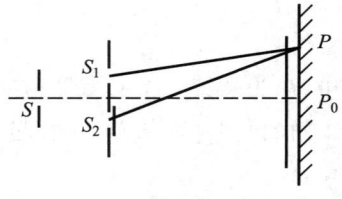

题 5-2-2 图

（2）若将云母片换成一半波片（仍贴在 S_2 上），其光轴方向与狭缝 S_2 成 45°角. 再将一个主截面平行于狭缝的尼科耳棱镜置于 S 后面，同时又在屏的前方放一透振方向与狭缝成（-45°）的偏振光，试说明在屏上呈现的干涉条纹将会如何变化？

解：（1）若加云母片后，中央零级亮纹偏离屏中心 P_0 的角度为

$$\theta = \arcsin\frac{(n-1)t}{d}$$

那么中央亮纹偏离 P_0 的距离为

$$y_0 = r_0 \tan\theta \approx r_0 \sin\theta = r_0\frac{(n-1)t}{d}$$

由于加置云母片后条纹将会向光程增加的方向移动，故原来 P 处的那级亮纹到 P_0 的距离为

$$y' = y - y_0 = y - r_0\frac{(n-1)t}{d} = 0.1\text{ cm}$$

（2）自然光经尼科耳棱镜后成为振动面平行于狭缝的线偏振光；到达 S_2 的一束光经 1/2 波片后其振动面转过 $\pi/2$. 到屏前偏振片是两束振幅相等，振动面互相垂直的线偏振光，沿偏振片偏振化方向投影形成 π 的相位差，故使屏上原来亮纹处变为暗纹，暗纹处则变成亮纹. 同时，由于通过尼科耳棱镜后光强减半，故强度降低.

5-2-3 如题 5-2-3 图(a)所示，点光源 S 发出的光线通过割开为两半且拉开一小段的距离的凸透镜，这时在屏上可观察到干涉条纹.

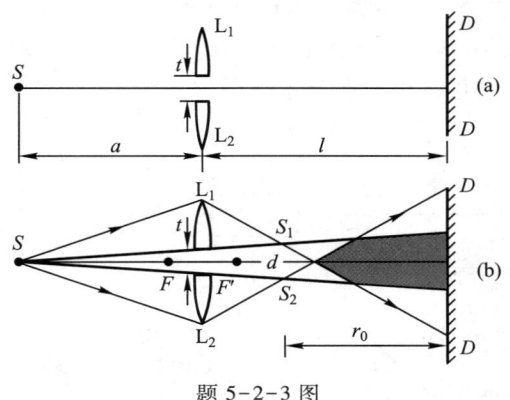

题 5-2-3 图

（1）若点光源与透镜的距离为 $a = 300$ cm；透镜的焦距 $f' = 50$ cm；两半块透镜 L_1、L_2 拉开的距离为 $t = 0.1$ cm；透镜与屏相距 $l = 450$ cm；波长为 $\lambda = 500$ nm. 试求干涉条纹的间距.

（2）若在光路中放入两块透振方向互相垂直的偏振片，试问将观察到什么现象？

解：（1）如题 5-2-3 图(b)所示的光路中，从点光源 S 发出的光投射于两个半透镜上，经 L_1 得像点 S_1，经 L_2 得像点 S_2，它们构成相干光源，在灰色部分的干涉场中相干叠加. 在屏上形成一组双曲线状的干涉条纹.

在屏 DD 上所得双光束干涉条纹的间距为

$$\Delta y = r_0 \frac{\lambda}{d}$$

为此应先计算 r_0 和 d 值. 按薄透镜的成像公式

$$\frac{1}{s'} - \frac{1}{s} = \frac{1}{f'}$$

得

$$s' = \frac{sf'}{s+f'} = \frac{(-300) \times 50}{(-300) + 50} \text{ cm} = 60 \text{ cm}$$

随后计算 S_1 与 S_2 的间距 d，由光路图可知：

$$d = t \frac{a+s'}{a} = 0.1 \times \frac{360}{300} \text{ cm} = 0.12 \text{ cm}$$

故屏上的干涉条纹的间距为

$$\Delta y = r_0 \frac{\lambda}{d} = (l-s') \frac{\lambda}{d} = (450-60) \times \frac{500 \times 10^{-7}}{0.12} \text{ cm} = 0.16 \text{ cm}$$

(2)若在光路中插入两块正交的偏振片,使透过两块半透镜的光在互相垂直的方向振动.这时由于两束光的振动方向互相垂直,不符合相干条件,所以在这种情况下是不会观察到干涉条纹的.

5-2-4 如图所示,一单色点光源 S 发射的光经透镜 L 准直,其光强为 I_0,经尼科耳棱镜 N 射出的光线正入射在一方解石的 1/4 波片 C 上(其 $n_o > n_e$).随后在一理想的金属反射镜 DD 的表面上垂直反射.若 N 的主截面与 C 的晶轴之间的夹角为 45°,试问:

(1)从 1/4 波片射出的光是什么样的偏振光?

(2)这束光经 DD 反射回来有什么变化?

(3)这束光经过 C 与 N 后其强度是多少?

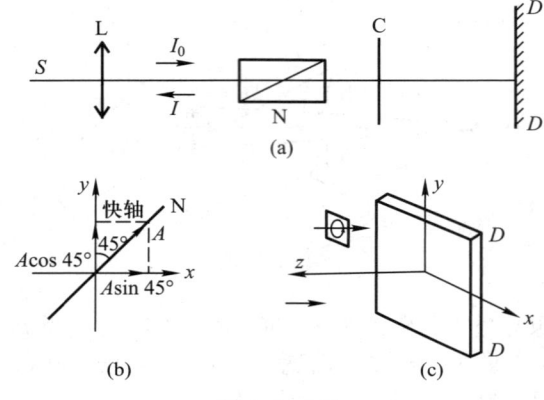

题 5-2-4 图

解:(1)通过尼科耳棱镜 N 射出的光振动为
$$A\cos(\omega t)$$
其中 $A = \sqrt{I/2}$,它在 1/4 波片的两个分量为

在入射空间:
$$x_1 = \frac{\sqrt{2}}{2} A\cos(\omega t)$$
$$y_1 = \frac{\sqrt{2}}{2} A\cos(\omega t)$$

从 1/4 波片出射的空间:
$$x_1' = \frac{\sqrt{2}}{2} A\cos(\omega t)$$
$$y_1' = \frac{\sqrt{2}}{2} A\cos\left(\omega t + \frac{\pi}{2}\right) = -\frac{\sqrt{2}}{2} A\sin(\omega t)$$

由此可见,从 1/4 波片出射的是右旋圆偏振光,且指的是迎着光的方向.

(2)为了确定从镜面 DD 反射回来的偏振态,选与反射面重合的 $x'y'$ 坐标系.入射圆偏振光以 $(-z)$ 方向从 xy 面左侧射来.由(1)的讨论可知,迎着光(即 $-z$ 方向)观察时是右旋圆偏振光.若观察者面对着 $x'y'$ 平面来观察.则可将入射

的圆偏振光写成为 $x'y'$ 平面内的左旋圆偏振光. 这时观察者是顺着入射光观察的, 故右旋变成左旋, 其方程为

$$x' = \frac{\sqrt{2}}{2}A\cos(\omega t)$$

$$y' = \frac{\sqrt{2}}{2}A\cos\left(\omega t - \frac{\pi}{2}\right)$$

x、y 两束线偏振光经理想金属面反射后, 由菲涅耳公式得: 反射后的线偏振光与入射光相比将改变相位 π, 故上述方程为

$$x' = \frac{\sqrt{2}}{2}A\cos(\omega t + \pi)$$

$$y' = \frac{\sqrt{2}}{2}A\cos\left(\omega t - \frac{\pi}{2} + \pi\right)$$

迎着反射光看去, 其合振动还是左旋圆偏振光.

故入射的右旋圆偏振光经金属反射变成左旋圆偏振光.

(3) 经金属反射后的左旋圆偏振光, 再经 1/4 波片后出射的光的分振动为

$$x = x' = \frac{\sqrt{2}}{2}A\cos(\omega t + \pi)$$

$$y = \frac{\sqrt{2}}{2}A\cos\left(\omega t - \frac{\pi}{2} + \pi + \frac{\pi}{2}\right) = \frac{\sqrt{2}}{2}A\cos(\omega t + \pi)$$

合成后电矢量沿 Ⅰ, Ⅲ 象限与 y 轴成 $\pi/4$ 方向振动, 变成了线偏振光. 这时线偏振光的振动方向与起偏振器的透振方向相垂直, 光被截止了, 即光强 I 为零. 这是光隔离器的基本原理.

5-2-5 波长为 500 nm 的线偏振光沿着如题 5-2-5 图所示的 z 轴方向传播, 其电矢量的振动方向与 x 轴成 45°, 然后通过一个克尔盒, 盒内的介质 $n_x - n_y = kE^2$. 这里 n_x、n_y 分别为相对于 x、y 方向上的折射率; E 为外加电场的电场强度, 其方向沿 x 轴. 克尔盒的长度为 1 cm, $k = 2.5 \times 10^{-6} \text{ m}^2/\text{V}^2$.

(1) 若线偏振光通过克尔盒 K 后再通过一检偏器, 检偏器的振动面与入射光的振动面垂直. 试计算当透射光强为最大值时外加电场 E 的最小值. 若克尔盒上所加电场引起的折射效应可以忽略不计.

(2) 当电场强度的平方值 E^2 为 (1) 中的一半时, 经过克尔盒后, 光的偏振状态如何?

(3) 若仅在克尔盒的上半部施加外电场, 让光通过克尔盒后再通过两个狭缝, 狭缝后不放置检偏器. 若电场仅对 n_x 有影响, 而不影响 n_y, 讨论当 E^2 变化时, 在狭缝后远距离处的干涉花样.

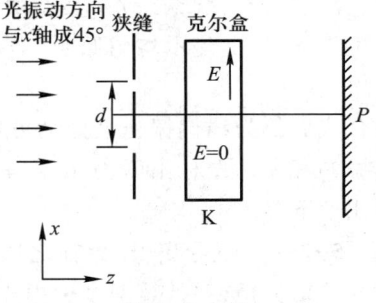

题 5-2-5 图

解:(1) 当线偏振光沿着与电场垂直的方向通过克尔盒时,分解成两束振幅相等的线偏振光. 其中一束光的振动面平行于电场方向(即 e 光),另一束光的振动面垂直于电场(即 o 光),所对应的折射率之差与外电场强度 E 的平方成正比,即

$$\Delta n = n_x - n_y = kE^2$$

所产生的光程差为

$$\delta = \Delta n \cdot l = kE^2 l$$

则相位差为

$$\Delta\varphi = \frac{2\pi}{\lambda}\delta = \frac{2\pi}{\lambda}kE^2 l$$

当 $\Delta\varphi = (2j+1)\pi$ 时,入射的线偏振光通过克尔盒后,振动面转过 $\pi/2$. 由于检偏器的透振方向与入射光振动面垂直,故此时透射光强为最大.若取 $j=0$,可求得所需的最小电场强度值. 令

$$\Delta\varphi = \frac{2\pi}{\lambda}kE^2 l = \pi$$

则

$$E^2 = E_{min}^2 = \frac{\lambda}{2kl} = \frac{5\,000\times10^{-10}}{2\times2.5\times10^{-6}\times10^{-2}}\text{V}^2/\text{m}^2 = 10\text{ V}^2/\text{m}^2$$

故

$$E_{min} \approx 3.2 \text{ V/m}$$

这里 E_{min} 为半波电场强度.

(2) 当 $E^2 = E_{min}^2/2$ 时,可求得两束振动方向互相垂直的线偏振光之间的相位差为 $\pi/2$,又因两束光的振幅相等,因而合成后成为圆偏振光.

(3) 如果仅在克尔盒的上半部加外电场,则由上狭缝透射出来的光将分解为方向互相垂直的线偏振光,而下狭缝的透射光的振动状态不变,振动方向仍与 x 轴成 $45°$. 随着电场强度的改变,上狭缝透射光的那一垂直分量之间的相位差不断改变,经合成后的振动状态也随着变化.若相位差 $\Delta\varphi$ 满足

$$\Delta\varphi = (2j+1)\pi$$

时,合成后仍为线偏振光. 其振动面与原入射光振动面垂直. 两狭缝的透射光不发生干涉,屏上显示均匀照明. 若相位差 $\Delta\varphi$ 满足

$$\Delta\varphi = 2j\pi$$

则合成后仍为线偏振光且振动方向不变,因而两狭缝的透射光发生干涉. 由于其振幅相等. 故对比度为 1. 在其他的情况下,干涉现象仍显现. 然而条纹的对比度下降.

5-2-6 试导出长、短轴之比为 2:1,长轴沿 x 轴的右旋和左旋椭圆偏振光的琼斯矢量,并计算两个偏振光叠加的结果.

解:对于长、短轴之比为 2:1,长轴沿 x 轴的右旋椭圆偏振光的电场分量为

$$\widetilde{E}_x = A_x e^{ikz} = 2a e^{ikz}$$

$$\widetilde{E}_y = A_y e^{i(kz+\Delta\varphi)} = a e^{i(kz-\frac{\pi}{2})}$$

故
$$\sqrt{A_x^2+A_y^2}=\sqrt{(2a)^2+a^2}=\sqrt{5}\,a$$

这一偏振光的归一化琼斯矢量为

$$E_\mathrm{R}=\frac{A_x}{\sqrt{A_x^2+A_y^2}}\begin{pmatrix}1\\ \frac{A_y}{A_x}\mathrm{e}^{\mathrm{i}\Delta\varphi}\end{pmatrix}=\frac{a}{\sqrt{5}\,a}\begin{pmatrix}2\\ \mathrm{e}^{-\mathrm{i}\frac{\pi}{2}}\end{pmatrix}=\frac{1}{\sqrt{5}}\begin{pmatrix}2\\ -\mathrm{i}\end{pmatrix}$$

若为左旋椭圆偏光,$\Delta\varphi=\pi/2$,故其琼斯矢量为

$$E_\mathrm{L}=\frac{1}{\sqrt{5}}\begin{pmatrix}2\\ \mathrm{e}^{\mathrm{i}\frac{\pi}{2}}\end{pmatrix}=\frac{1}{\sqrt{5}}\begin{pmatrix}2\\ \mathrm{i}\end{pmatrix}$$

两偏振光叠加的结果为

$$E=E_\mathrm{R}+E_\mathrm{L}=\frac{1}{\sqrt{5}}\begin{pmatrix}2\\ -\mathrm{i}\end{pmatrix}+\frac{1}{\sqrt{5}}\begin{pmatrix}2\\ \mathrm{i}\end{pmatrix}=\frac{1}{\sqrt{5}}\begin{pmatrix}2+2\\ -\mathrm{i}+\mathrm{i}\end{pmatrix}=\frac{1}{\sqrt{5}}\begin{pmatrix}4\\ 0\end{pmatrix}=\frac{4}{\sqrt{5}}\begin{pmatrix}1\\ 0\end{pmatrix}$$

合成波为光矢量沿 x 轴的线偏振光,其振动为椭圆偏振光 x 分量振幅的 2 倍.

3. 偏振光的干涉

5-3-1 在两正交尼科耳棱镜之间插入一方解石晶片,它的光轴与表面平行,并与尼科耳棱镜的主截面成 45° 角. 设光通过第一个尼科耳棱镜后的振幅为 1,试求:

(1) 通过晶片时分解出来的 o 光和 e 光的振幅和强度;

(2) 这两束光通过检偏器后的振幅和强度.

解:(1) 通过晶片时分解出来的 o 光和 e 光的振幅分别为

$$A_\mathrm{o}=A_1\sin\alpha=1\cdot\sin 45°=\frac{\sqrt{2}}{2}$$

$$A_\mathrm{e}=A_1\cos\alpha=1\cdot\cos 45°=\frac{\sqrt{2}}{2}$$

故
$$I_\mathrm{o}=A_\mathrm{o}^2=1/2$$
$$I_\mathrm{e}=A_\mathrm{e}^2=1/2$$

(2) 通过检偏器后的振幅和强度计算如下:

$$A_{2\mathrm{e}}=A_\mathrm{e}\cos\theta=A_\mathrm{e}\cos 45°$$
$$A_{2\mathrm{o}}=A_\mathrm{o}\cos\theta=A_\mathrm{o}\cos 45°$$

故
$$I=A_{2\mathrm{e}}^2+A_{2\mathrm{o}}^2+2A_{2\mathrm{e}}A_{2\mathrm{o}}\cos(\pi+\Delta\varphi)$$
$$=\frac{1}{4}+\frac{1}{4}+2\times\frac{1}{2}\times\frac{1}{2}\cos(\pi+\Delta\varphi)$$
$$=\frac{1}{2}(1-\cos\Delta\varphi)$$

振幅为
$$A=\sqrt{I}=\sqrt{\frac{1}{2}(1-\cos\Delta\varphi)}$$

5-3-2 两尼科耳棱镜主截面的夹角为 $\pi/3$，中间插入一块水晶的 1/4 波片，其主截面平分上述夹角，光强为 I_o 的自然光入射. 试求：

（1）通过 1/4 波片后光的偏振态；

（2）通过第二个尼科耳棱镜的光强.

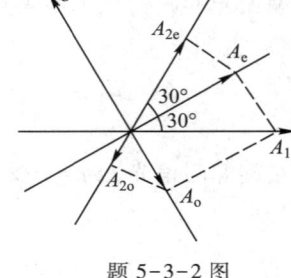

题 5-3-2 图

解：（1）自然光经第一个尼科耳棱镜 N_1 后成为线偏振光，再通过 1/4 波片后成为正椭圆偏振光.

（2）方法一

运用偏振光干涉的公式：

$$I = A_1^2 \left[\cos^2(\alpha-\theta) - \sin(2\theta)\sin(2\alpha)\sin^2\frac{\Delta\varphi}{2} \right]$$

把 $\alpha = -\pi/6, \theta = \pi/6$ 和 $\Delta\varphi = \pi/2$ 代入上式，即得

$$I = A_1^2 \left\{ \cos^2\left[-\frac{\pi}{6}-\frac{\pi}{6}\right] + \sin\frac{\pi}{3}\sin\frac{\pi}{3}\sin^2\frac{\pi}{4} \right\} = \frac{5}{8}A_1^2 = \frac{5}{16}I_o$$

方法二

参照题 5-3-2 图，得

$$A_e = A_1\cos \pi/6 = \frac{\sqrt{3}}{2}\frac{\sqrt{2}}{2}A = \frac{\sqrt{6}}{4}A$$

则

$$A_e^2 = \frac{3}{8}A^2$$

$$A_o = A_1\sin \pi/6 = \frac{1}{2}\frac{\sqrt{2}}{2}A$$

$$A_o^2 = \frac{1}{8}A^2$$

故

$$A_{2e} = A_e\cos\frac{\pi}{6} = \frac{\sqrt{6}}{4}\frac{\sqrt{3}}{2}A = \frac{3\sqrt{2}}{8}A$$

$$A_{2o} = A_o\cos\frac{\pi}{3} = \frac{1}{2}\frac{\sqrt{2}}{4}A = \frac{\sqrt{2}}{8}A$$

故

$$I = A_{2e}^2 + A_{2o}^2 + 2A_{2e}A_{2o}\cos\Delta\varphi$$

$$= A_{2e}^2 + A_{2o}^2 + 2A_{2e}A_{2o}\cos\left(\frac{\pi}{2}+\pi\right)$$

$$= \left(\frac{3\sqrt{2}}{8}A\right)^2 + \left(\frac{\sqrt{2}}{8}A\right)^2 = \frac{5}{16}I_o$$

5-3-3 如题 5-3-3 图所示，将一个棱角 $\alpha = 0.33°$ 的石英尖劈，其光轴平行于棱，放在互相正交的尼科耳棱镜之间. 当 $\lambda = 656.3$ nm 的红光经过尼科耳棱镜和尖劈时，产生干涉. 试计算两相邻条纹间的距离. 已知该波长入射时，石英的折射率 $n_o = 1.541\ 90, n_e = 1.550\ 93$.

解：由于尼科耳棱镜 N_1 与 N_2 正交，故经 N_2 透射出来的寻常光和非常光的

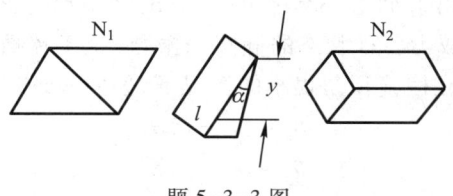

题 5-3-3 图

相位差为

$$\Delta\varphi = \frac{2\pi}{\lambda}(n_e - n_o)l + \pi$$

如图所示的石英尖劈置于正交尼科耳棱镜 N_1、N_2 之间,则可在 N_2 后面看到尖劈所产生的平行尖劈棱边的明暗相间的等厚干涉条纹.

设和尖劈棱顶相距 y 处的劈厚为 l,则

$$l = y\tan\alpha \approx y\alpha$$

故在厚为 l 的劈处所产生的相位差为

$$\Delta\varphi = \frac{2\pi}{\lambda}y(n_e - n_o)\alpha + \pi$$

当 $\Delta\varphi = (2k+1)\pi$ 时,为相消干涉;$\Delta\varphi = 2k\pi$ 时,为相长干涉.

那么相邻暗条纹的间距可由下式决定,即

$$\Delta\varphi = \frac{2\pi}{\lambda}y(n_e - n_o)\alpha + \pi = (2k+1)\pi$$

求 $\dfrac{\Delta y}{\Delta k}$,并令 $\Delta k = 1$

得

$$\frac{2\pi}{\lambda}\Delta y(n_e - n_o)\alpha = 2\pi\Delta k$$

故 $\Delta y = \dfrac{\lambda}{(n_e - n_o)\alpha} = \dfrac{656.3 \times 10^{-7}}{0.33 \times \dfrac{\pi}{180} \times (1.550\,93 - 1.541\,90)}\,\text{cm} = 1.262\,\text{cm}$

5-3-4 劈形水晶棱镜顶角 $\alpha = 0.5°$,棱边与光轴平行,置于正交尼科耳棱镜之间,使其主截面与两尼科耳棱镜的主截面都成 $45°$ 角,以水银的 404.7 nm 紫色平行光正入射. 试问:

(1) 通过尼科耳棱镜观察到的干涉图样如何?

(2) 相邻暗条纹的间隔 Δy 等于多少?

(3) 若将第二尼科耳棱镜的主截面转 $90°$,干涉图样有何变化?

(4) 保持两尼科耳棱镜正交,但将水晶棱镜的主截面转 $45°$,使之与第二尼科耳棱镜的主截面垂直,干涉图样有何变化?(设 $n_e = 1.566\,71, n_o = 1.557\,16$.)

解:(1) 如题 5-3-4 图(a)所示,当第一尼科耳棱镜的透振方向 N_1 与水晶棱镜的 e 轴成 $45°$ 夹角时,从 N_1 透射出来的线偏振光进入水晶后分解成 o 光和 e 光. 题 5-3-4 图(b)所示的情况表明 o 光振动平行于纸面,而 e 光的振动垂直于纸面. 由于水晶为正晶体,o 光比 e 光传播速度快,即 $n_e > n_o$. 而水晶棱镜的厚

度是连续变化的,使出射面上下各点的两个正交振动之间的相位差也跟随着连续变化,合成结果成为各种状态的椭圆偏振光.至于传播方向,它们经斜面折射成为两束平行光.在棱镜顶角很小的情况下,偏向角近似为

$$\theta_e \approx (n_e - 1)\alpha$$
$$\theta_o \approx (n_o - 1)\alpha$$

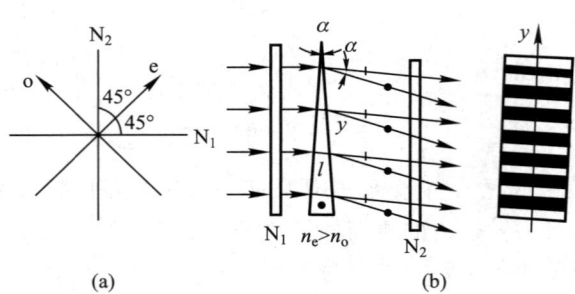

题 5-3-4 图

于是棱镜后面为两束平行光的叠加场.若在棱镜后面放置第二个尼科耳棱镜 N_2,这就是两束平行光的干涉,干涉花样为一组平行于棱的直条纹.

(2) 由于棱镜顶角很小,故

$$l \approx y\alpha$$

而 e 光和 o 光经棱镜后的相位差为

$$\Delta\varphi' = \Delta\varphi + \pi = \frac{2\pi}{\lambda}(n_e - n_o)l + \pi = \frac{2\pi}{\lambda}(n_e - n_o)y\alpha + \pi$$

当 $\Delta\varphi' = (2k+1)\pi$ 为相消干涉,即

$$\frac{2\pi}{\lambda}(n_e - n_o)y\alpha + \pi = (2k+1)\pi$$

两边微分,得

$$\frac{2\pi}{\lambda}(n_e - n_o)\alpha\Delta y = 2\pi\Delta k$$

令 $\Delta k = 1$,得

$$\Delta y = \frac{\lambda}{(n_e - n_o)\alpha}$$

将 $\lambda = 4\,047 \times 10^{-8}$ cm,$\alpha = 0.5 \times \frac{\pi}{180}$,$n_e - n_o = 1.566\,71 - 1.557\,16$ 代入上式,得

$$\Delta y = 4.85 \text{ mm}$$

(3) 当我们将第二个尼科耳棱镜的主截面转过 $\pi/2$,与第一个尼科耳棱镜一致时,由于 o 轴、e 轴正方向在 N_2 方向上的投影的相位差与未转动时相比增加了 π,所以原来的亮纹就变成暗纹,反之亦然.而条纹的形状、间距等均无变化.

(4) 若把水晶棱镜的主截面转过 $\pi/4$,而与 N_1 的主截面相一致时,则射入水晶棱镜的是单纯的 e 光.此时 e 光振动与 o 光振动的相位差不再起作用了,从棱镜出射的是同一振动方向的线偏振光,被 N_2 全部消光,N_2 的后方将为一暗视场.

5-3-5 如题 5-3-5 图(a)所示的单色自然光照明的杨氏双孔干涉装置,未加理想偏振片 P_1、P_2 时,远方屏幕上的最大光强为 I_0,可见度为 $V=1$.若在双孔后分别放置透振方向夹角为 $\alpha=\pi/6$ 的理想偏振片 P_1 和 P_2,则屏上最大光强 I_{max} 和可见度 V 将是多大?

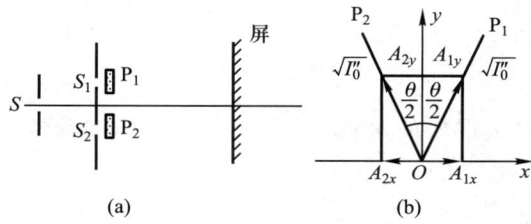

题 5-3-5 图

解:按杨氏干涉的强度分布公式

$$I = 4I_0' \cos^2 \frac{\Delta\varphi}{2}$$

其中 I_0' 代表从缝 S_1 和 S_2 投射到屏幕上的光束强度.由题意得

$$I_0 = 4I_0'$$

故从缝 S_1 或缝 S_2 透射出来的一束光的强度为

$$I_0' = \frac{I_0}{4}$$

经偏振片 P_1 或 P_2 的一束线偏振光的强度为

$$I_0'' = \frac{I_0'}{2} = \frac{I_0}{8}$$

强度为 I_0'' 的振动方向互相间夹角为 θ 的两束线偏振光,其平行的振动分量在屏上可以产生干涉. 它们沿 x、y 轴上的投影分别为

$$A_{1x} = \sqrt{I_0''} \sin(\theta/2), \quad A_{1y} = \sqrt{I_0''} \cos(\theta/2)$$
$$A_{2x} = \sqrt{I_0''} \sin(\theta/2), \quad A_{2y} = \sqrt{I_0''} \cos(\theta/2)$$

故振幅为 A_{1x}、A_{2x} 而振动方向沿 x 方向的两束光以及振幅分别为 A_{1y}、A_{2y} 而振动方向沿 y 轴的两束光在屏幕上产生干涉,各自产生一套明暗相间的条纹. 但是沿 x 方向投影产生附加相位差 π,相互错开半个条纹宽度.若设 $\theta < \pi/2$,则 y 方向干涉最大比 x 方向干涉最大更大,最大值为

$$I_{max} = 4A_y^2 = 4I_0'' \cos^2 \frac{\theta}{2}$$

$$= 4I_0'' \frac{1+\cos\theta}{2} = 2I_0''(1+\cos\theta) = \frac{I_0}{4}(1+\cos\theta)$$

最小值为

$$I_{min} = 4A_x^2 = 4I_0'' \sin^2 \frac{\theta}{2} = 2I_0''(1-\cos\theta)$$

故干涉条纹的可见度为

$$V = \frac{I_{max} - I_{min}}{I_{max} + I_{min}} = \frac{2I_0''(1+\cos\theta) - 2I_0''(1-\cos\theta)}{2I_0''(1+\cos\theta) + 2I_0''(1-\cos\theta)} = \cos\theta$$

五、内容提要

1. 光是横波

通过对光的偏振现象的讨论,不但证明了光的波动性,而且揭示了光是横波.

2. 光的偏振态

主要有线偏振光、圆偏振光、椭圆偏振光、部分偏振光和自然光.

3. 布儒斯特定律

$$\tan i_{10} = \frac{n_2}{n_1}$$

式中,n_1 和 n_2 分别为入射光束和折射光束所在介质的折射率;i_{10} 为全偏振角.

4. 马吕斯定律

$$I_\theta = I_0 \cos^2 \theta$$

5. 双折射

一束光经双折射晶体后,形成两束光的现象称为双折射. 其中一束遵循折射定律的称为寻常光(简称 o 光),另一束不遵循折射定律的称为非常光(简称 e 光). o 光和 e 光均是线偏振光,o 光的振动面垂直于自己的主截面,e 光的振动面平行于自己的主截面.

光轴:晶体内存在着特殊的方位,沿着这个方位传播的光不发生双折射. 光轴仅标志一定的方位,并不限于某一条特殊的直线.

主截面:包含晶体光轴和界面法线的平面.

6. 波晶片

波晶片是光轴与晶体表面平行的晶片.线偏振光垂直通过波晶片,晶片厚度与 o 光、e 光的相位差关系为

$$\Delta\varphi = \frac{2\pi}{\lambda}(n_o - n_e)l$$

使 o 光和 e 光的光程差为 $\lambda/4$ 奇数倍的波晶片,称为 1/4 波片.

使 o 光与 e 光的光程差为 $\lambda/2$ 奇数倍的波晶片,称为 1/2 波片.

7. 偏振光的检定原理

（1）用一个检偏器可以从自然光、线偏振光、圆偏振光、椭圆偏振光和部分偏振光中鉴别出线偏振光.

（2）用一1/4波片和一检偏器可以鉴别自然光和椭圆偏振光.

（3）用一1/4波片和一检偏器可以鉴别部分偏振光和椭圆偏振光.

8. 偏振光的干涉

（1）线偏振光通过双折射晶体形成两个振动方向互相垂直、具有一定相位差的线偏振光,再通过检偏器后,得到两个振动方向一致的线偏振光,因而构成线偏振光的干涉.

（2）干涉的光强

$$I = A_1^2 \left[\cos^2(\alpha-\theta) - \sin(2\theta)\sin(2\alpha)\sin^2\frac{\Delta\varphi}{2} \right]$$

式中, A_1 为从第一个尼科耳透射出来的线偏振光的振幅, θ 和 α 表示两个尼科耳 N_1、N_2 的主截面和晶片表面的交线分别与晶片光轴所成的夹角.

9. 人为双折射

（1）旋光现象

线偏振光通过物质后振动面发生旋转的现象称为旋光现象.

旋光溶液中,振动面的旋转角度 Ψ 正比于光通过的溶液厚度 l 和旋光溶质的浓度 C,即

$$\Psi = alC$$

系数 a 标志着溶质的特性.

（2）光弹性效应

透明的各向同性介质,在外力作用下,能形成各向异性,称为光弹性效应.

六、文献阅读

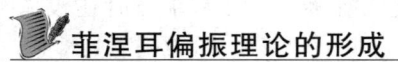 菲涅耳偏振理论的形成

菲涅耳将惠更斯理论和干涉原理结合起来,牢固地建立了光的波动理论的基础,它提供了光的直线传播、衍射的完整理论,提高了人们对光的波动性的信任,然而光的波动性对双折射或偏振现象是无能为力的.波动说的这一困惑是菲涅耳解决的.

（一）巴塞林那斯和双折射现象

最早发现双折射现象的是巴塞林那斯（Erasmus Bartholinus, 1625—1692）.他在哥本哈根大学任督教期间,对冰岛晶体的双折射现象作了观察和研究,并于1669年撰写了题为《关于发现冰岛晶体奇异和独特的双折射的实验》的

短文.

他将晶体的双折射现象称为"大自然的最大奇迹之一". 文中,首先对晶体的诸如外形、硬度、电及某些化学性质等方面作了描述,随后就阐述了双折射现象. 他指出:"当我们研究晶体时,它显示了一种奇妙而又异常的现象,透过晶体去观察物体,它不像其他透明体那样只折射成单像,而是显示双像."他认为已经接触到了折射的根本问题.

如图 5-2 所示,将两个小物体置于晶体底面 $LMNO$ 之下 A、B 两处,从顶面 $RSPQ$ 通过晶体去观察,发现在 H、G 两处都可看到 B 处物体;而在 CD、FE 两处都可看到 A 处物体,每个物体都呈现双像,且双像间的距离随晶体厚度成正比例增加.

他还指出,如图 5-3 所示,在物体不动,而使晶体变动时,双像中有一像仍不动,而另一像却随着晶体的变动而变动. A 处物体有两个像,分别在 C、B 两处. 若转动晶体,使 EM 边向图中 F 方向倾斜,则 B 处的像将随之转动,而 C 处的像仍固定不动.

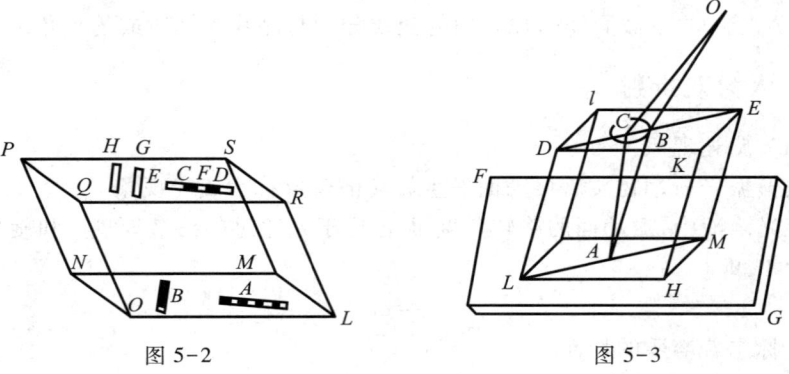

图 5-2   图 5-3

在最后总结时,他指出:"双像应有双折射;双像的性质不同,一个可以转动,而另一个始终不动,由此可区分两种折射;提供固定像的折射称为寻常折射,而提供可动像的折射称为非常折射."

由此可见,巴塞林那斯只对双折射的某些现象作了描述,并意识到应该有两种不同的折射,但他没有能够从理论上去作解释,因为在当时还没有十分成功的折射理论.

(二) 惠更斯对双折射现象的解释

时隔不久,光学巨匠惠更斯完善了次波理论,并用次波理论对寻常折射作了很成功的解释. 随后,他便着手于非常折射的研究. 他对非常折射感到很不安,他指出:"……为什么(非常折射)值得我们仔细研讨?是因为在所有折射中,唯有它不遵循普通折射定律,这似乎要推翻普通折射理论."

在《论光》的第五章中,他专门对这种非常折射作了研究,共有 43 条.

在 1 至 5 条中,他着重描述了晶体的物理特性. 因为他的目的在于作理论上的解释,而不仅仅停留于现象的观察,因此,他做了比巴塞林那斯更为精确的描述.

在 6 至 17 条中,他记录了他对双折射现象的各种观察结果.

在 18 至 22 条中,他提出椭球波的假设.

在 23 至 35 条中,他用椭球波假设讨论了主切面内的折射.

在第五章的最后部分,他还讨论了该晶体的内部结构,企图把双折射和晶体的构造联系起来理解,他从整个晶体形状和理解特性来推测晶体粒子的排列方法,如图 5-4 所示,但是,还是不能说明双折射现象.

惠更斯的椭球波假设只是他的球形波假设的推广,这种推广过程不应该存在多大困难,而且也确实能够解释一块晶体所产生的双折射现象,下面简单地阐述他的理论解释.

当光垂直入射时,如图 5-5 所示. AB 为晶体表面, RC 为入射波前,显然 AB 与 RC 平行,当光到达 AB 时,在图中 $AKkB$ 各点将激起子波,但这里的子波不再是普通折射中的那种半球面子波,而是半椭球面子波,如图中的 $SVNZT$,其长半轴 AV 与 AB 成一定夹角. 在光从 A 点传到 $SVNZT$ 这段时间内, $AKkB$ 等各点的光都相应以图中所示的半椭球面子波传播;这些半椭球面子波有一公共切线 NQ,即为晶体中的波前.可见波前 NQ 相对于入射波前 AB 有一段平移,相应晶体中的光将发生偏移,即 RA 折射成图中的 AN. 由此可见垂直入射时也将发生偏折,这在普通折射中是不可能的.

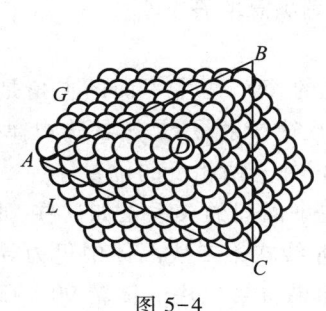

图 5-4

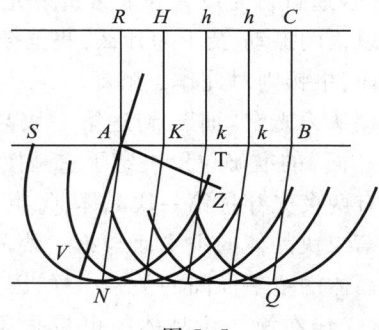

图 5-5

对斜入射的光,如图 5-6 所示的 RC. 若光源处在无限远时,则 CO 为入射波前. 在光从 O 传到 K 这段时间内, C 点的光在晶体中以椭球波形式传到了图中的 gsP,而其他 H 各点在这段时间内先到达 x 各点,再继续以椭球面波形式传到图中所示的各位置. 从 K 点可作这些椭球面波的公切线 KI, KI 即为折射后的波前, CI 即为 RC 的折射光线.

虽然惠更斯成功地用椭球面子波解释了双折射现象,然而在《论光》的第 92 页至 94 页中,他描述了他不能解释的现象.

若有两块晶体按图 5-7 所示放置. 有一束光 AB 入射到第一块上, AB 将分成两束 BC 和 BD. 然而当这两束光从第一块出来进入第二块时,并不像 AB 分成两束那样,每一束再分成两束,而是每一束仍只有一束,如图中的 EF、GH. 寻常折射光 BD 仍将在第二块晶体中作寻常折射,非常折射光 BC 仍将在第二块晶体中作非常折射.只要两块晶体的主切面在同一平面内,都会发生这种现象.当两晶体的主切面相互垂直时,寻常折射光将在第二块晶体中作非常折射,而非常折射光将在第二块晶体中作寻常折射.只有当两晶体的主切面夹一定角度时,DG、CE才会各分成两束光,这样 AB 最终将分成四束,每束光的强度将随着主平面间的夹角而变化.

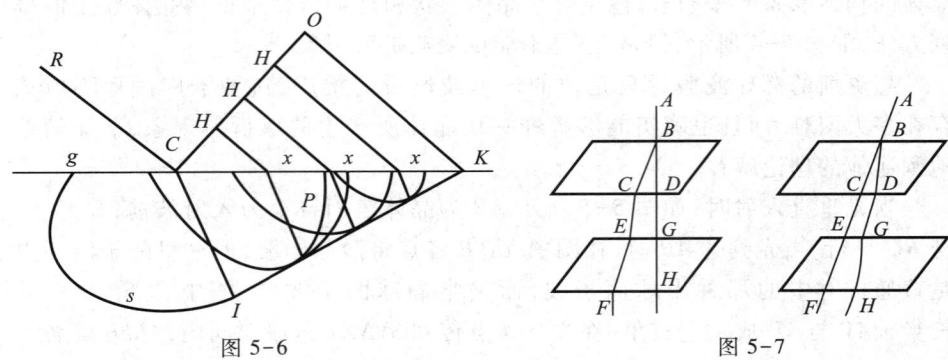

图 5-6　　　　　　　　　　图 5-7

惠更斯没能解释这一现象."为什么 AB 总是分成两束？为什么 CE、DG 是否分成两束与两块晶体间的相互位置有关？这似乎要作新的假设,假设光在通过第一块晶体后获得了某种特性,使之在第二块晶体中,在某些位置会引起两种以太（普通折射光以太和非常折射光以太）的振动,而在另一些位置则只能引起一种以太的振动.至于为什么,我至今没有找到满意的答案."

然而,牛顿则对此作了解释.

牛顿认为光有"面".到达第一块晶体的光的"面"与主平面的夹角是任意的,光的"面"的准确位置决定了它是按照一般规律折射,还是按特殊规律折射.因此就有两束光穿过第一块晶体,每束光的"面"处于两相反的位置.

若第二块晶体的主平面与第一块晶体的主平面间的关系正如这些"面"与第一块晶体的主平面间的关系一样,因此寻常光线在第二块晶体中仍为寻常光线,非常光线在第二块晶体中仍为非常光线.如果将第二块晶体转 90°,那么寻常光和非常光的"面"相对于第二块晶体发生了互换,因此寻常光变成了非常光,而非常光变成了寻常光.若第二块晶体处于中间位置时,每束光的"面"与第二块晶体的主平面间的关系正如入射到第一块晶体上的光的"面"与第一块晶体的主切面间的关系一样,这样每束光仍将分成两束.

牛顿在解释这些现象时,已经意识到从第一块晶体出来的光已具有某种特性,即后来所说的偏振,但他对此也没有很深刻的认识.虽然如此,牛顿在这一点上还是比惠更斯深刻.惠更斯只注意到了引起双折射的外因——晶体,而没有从根本上去探讨光的本质.因此没能解释两块晶体所引起的双折射现象,也就没能触及双折射的本质.

（三）马吕斯和偏振现象

杨氏在对某些衍射现象做了成功的解释之后,便着手于双折射现象,这段时期,微粒说与波动说仍发生着激烈的争论.为此,法国科学院于 1808 年 4 月决定在 1810 年悬奖,以征求双折射的数学理论和实验证据.

获奖的是马吕斯(Etienne Louis Malus,1775—1812),他生于巴黎,本来是从事军事工程的,只是在业余时间内,才去探索法国科学院的悬奖题目.

他偶然发现,从卢森堡宫的窗扉反射到他自己的居室的太阳光,在穿过一块晶石后,当晶石处于某一位置时,有一条折射光将消失.他当时认为也许是光通过空气所造成的,便想通过某种修正加以解释.但在晚上,他又发现以 36°照射到水面上的蜡光经反射后,其反射光有同样的现象,即用一晶石去观察,当晶石在某位置处,有一条折射光将消失,即反射光是偏振光.而且,当经过晶石的两条光都以 36°照到水面上,再用一块晶石去观察,发现寻常光有反射时,非常光根本不反射,反之亦然.就在一夜之间,马吕斯为现代物理开创了一新领域.

马吕斯对反射偏振的详细论述,发表在《阿丘耳学会会刊》的第二册第 143 页.

他指出,直接光与受到晶体作用后的光的不同之处,在于直接光经晶体后总分为两束光,而已经受到晶体作用后的光是否分为两束,则有赖于入射面与主截面之间的夹角.而且,不只是冰岛晶石有这种现象,很多物质都能产生这种现象,如碳酸铝、碳晶体等.通过实验,他得出如下结论:经过晶体后的光的性质,完全由晶体的轴的位置所决定,而与晶体的化学性质及其形状无关.

更重要的是,他还发现,所有透明固体和液体甚至不透明的都能产生类似现象.

如以 52°45′反射角从水表面反射来的光,都有经过晶石后的两束光之一的一切特征,只要该晶石的主截面与反射面(即入射光、反射光构成的平面)相平行或垂直.当用主截面与反射面平行的晶石去观察这种反射光时,只能看到一束折射光,且按寻常光规律折射;当主截面与反射面垂直时,也只能看到一束折射光,不过是按非常光规律折射的.当晶石处于这两个特殊位置之间时,则发现有两束光;若转动晶石,可发现每转四分之一周,寻常光、非常光就交替消逝一次.

要以多大角度入射到透明体表面,其反射光才有以上所述的特征呢?马吕斯说:"一般说来,对于折射光较多的物质,光的这种角度较大."

遗憾的是马吕斯没能找到如何求得这种角度的方法,他只意识到这种角度与物质的光学特性,如折射率,有某种关系.而这些是由布儒斯特(David Brewster,1781—1868)找到数学上的关系的.

(四) 布儒斯特和偏振现象

布儒斯特原先是学习宗教的,但是从未从事过宗教事务.他从 1799 年才开始从事光学研究.他支持微粒学说,和马吕斯一样,对波动理论一直不友好.

他侧重于实验研究,做过很多重要的实验.杨氏在 1808 年后不久就提出假设,若介质在某方向上容易压缩,如像介质是由无穷多的平面组成,而平面间由弹性较差的物质连接着,这样就可用惠更斯的理论来解释双折射.稍后,布儒斯特就发现,本来不能产生双折射的各向同性透明体,在某一方向上加压后,就可产生

第 5 章 光的偏振

双折射,碰巧印证了杨氏的假说.但以后的实验否定了杨氏的假说.

在马吕斯对偏振,特别是反射光的偏振做了详细研究之后,布儒斯特做了大量实验,终于在 1815 年,他发现当反射光与折射光垂直时,反射光完全偏振.几乎同时,他的另一发现同样深刻地影响着双折射理论.

惠更斯在解释双折射时,只有假定物体中有两种不同的光介质,因而产生椭球波,由此便有两束折射光.在布儒斯特之前,人们都觉得双折射就是冰岛晶石中发生的那种现象,惠更斯的解释也是可行的.但布儒斯特却发现还有许多晶体,它们有两个轴,沿每个轴并没有双折射,惠更斯的解释在此行不通了.布儒斯特发现的那些晶体即是双轴晶体,而冰岛晶石则属于单轴晶体,为什么双轴晶体没有双折射,而单轴晶体却有呢? 后来菲涅耳都给出了完美的理论解释.

(五) 菲涅耳的偏振理论

马吕斯和布儒斯特的发现是惠更斯理论所无法解释的,同时又没有其他波动派学者能给出解释,波动理论几乎到了崩溃的边缘,Whewell 称这是该理论最黑暗的时期:1811 年杨氏在给马吕斯的信中说道:你的实验表明我的理论有某些不足,但没有证据说我的理论是错误的.可见杨氏一方面不掩饰其困难;另一方面也不气馁.

相反,以拉普拉斯为首的微粒学派则认为时机对他们极为有利,为此法国科学院于 1817 年 3 月决定将衍射作为 1818 年的悬奖题目.

年仅 30 岁的菲涅耳以其精湛的数学天才对衍射作了完美的解释.在解释了衍射之后,最大的问题就是将偏振与波动理论统一协调起来.

菲涅耳成名之后,阿拉戈(D. F. J. Arago,1786—1853)经常与他合作.早在 1811 年阿拉戈就发现通过晶石的光会产生丰富的色彩,即色偏振光,这成为认识偏振本质的转机.同年夏天,他在研究牛顿环时,把云母板向着空中,使经过云母板的光再通过一块晶石,结果发现出现两种互补色的光,微粒派学者毕奥(J. B. Biot,1774—1862)也对此作了详细研究.阿拉戈认为这是因为偏振光的状态会随波长不同而异所造成的.而毕奥则给出了数学解释,拉普拉斯及其他学者对毕奥的解释很青睐,但是阿拉戈却极力反对,以至于他们之间的友谊都毁灭了.同时,杨氏也反对毕奥的解释,他认为毕奥的解释中有很多人为的假设;杨氏还指出,色偏振光也能用他的干涉理论来解释,但他没有成功.

阿拉戈和菲涅耳则继续了这项工作;他俩于 1816—1818 年间作了大量实验,并将他们的实验及结果以《关于偏振光的相互作用》为题发表在《化学与物理学年刊》上.在这篇文章中,他们详细地介绍了实验过程,然后得出如下五个结论:

1. 在两束正常光看来相消的同等条件下,相互垂直偏振的两束光不发生明显作用.

2. 偏振方向相同的两束光,可以像正常光一样发生相互作用.

3. 偏振相互垂直的两束光可以移植到同一偏振面上,但仍不发生相互作用.

4. 一条偏振光,若将它分为偏振相互垂直的两束光,再回到同一偏振面上时,则可以发生相互作用.

5. 在这种偏振干涉中,条纹的位置并不只由它们的距离及速度所决定,在某些情况下,必须考虑半波长的差别.

阿拉戈在 1816 年拜访杨氏时就同杨氏讨论了阿拉戈和菲涅耳所做过的实验——不管光程差是多少,两束偏振方向相互垂直的光不像普通光那样发生干涉. 不久杨氏发现了问题的关键所在.

在 1817 年 1 月 12 日给阿拉戈的信中,杨氏写道:"我一直试图在不背离波动理论的情况下对偏振作出解释. 根据目前的波动理论,光波以球状波形式穿过均匀介质,正如声波一样,粒子在径向上前后振动,时疏时密;然而如果假设光波作横振动,其传播方向仍是径向,只是粒子的振动方向与径向夹一定角,而这种假设并不违背次波理论".

在 1817 年 9 月所作的《颜色学》中,杨氏指出,以波动理论为基础,不去考虑物理机制,只作一种数学上的假设,那么横振动可以在径向上传播. 将横振动分成两部分,这两部分在反射处分开了,其中之一即是偏振的.

在 1818 年 4 月 29 日给阿拉戈的信中,杨氏再次提到横振动;他将光比作上下波动的绳子.

从杨氏的思想可看出他已经快触及光的偏振的实质. 然而他不去考虑物理机制,他的阐述和概念是抽象的、模糊的.

菲涅耳在完成了衍射的数学理论之后也着手于偏振问题.

从杨氏给阿拉戈的信中,菲涅耳了解到了杨氏有关横振动的思想. 他立即意识到杨氏将光比作上下波动的绳子很有价值. 他将光的振动分成互相垂直的三部分,一部分与光的传播方向同向,另两相互垂直的部分与传播方向垂直. 但他和阿拉戈通过实验发现极化面相互垂直的光不会发生干涉,这表明光的振动不存在着与光传播方向同向的那部分分量. 换句话说,光的振动与传播方向垂直,且可分为相互垂直的两部分,这就是偏振.

然后,菲涅耳从数学上完成了对双折射和反射光的偏振的解释. 由于对双折射的数学推导较繁复,在这里不再讨论. 下面简单讨论菲涅耳如何解释布儒斯特定律的.

他提出两条边界条件:

1. 边界处两种介质中的振幅相等.
2. 入射光的能量等于反射光和折射光的能量之和.

对于入射光在入射平面内偏振这种情况,若假定入射光、反射光和折射光的振幅分别为 f、g 和 h,则

$$f = g + h$$

入射光、反射光和折射光在单位截面上每秒通过的能量分别正比于 $c_1\rho_1 f^2$、$c_1\rho_1 g^2$ 和 $c_2\rho_2 h^2$,其中 c_1、c_2 分别为两种介质中的光速,ρ_1、ρ_2 分别是两种介质中的以太密度. 若入射角、反射角和折射角分别为 i、i 和 r,则

$$c_1\rho_1 \cos i \cdot f^2 = c_1\rho_1 \cos i \cdot g^2 + c_2\rho_2 \cos r \cdot h^2$$

另一方面
$$\frac{\sin^2 r}{\sin^2 i} = \frac{c_2^2}{c_1^2} = \frac{\rho_2}{\rho_1}$$

即
$$\text{反射光的振幅} = \frac{\sin(i-r)}{\sin(i+r)} \times \text{入射光的振幅},\text{同样可算出当光的偏振垂直于反射平面时,}$$

$$\text{反射光的振幅} = \frac{\tan(i-r)}{\tan(i+r)} \times \text{入射光的振幅}$$

当 $i+r=90°$ 时,$\tan(i+r)$ 趋向无穷大,这就是前面阐述的布儒斯特定律的理论解释.

菲涅耳的解释相当成功,与实验符合得很好.光的偏振理论由此得到公认.

[摘自:大自然探索.1994(2).宣桂鑫,侯春洪]

偏振片的发明和 3D 电影的原理

3D 电影已普及到全国各个县城,而现行的物理教材中对和 3D 电影有关的偏振片介绍甚少,加之偏振片发明者竟是 19 岁的大学生,这对激励学生的创造能力是有裨益的. 为此,本文着重介绍偏振片发明的历史以及近代的 3D 电影技术.

(一) 偏振片发明的历史回顾

早在 1852 年,当英国的菲浦斯(Phelps)把碘滴入犬尿里时,经过反应后的液体中呈现出闪烁悦目的绿色微小晶体,他将这一奇异现象禀告他的导师——生理学家海拉柏斯(Herapath),海拉柏斯对该晶体进行了细致的观察和研究,他在显微镜下观察了这些微小的晶体,发现在晶体和晶体交叠的一些地方是亮的,而另一些地方却是暗的. 于是知道它是一种二向色性很强的晶体,是一种新的偏振材料,后人称这种晶体为海拉柏斯晶体.

这一新奇的历史激励了美国青年学生朗德(Land). 1928 年,他是一位就读于哈佛大学物理系的 19 岁的大学生,正式发明了世界上第一种人造偏振片——J 偏振片. 他是将拌有海拉柏斯微晶而尚未固化的塑料经由一条细狭缝压挤出来,使那些针状的微小晶体都被相互平行地排列在塑料薄膜里,经固化后便是 J 偏振片,这就是微晶型人造偏振片.

1938 年,朗德又发明了 H 偏振片,这是目前采用最多的起偏器,这种偏振片并不包含二向色晶体,而是用分子模栅替代. 朗德选取聚乙烯醇为片基,先将这种塑料薄膜在热的水蒸气浴中均匀加热拉伸,使那些无序的相互纠合着的长键分子在沿同一方向拉伸过程中排列整齐,然后把片基浸入到含碘的溶液中,碘浸透了塑料片,使碘原子聚合到已被拉直的分子上去,形成一条碘链,以替代海拉柏斯晶体,经晾干便成为性能优良的人造偏振片.

人造偏振片的发明使偏振光的应用得到迅速的发展,1937 年朗德获得利用偏振片制作立体图像的专利,1939 年,在纽约举行的国际博览会上第一次展示偏振片 3D 电影,随后,1952 年,世界上第一家偏振光 3D 电影院正式落成.

（二） 双眼视觉——立体感的形成

我们用双眼观察同一物体时,一个物体同时在两只眼睛的视网膜上成像,但是我们感觉到的却不是双像,而是单像,而且在确切位置,这种感觉为我们提供了物体的立体形象.

由于人的左右两眼相隔一定的距离(成年人的双眼大约相距 65 mm),两只眼睛从两个不同的位置和方位观察一个物体,这就使双眼对物体有各不相同的形象.物体越近,这种形象的差别越显著,正是由于这种差别,我们才能够区别物体的远近,从而获得有一定深度的立体感觉.

立体视觉的原理可用如图 5-8 所示的示意图作一具体的解释:图上表示两眼正对着看一凸棱台,L 为单独用左眼观察时的情况,R 为单独用右眼观察时的情况.由于同一物体对左右两眼的相对位置不同,在两眼视网膜上造成的像有差别.正是这一点差别通过视神经末梢将这两个图像的信号传到大脑,就出现立体的视觉,若闭上一只眼睛,脑子里只接收到一个图像的信号,立体视觉基本消失.

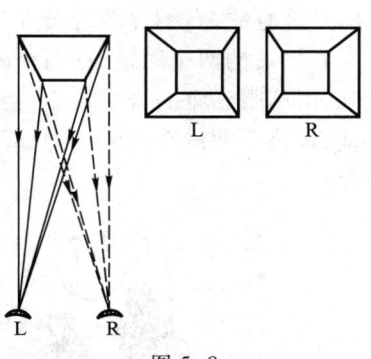

图 5-8

（三） 3D 电影的雏形——立体图片和实体镜

立体图片和实体镜的配合,就是人为地将平面印象造成立体印象相同的感觉结果.例如用如图 5-9 所示的双镜头照相机,并且使两个镜头的中心距离与两眼瞳孔的距离 65 mm 相等.用此双镜头照相机来拍摄同一物体,就取得犹如双目视觉中两眼所看到该物体的两幅不同方位的图像.然后用如图 5-10 所示的实体镜使左右两眼同时分别观看左右两幅图片,就获得与直接观察实物相同的视觉,形成立体感.这就是 3D 电影的雏形.

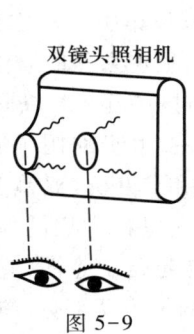

图 5-9

图 5-10

（四） 3D 电影的原理

在拍摄 3D 电影时,用两台同步摄影机,调整好它们之间的距离,使两部摄影机的拍摄角度刚好与双眼观看物体的角度一致.这样获得的两部电影拷贝,记录的是同一个景物,而且从左右两个不同方位拍摄下来的"左拷贝"和"右拷贝". 在放映时,也采用如图 5-11 所示的两台同步放映机,银幕上同时映出两个画面,但是在两台放映机镜头前各置一枚人造偏振片,它们的透振方向互相正交. 例如在放映右拷贝的机器前,放置一块透振方向水平的偏振片,左拷贝放映机前的偏振片的透振方向则是竖直的. 显而易见,银幕上的两个画面是分别用透振方向互相垂直的平面偏振光放映出来的. 而观察者为了形成立体视觉,必须使他们的双眼各自接收一个图像,即左眼接收左拷贝的画面,右眼接收右拷贝的画面,而且左右互不相干扰. 要实现这一点,运用偏振片的检偏作用,即观察者戴上由人造偏振片制成的偏光眼镜,偏光眼镜的左镜片的透振方向是竖直的,右镜片的透振方向是水平的. 这样,观察者的双眼分别接收到来自左右拷贝的两个图像,这两个图像和直接观察立体景物的两个图像没有什么区别,由两眼感觉的合成效应,得到立体感的图像. 值得指出的是,如果你卸下眼镜,银幕上并没有立体景物,看到的却是两幅左右稍许错开的、略微差异的平面图片.

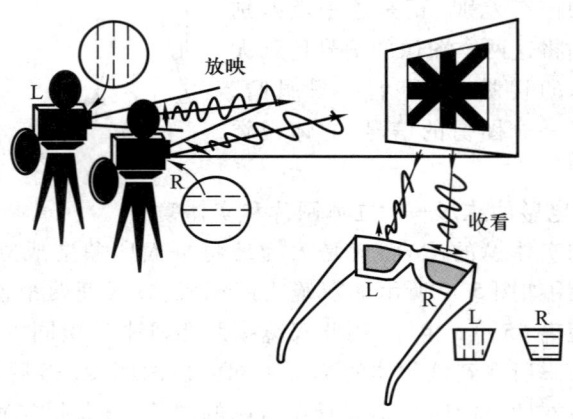

图 5-11

(五) 3D 电影的近期进展

作为上海市重要的科普教育基地,上海科技馆引进的立体巨幕电影,其荧幕高 18.3 m,宽 24.3 m. 放映立体电影时,画面呈现强烈的立体感.

上面介绍 3D 电影的原理时,提到的双机同步摄影、双机同步放映以及双拷贝确实是在早期的立体电影中采用过的. 现在,由于配用了必要的光学附件,摄影机放映的器材有了较大的进展. 例如采用了单机、双镜头、单片拍摄和单机、单镜头、单片放映. 为了避免繁琐的叙述,这里将它们的原理以示意图形式表示,图 5-12(a) 是单机、双镜头、单片拍摄的光路示意图,它将左右的图像经折光系统成像于如图 5-12(b) 的同一幅胶片的上下两部分. 图 5-13 是单机、单镜头、单片放映的光路示意图,图中可同步旋转的移像三棱镜 A_1 和 A_2 将上、下两部分画面(即左右拷贝)移到荧幕的正中而左右相互稍许错开一点. 在投影到荧幕之前又经过透振方向相互正交的起偏器(人造偏振片)P_1 和 P_2. 这样就解决原先双机同步和双拷贝、双胶卷的麻烦.

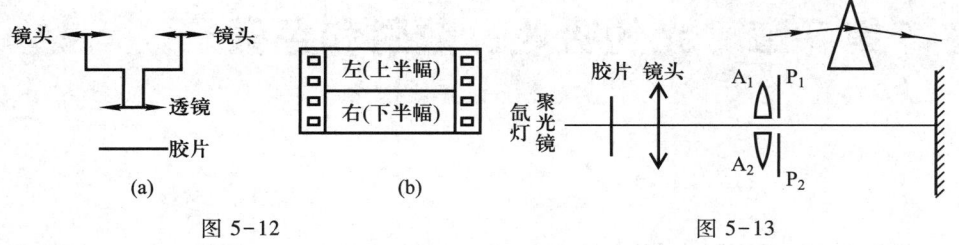

图 5-12　　　　　　　　　图 5-13

还有一个十分重要的问题——3D 电影的荧幕,需要简单地作一交代.

如果将平面偏振光投射的画面放映在普通荧幕,观察者很难获得 3D 感觉的效果,这是由于荧幕的退偏振的缘故,为了克服这一困难,3D 电影的荧幕是特制的,它在普通荧幕上喷涂一层俗称银化粉的材料,其实它的主要成分是铝粉和漆.铝粉的粒度要求甚高,经金属粒子的散射以防止退偏振的产生,这种荧幕称为非退偏振的荧幕.

(六) 教学建议

1. 联系生活实际,进行偏振光、三棱镜、透镜成像的教学,提高学生学习物理学的兴趣.

2. 手脑并用学光学,制作立体幻灯.

3. 介绍人造偏振片的有趣历史资料,激励学生的创造性,使学生了解创造性工作是如何完成的,使学生带着一连串的思索学习着,而这些思索使学生清楚地意识到每一个科学成果有其来龙去脉,是顽强的探索和不断实践的必然结果.这样学生不再为老是与枯燥乏味的最终成果打交道而烦恼,这些成果是被编纂、净化、简略的,以致失去了实际发现过程的全部意义.

[摘自:教学与研究.1986(7).宣桂鑫]

七、创新实验

实验 5-1　光的偏振

实验 5-2　光的显色偏振演示

第6章 光的吸收、散射和色散

　　光的吸收、散射和色散是光在介质中传播时所发生的普遍现象,它们是相互联系的又是相互区别的.它们都是由光和物质的相互作用引起的.光与物质的相互作用是一微观过程,精确地研究此过程必须用量子理论.这里着重于对现象的描述和介绍,并沿用经典电磁理论对这些现象作初步的讨论.

一、框架建构

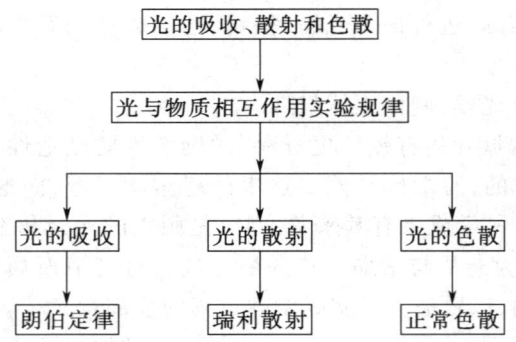

二、课程标准

1. 了解电偶极辐射对光的反射和折射现象的解释.
2. 理解从能量观点研究光的吸收现象所遵循的朗伯定律.
3. 理解瑞利散射所遵循的瑞利定律.
4. 理解正常色散与反常色散的特点.

三、内容分析

　　本章分为四个单元.第一单元关于光学的经典理论对光与物质相互作用的初步解释(6.1和6.5);第二单元光的吸收(6.2);第三单元光的散射(6.3);第四单元光的色散(6.4).

1. 光的吸收

光通过介质时,介质对光的吸收遵循朗伯定律和比尔定律.朗伯定律的表达式为

$$I = I_0 e^{-\alpha_a d}$$

式中 d 为均匀介质的厚度,I_0 为刚进入介质前表面时的光强,I 为刚出介质后表面时的光强.α_a 称为吸收系数,它的物理意义是使光的强度减少到 $\frac{1}{e}$,所需介质厚度的倒数.吸收系数 α_a 和介质有关,并随光的波长和温度而变,而与入射光强 I_0 无关.

实验又表明:稀溶液中,溶液的吸收系数 α_a 正比于溶液的浓度 C,即 $\alpha_a = AC$,这里 A 是一个与浓度无关的常量,它取决于吸收物质的分子特性,与波长、温度有关,它的物理意义是单位浓度的吸收系数.故上式可写成

$$I = I_0 e^{-ACd}$$

上式即比尔定律的数学表达式.

比尔定律只有在物质分子的吸收本领不受它周围邻近分子的影响时才是正确的.当浓度很大时,分子间的相互影响不可忽略,此时比尔定律不成立.因而一般情况下,虽然朗伯定律始终成立,但比尔定律有时却不一定成立.

根据比尔定律,由光在溶液中被吸收的程度,可以决定溶液的浓度,这就是吸收光谱定量分析的理论基础.

2. 光的散射

当光束通过光学性质不均匀的物质时,从侧向可以看到光,这个现象称为光的散射.

散射会使光在原来传播方向上的光强减弱,它遵循下列指数规律:

$$I = I_0 e^{-(\alpha_a + \alpha_s)d} = I_0 e^{-\alpha d}$$

式中 α_a 是吸收系数,α_s 是散射系数,令 $\alpha_a + \alpha_s = \alpha$,$\alpha$ 称为衰减系数,d 为介质的厚度.

散射现象的成因主要是由于介质的不均匀性.例如浑浊物质其微粒的线度较光的波长小,它们之间的距离比波长大,而且排列得毫无规则.所有这些微粒在光的作用下发生受迫振动,因而辐射次级的波.但是由于排列得不规则,而且不规则的范围可与波长相比拟,那么,它的振动彼此间就没有固定的相位关系.在任何观察点所看到的总是它们所发出的次级辐射的不相干叠加,到处不会相消,从而形成散射光.

瑞利散射的特征是散射光波长和原入射光波长一致,散射光的强度和波长的四次方成反比.红光穿透薄雾的能力比蓝光强,正是由于红光散射较弱的缘故.红外线的穿透力比红色的可见光更强,因此更适宜用于远距离照相或遥感技术.

从各个方向观察时,所看到的散射光的强度,对于入射光传播方向来说是

对称的,而且对于垂直于入射光束的方向也是对称的.

若所选取的观察方向与入射光束的传播方向之间的夹角为 α,则从选取的观察方向观察所得的散射光强度为

$$I_\alpha = I_0(1+\cos^2\alpha)$$

I_0 为沿入射光方向($\alpha=0$)散射光的强度.

3. 光的色散

介质对光波的折射率 n 随波长 λ 而变,称为光的色散.

色散现象的主要特征是不同物质有不同的角色散率 $\dfrac{\mathrm{d}\theta}{\mathrm{d}\lambda}$,而在同一物质的光谱中不同的波长区,角色散率也是不同的.

（1）柯西方程

折射率与波长之间的关系的一个经验公式为

$$n = a + \frac{b}{\lambda^2} + \frac{c}{\lambda^4} + \cdots$$

式中 n 为折射率,λ 是入射光在真空中的波长.a、b、c、$\cdots$ 都是与具体物质有关的常量,对于每一种物质,这些常量的值应该由实验测定.

（2）塞耳迈尔方程

在反常色散被发现并确定了它与吸收有联系以后,塞耳迈尔于 1871 年根据介质分子具有不同的固有频率这一假定,从理论上说明吸收带附近和远离吸收带处的全部色散情况. 塞耳迈尔方程有如下形式：

$$n^2 = 1 + \frac{b\lambda^2}{\lambda^2 - \lambda_0^2}$$

式中 n 为折射率,b 为一常量；λ_0 和固有频率 ν_0 有关,λ_0 为入射光在真空中的波长. 按照电磁理论,同一介质的分子振子可能有几种固有频率 ν_0、ν_1、ν_2、$\cdots$（相当于波长 λ_0、λ_1、λ_2、$\cdots$）同时存在. 普遍的塞耳迈尔色散方程最后写成如下形式：

$$n^2 = 1 + \sum_i \frac{b_i \lambda^2}{\lambda^2 - \lambda_i^2}$$

4. 光与物质相互作用现象

弱光——吸收、色散、线性散射、表面等离子激元、等离子体共振（金属、等离子体中）；

比较强的光——非线性散射、其他非线性过程；

强光——非线性吸收、其他非线性过程、结构改变；

超强光——多光子电离、隧道电离、高次谐波.

四、例题示范

1. 光的吸收

6-1-1 玻璃的吸收系数为 $10^{-2}\,\mathrm{cm}^{-1}$,空气的吸收系数为 $10^{-5}\,\mathrm{cm}^{-1}$,试问 1 cm 厚的玻璃所吸收的光,相当于多厚空气层所吸收的光?

解:物质所吸收的光根据公式(6-3)为

$$I_0 - I = I_0(1 - e^{-\alpha_a d})$$

I 为光通过厚度为 d 的吸收层以后的光强,α_a 为吸收系数.

同样强度的光通过不同吸收物质的不同厚度,而产生相等的吸收的条件为

$$1 - e^{-\alpha_a d} = 1 - e^{-\alpha'_a d'}$$

$$\alpha_a d = \alpha'_a d'$$

所以

$$d' = \frac{\alpha_a d}{\alpha'_a} = \frac{10^{-2} \times 1}{10^{-5}}\,\mathrm{cm} = 1\,000\,\mathrm{cm}$$

即 1 cm 厚的玻璃所吸收的光相当于 10 m 厚的空气层所吸收的光.

6-1-2 一玻璃管长为 3.5 m,内贮标准大气压下的某种气体.若这种气体在该条件下的吸收系数为 $0.165\,0\,\mathrm{m}^{-1}$,试求透射光强的百分比.

解:由朗伯定律得透射光强与入射光强的百分比为

$$\frac{I}{I_0} = e^{-\alpha_a d} = e^{-0.165\,0 \times 3.50} = 56.1\%$$

6-1-3 红光透过 15 m 深的海水后,其光强减弱到了原来的 1/4,试求海水的吸收系数以及光强减弱到了原来的 1% 时透过海水的深度.

解:海水对红光的吸收系数为 $9.2 \times 10^{-4}\,\mathrm{cm}^{-1}$.若光强减弱到了原来的 1% 时,则透过海水的深度为 50 m.

6-1-4 为防止红外线进入光学系统,在有些光学仪器前加一水透镜.若水对红外线的平均吸收系数 $\alpha_a = 1.0\,\mathrm{cm}^{-1}$,要阻止绝大部分(99%)红外线进入,水透镜需要多厚?

解:需要水透镜的厚度为 4.6 cm.

2. 光的散射

6-2-1 试计算波长 253.6 nm 和 546.1 nm 的两条谱线的瑞利散射强度之比.

解:由于

$$I = \frac{1}{\lambda^4}$$

$$\frac{I'}{I} = \left(\frac{\lambda}{\lambda'}\right)^4 = \left(\frac{546.1}{253.6}\right)^4 = 21.49$$

或

$$\frac{I}{I'} = \left(\frac{\lambda'}{\lambda}\right)^4 = 0.046\,5$$

6-2-2 摄影爱好者知道以橙黄色滤色镜拍摄天空时,可增加蓝天和白云的反差. 若照相机镜头和底片的灵敏度将光谱范围限制在 390 nm 和 620 nm 之间,并设太阳光谱在此范围内可以视为常量. 若滤色镜把波长在 550 nm 以下的光全部吸收,天空的散射光被它去掉了百分之几?

解:橙黄色波长约为 600 nm. 橙黄色滤色镜对于长波(600 nm 以上)的透过率较大,而对于短波(600 nm 以下)的吸收率较大. 白光经此滤色镜后,长波成分就显著增加,而短波成分将大大削弱,于是蓝天(背景)在底片上的照度很低,白云在照相底片上的照度相对较高,综合的结果势必增加底片上蓝天与白云的反差. 为了估算其数量级,设滤色镜的滤光特性按题意,390~620 nm 的散射光强为 I_0,390~550 nm 的散射光强为 I',则滤色镜吸收光强的百分比为

$$\frac{I'}{I} = \frac{550-390}{620-390} \times 100\% = 70\%$$

3. 光的色散

6-3-1 冕玻璃 K9 折射率随波长变化的实验数据如题 6-3-1 表所示. 利用表中 F、D 和 C 三条谱线的折射率数据定出柯西公式中 a、b 和 c 三个常量,用它计算表中给出的其他波长下折射率数据,并与表中实验数据比较.

题 6-3-1 表 冕玻璃 K9 的色散

谱线代号	—	h	g'	F	e	D	C	A'	—	—
光的颜色	(紫外)	蓝	青	青绿	绿	黄	橙红	红	(红外)	(红外)
波长/nm	365.0	404.7	435.8	486.1	546.1	589.3	656.3	766.5	863.0	950.8
折射率 n	1.535 82	1.529 82	1.526 26	1.521 95	1.518 29	1.516 30	1.513 89	1.511 04	1.509 18	1.507 78

解:把冕玻璃 K9 对 F、D 和 C 三条谱线的折射率数据分别代入柯西公式:

$$n = a + \frac{b}{\lambda^2} + \frac{c}{\lambda^4}$$

得联立方程

$$1.521\ 95 = a + \frac{b}{(486.1)^2} + \frac{c}{(486.1)^4}$$

$$1.516\ 30 = a + \frac{b}{(589.3)^2} + \frac{c}{(589.3)^4}$$

$$1.513\ 89 = a + \frac{b}{(656.3)^2} + \frac{c}{(656.3)^4}$$

用行列式求解联立方程,得

$$a = 1.504$$
$$b = 4.437 \times 10^3\ \text{nm}^2$$
$$c = -1.387 \times 10^8\ \text{nm}^4$$

再由以上 a、b 和 c 值计算冕玻璃对其他谱线的折射率为

紫外线(365.0 nm)
$$n = 1.504 + \frac{4.437 \times 10^3}{365.0^2} + \frac{-1.387 \times 10^8}{365.0^4}$$
$$= 1.504 + 3.330\ 5 \times 10^{-2} - 7.814\ 6 \times 10^{-3} = 1.529$$

h 线(404.7 nm)　　　　　　　　$n = 1.526$
g 线(435.8 nm)　　　　　　　　$n = 1.523$
e 线(546.1 nm)　　　　　　　　$n = 1.517$
A′线(766.5 nm)　　　　　　　　$n = 1.511$
红外线(863.0 nm)　　　　　　　$n = 1.510$
红外线(950.8 nm)　　　　　　　$n = 1.509$

上列谱线的折射率的计算值和表中给出实验测定数据,均表明折射率 n 随波长 λ 的增加而减小,即正常色散. 但是在可见光波段,计算值比实验值偏小.

6-3-2　估算铜的等离子体振荡圆频率 ω_p 的数量级.

解：根据经典色散理论,等离子体振荡圆频率值为

$$\omega_p = \sqrt{\frac{NZe^2}{\varepsilon_0 m}}$$

其物理意义是：当入射光的圆频率 ω 非常高,远大于某介质的所有共振频率时,该介质的折射率将小于1,由

$$n^2 = 1 - \frac{\omega_p^2}{\omega^2}$$

给出. 求出铜原子的质量为

$$m_{Cu} = \frac{铜的相对原子质量}{阿伏伽德罗常量} = \frac{63.54 \times 10^{-3}}{6.02 \times 10^{23}}\ \text{kg} \approx 1.055 \times 10^{-25}\ \text{kg}$$

原子数密度为

$$N = \frac{铜的密度}{m_{Cu}} = \frac{8\ 940}{1.055 \times 10^{-25}}\ \text{m}^{-3} \approx 8.474 \times 10^{28}\ \text{m}^{-3}$$

真空电容率为
$$\varepsilon_0 = 8.854 \times 10^{-12}\ \text{F} \cdot \text{m}^{-1}$$

元电荷为
$$e = 1.602 \times 10^{-19}\ \text{C}$$

电子质量为
$$m_e = 9.200 \times 10^{-31}\ \text{kg}$$

在经典色散理论中,等离子体振荡频率公式中的 Z 值取多少较为合理呢？铜的原子序数为29,即原子核外围总共有29个电子按壳层分布,其中内层电子被原子核紧紧束缚住,同原子核一起构成正离子；外层电子被束缚较弱,在比紫外线频率高得多的外来光作用下,这些电子的状态与价电子(或自由电子)的状态相仿. 因此,取 $Z \geqslant 1$ 是合理的. Z 的确切数值或许要按别的理论或实验手段来断定. 这里暂且取 $Z = 3$. 最后算出铜的等离子体振荡的圆频率的数量级为

$$\omega_p = 3 \times 10^{16} \text{ Hz}$$

它比紫外线频率 $\omega_0 \approx 10^{15}$ Hz 高一个数量级以上.

五、内容提要

1. 物质对光的吸收

有一般吸收和选择吸收两种.

2. 朗伯定律

$$I = I_0 e^{-\alpha_a(\lambda)d} \tag{6-1}$$

3. 散射光的强度

$$I_\alpha = I_0(1+\cos^2\alpha) \tag{6-2}$$

4. 瑞利散射

散射光强度与波长的四次方成反比的关系.

5. 色散曲线的特征

波长越短,折射率越大;

波长越短,$\dfrac{\mathrm{d}n}{\mathrm{d}\lambda}$ 越大,因而角色散率也越大;

在波长一定时,不同物质的折射率越大,$\dfrac{\mathrm{d}n}{\mathrm{d}\lambda}$ 也越大;

不同物质的色散曲线没有简单的相似关系.

六、文献阅读

反射、漫反射、衍射现象和散射的区别与联系

当光波投射到物质中的原子和分子上时,原子和分子中的电子将做受迫振动,受迫振动的频率与光波的频率相同. 当光波的频率低于或高于原子本身的共振频率时,这种振动的原子系统可视为一个电偶极子,它们将作为次波源向外发出次级辐射,其频率与入射光的频率相同. 这是一种非共振的辐射过程,这种过程正是反射、漫反射和散射等现象的基本物理机理.

虽然物质都是由原子和分子组成的,但是由于与光波相同作用的物体的线度有所不同,次波源排列的状态又不同,因此,导致同一物理机理产生明显不同的一些物理现象.

如果物体的线度 l 为几个 λ 或几十个 λ,而且受光照的表面是光滑的,即

次波源的排列是规则的,这时将发生明显的衍射,可按衍射理论去分析不同方向上衍射光强度分布的规律,第二章光的衍射和全息再现分析中正是这样做的.

物体的线度减小,当 l 小于十分之一个 λ 时,该微小物体上各次波源所发出的次波相位差都很小,即这样的物体受光照时可看成一个波源,向外发出球面波,而成为散射微粒. 众多的这种散射微粒无规则排列,并且相邻散射微粒之间的距离大于 λ 时,光通过时将发生散射现象.

当被照光滑表面的线度 l 远大于 λ 时,衍射现象将变得不再明显了,于是过渡到可用光线概念来分析光遇到镜面所发生的行为,这就产生光的反射现象.

对于较大的粗糙表面,若凸出或凹陷部分的线度可以和光的波长相比拟时,则将产生光的漫反射. 此时所讨论的粗糙表面可以看成由许多方位不同的小镜面所组成,光入射到每一个小镜面上都遵循反射定律,所观察到的漫反射光可看成是许多小镜面反射光的叠加. 这些小镜面方位尽管不同,但仍有一定的规则性,所以从不同方向观察时,漫反射光的强弱是不同的.

七、创新实验

实验 6-1　环境监测的传感器

第 7 章　光的量子性

光具有波粒二象性,但目前尚缺乏清晰的物理图像.人们对光的本性的认识还远没有达到理想的境界.在研究黑体辐射中能量按波长分布的问题时,普朗克提出了辐射的量子论.爱因斯坦对普朗克能量子假设进行探讨后,把量子论贯穿到整个辐射和吸收过程中去,提出了"光量子"假设,圆满地解释了光电效应.之后,康普顿发现,当伦琴射线被物质散射时,散射光的波长比入射光的波长长,并运用光子和电子的碰撞成功地解释了这一称为康普顿效应的实验事实.

一、框架建构

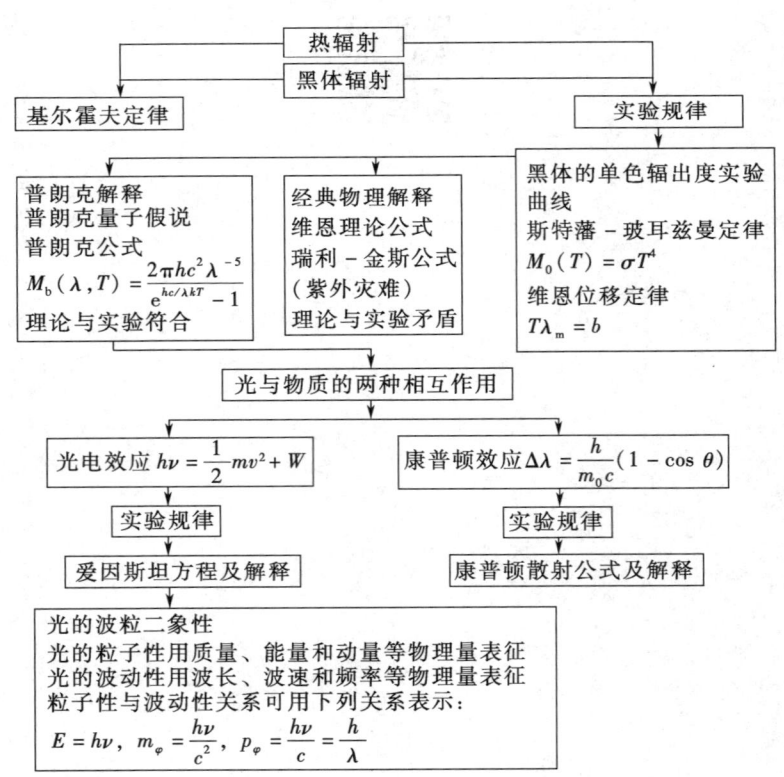

二、课程标准

1. 理解"米"的定义和群速度的概念.
2. 理解光的量子性.
3. 领悟光的量子性的主要实验证据——光电效应和康普顿效应.
4. 了解光具有波粒二象性的含义.

三、内容分析

本章分为三个单元.第一单元关于光的相速度和群速度(7.1);第二单元关于光的量子性的主要实验证据(7.2—7.6);第三单元关于光的波粒二象性(7.7和7.8).

1. 光的相速和群速

用光线方向的改变,根据折射定律测得二硫化碳的折射率为 1.64,但用旋转镜法测量光在二硫化碳中的速度,并求得光在真空中和二硫化碳中传播速度的比值则为 1.75,其间差别很大,这绝对不是实验误差所造成的.瑞利找到了这种差别的原因.折射率 n 是光在真空中传播速度和在介质中传播速度的比值 $\left(n=\dfrac{c}{v}\right)$,其中 v 指的是单色光的某一相位的传播速度,称为相速度.而用旋转镜法测定静止介质中的速度则是脉动(波包、脉冲)的传播速度,它既是波的一定振幅的向前推进的速度,因而也就是运动着的脉动所具有的速度,称为群速度.在脉动形变不大和正常色散的条件下,群速度代表脉动所具有的能量传播速度.

如果以 v 表示相速,u 表示群速,可以证明群速和相速的关系为

$$u = v - \lambda \dfrac{dv}{d\lambda}$$

这个关系式称为瑞利公式.

上式给出群速 u 和相速 v 之间的关系.由此可以看出,群速和相速大小的差值与 λ 和 $\dfrac{dv}{d\lambda}$ 有关.折射率的定义为 $n=\dfrac{c}{v}$,是相速之比,$\dfrac{dv}{d\lambda}$ 和 $\dfrac{dn}{d\lambda}$ 有密切关系.仅在有色散介质中,才必须区分群速和相速.真空中两者是没有区别的.而旋转镜法测定的是群速度,因此间接计算出来的是群速之比 $\dfrac{c}{u}$,根据折射定律测得二硫化碳的折射率是相速的比值.

2. 经典的黑体辐射理论的困难和能量子的假设

黑体辐射是 19 世纪就存在着争论的问题,黑体辐射的性质和规律可以用

热力学理论来解释,用经典电磁理论和经典统计理论也能导出辐射能量按波长的分布公式.以这两种方法推出来的公式,在长波区和短波区分别获得了同实验一致的结果.但在长波区和短波区两个公式不能统一.短波区的公式由维恩推得,并由此导出了维恩位移定律.维恩位移定律表明,当温度升高时,黑体的最大单色辐出度向短波区移动,这一点与实验事实完全符合.可是把它应用到长波区,却与实验的出入很大.长波区的能量按波长分布公式,由瑞利于 1900 年提出,并由金斯具体导出,称为瑞利-金斯公式.这公式只适用于长波区,对短波区完全不能用.普朗克对黑体辐射问题进行了系统的研究,提出了一个与认为能量连续的经典概念相对立的假设,即振动着的带电粒子,只可能有一系列分立的能量,而振动能量的最小单位,称为能量子.在应用统计理论后,普朗克于 1900 年推出一个新的黑体辐射公式.普朗克的公式在整个波长区域内与实验事实相符合,从而根本解决了黑体辐射问题.

(1) 斯特藩-玻耳兹曼定律

黑体辐射的辐出度与热力学温度 T 的四次方成正比,即

$$M_0(T) = \sigma T^4$$

其中

$$\sigma = 5.670\,374\,419 \times 10^{-8}\,\text{W}/(\text{m}^2 \cdot \text{K}^4)$$

它是一个普适常量,叫做斯特藩-玻耳兹曼常量.

(2) 维恩位移定律

设黑体单色辐出度最大所对应的波长 λ_m,T 为黑体所处的温度,我们把下列关系式

$$T\lambda_m = b$$

称为维恩位移定律.式中 $b = 2.897\,771\,955 \times 10^{-3}\,\text{m} \cdot \text{K}$.

(3) 普朗克黑体辐射公式

$$M_b(\lambda, T) = 2\pi h c^2 \lambda^{-5} \frac{1}{e^{\frac{hc}{\lambda kT}} - 1}$$

式中,h 为普朗克常量,k 为玻耳兹曼常量.

3. 量子理论发展的实验基础

(1) 光电效应

当光照射到金属表面时,电子在光的作用下从表面发射出来的现象称为光电效应.

光电效应的实验规律如下:

饱和电流的大小和入射光的强度成正比,即单位时间被击出的光电子数目与入射光的强度成正比.

光电子的最大动能与入射光的强度无关,而只与入射光的频率有关.频率

越高,光电子的能量就越大.

每种物质表面都存在着一个特征截止频率 ν_0,对于频率小于 ν_0 的入射光,不管照射的强度有多大,都不能产生光电效应.这一截止频率称为光电效应的红限.

即使光的照度非常弱,只要光一照射到金属的表面,就立即发出光电子,其滞后时间在 10^{-9} s 以下.

（2）爱因斯坦光电效应方程

按照爱因斯坦的光子假设,当光子照射到金属表面时,光子的能量全部为金属中的电子所吸收,电子把这能量的一部分用来克服金属表面对它的吸引力而逸出金属表面,成为光电子,余下的就变为光电子离开金属表面后的动能.根据能量守恒定律,可写成

$$h\nu = \frac{1}{2}mv^2 + W$$

上式称为爱因斯坦光电效应方程,其中 $\frac{1}{2}mv^2$ 为光电子的动能, W 为光电子逸出金属表面所需的最小能量,称为逸出功.

爱因斯坦的光子理论,成功地解释了经典理论所不能解释的光电效应的规律.其内容包括:

因为入射光的强度是由单位时间到达金属表面的光子数目所决定的,而光子数目又与被击出的光电子数成正比,这些被击出的光电子全部到达阳极便形成饱和电流,因此,饱和电流就与被击出的光电子数成正比,即与到达金属表面的光子数成正比,也就是说和入射光的强度成正比.

光电子的动能决定于入射光子的频率,光子的频率越高,光电子的动能就越大.

如果入射光的频率过低,以致 $h\nu < W$,那么电子根本就不可能脱离金属表面,即使入射光很强,也就是这种频率的光子数很多,但是仍不会产生光电效应.

因为金属中的电子能够一次全部吸收入射的光子,因此光电效应的产生无需积累能量的时间.

（3）康普顿效应

康普顿在研究伦琴射线被物质的散射现象中,发现散射谱线中除了波长和原射线相同的成分外,还有一些波长较长的成分,二者差值的大小随着散射角的大小而变,其间有确定的关系.这种改变波长的散射称为康普顿散射.

由实验得到,波长的改变量 $\Delta\lambda = \lambda' - \lambda$ 与入射的伦琴射线的波长 λ 以及与散射物质都无关,而与散射的方向有关.若以 θ 表示入射线方向与散射方向之间的夹角,则波长的改变量 $\Delta\lambda$ 与角 θ 的关系为

$$\Delta\lambda = \lambda' - \lambda = \frac{2h}{m_0 c}\sin^2\frac{\theta}{2} = 2k\sin^2\frac{\theta}{2}$$

式中 $k = 0.00241$ nm, h 为普朗克常量, c 为光速, m_0 为电子的静质量. k 是由实验测得的常量,它等于散射角为 $\frac{\pi}{2}$ 时,散射光波长的改变量.

康普顿用光子的概念成功地解释了这个现象。他假设入射光是由许多光子组成，这些光子不但具有能量 $h\nu$ 而且具有动量 $\dfrac{h\nu}{c}$，对于所有的轻原子，都可以假定散射过程仅是光子和电子的相互作用。在近似程度上可以认为电子是自由的，而且在受到光子作用之前是静止的。只要假定在作用过程中动量和能量都守恒，并沿用经典力学中粒子弹性碰撞的概念，光向某一方向散射时，电子应发生反冲。因为电子反冲后将具有一定的动能，所以光子必将损失一些能量，即减低了频率，增大了波长，因为光子的能量等于 $h\nu$，显然，散射后的频率会比原来的频率小。

4. 光的波粒二象性

有关光的本性的认识，一方面从光的干涉、衍射和偏振等光学现象证实了光的波动性，在涉及能量问题中，如黑体辐射、光电效应和康普顿效应等又显示出光的粒子性。所以，光的波粒二象性是一个精确的实验事实。可以说，量子力学就是建立在波粒二象性基础上的微观粒子的力学理论。1924 年德布罗意提出波粒二象性观念。

这种二象性在表示光子的能量和动量的两个式子中表现特别明显，一个光子的能量是

$$E = h\nu$$

式中 ν 是光子的频率，h 是普朗克常量。这是基于普朗克关于能量子的观念（1900 年）：为了解释黑体辐射实验，他认为物质与电磁场发生相互作用时所交换的能量是量子化的。

又按照相对论原理，能量与质量相联系，物质具有某数量的能量，就有相应的一定数量的质量，两者的关系是 $E = mc^2$，这里 m 是与能量 E 相联系的质量。由此光子具有质量，其数值应等于

$$m = \dfrac{E}{c^2} = \dfrac{h\nu}{c^2}$$

那么光子也有动量，其数值是

$$p = mc = \dfrac{h\nu}{c} = \dfrac{h}{\lambda}$$

即

$$\lambda = \dfrac{h}{p}$$

在 E 和 p 的表式中，等号的左边表示光的微粒性，即光子的能量和动量。等号的右边含有与其波动性有关的两个物理量，即电磁波的频率 ν 和波长 λ。这两种性质通过普朗克常量 h 定量地联系起来，波长 λ 称为德布罗意波长。这一点是基于爱因斯坦关于光子的概念：为了解释光电效应，爱因斯坦认为，电磁场不仅当它与物质发生相互作用时显示量子化，在它的传播过程中也是量子化的。构成光或电磁场的量子后来被称为光子。于是人们认识到光具有波粒二象性。

光具有波粒二象性，我们绝不可以把光子想象成一个"粒子"，也不可以想

象成一个"波包",任何直观的图像都是不全面的.

5. 光子和电子的比较

	光子	电子
波长	$\lambda = \dfrac{h}{p} = \dfrac{c}{\nu}$	$\lambda = \dfrac{h}{p} = \dfrac{h}{mv}$
介质的相互作用	介电常量（折射率）	库仑相互作用
经典禁带中的传播	光子隧道（隐失场）	电子隧道、振幅指数衰减
协同效应	非线性光学相互作用	多体相关、超导库珀对、双激发

6. 各种光源的平均光子流密度

光源	平均光子流密度/($s^{-1} \cdot m^{-2}$)
激光束（10 mW，He-Ne，20 μm）	10^{26}
激光束（1 mW，He-Ne）	10^{21}
强太阳光	10^{18}
一般室内的光	10^{16}
黎明	10^{14}
月光	10^{12}
星光	10^{10}

7. 杨氏双缝干涉实验的经典与量子描述(见图 7-1)

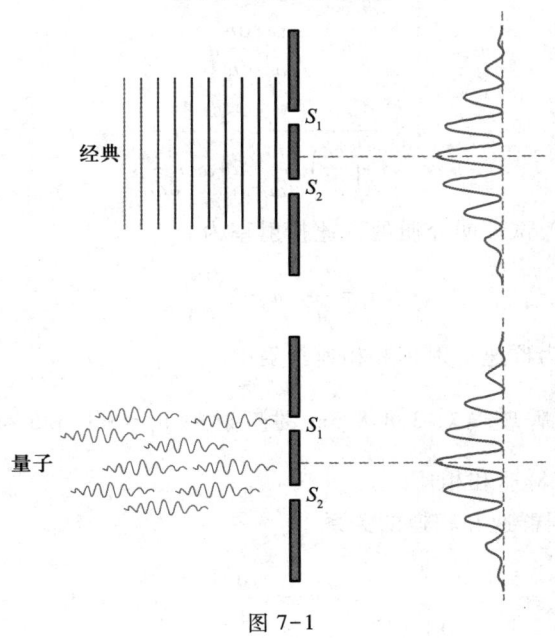

图 7-1

8. 关于光压的实验证明

1616 年,开普勒提出光压的概念. 1873 年,麦克斯韦用电磁波的理论证明了光压的存在,具体计算了光的压力. 1899 年,列别捷夫用实验证明了光压的存在.

四、例题示范

1. 相速与群速

7-1-1 试证群速可以写成

$$u = \frac{c}{n + \omega\left(\dfrac{dn}{d\omega}\right)}$$

解:由于 $\omega = kv$(因为 $\omega = 2\pi\nu = 2\pi\dfrac{v}{\lambda} = \dfrac{2\pi}{\lambda}v = kv$,$k$ 为波数)

$$u = \frac{d\omega}{dk} = v + k\frac{dv}{dk}$$

而

$$\frac{dv}{dk} = \frac{dv}{d\omega}\frac{d\omega}{dk} = \frac{dv}{d\omega}u$$

由于

$$v = \frac{c}{n}$$

$$\frac{dv}{d\omega} = \frac{dv}{dn}\cdot\frac{dn}{d\omega} = -\frac{c}{n^2}\frac{dn}{d\omega}$$

$$u = v - \frac{ck}{n^2}\frac{dn}{d\omega}u$$

所以

$$u = \frac{v}{1+\left(\dfrac{ck}{n^2}\right)\dfrac{dn}{d\omega}} = \frac{c}{n+\omega\left(\dfrac{dn}{d\omega}\right)}$$

7-1-2 (1)试证明介质的群速折射率为

$$n_g = \frac{c}{u} = n_p - \lambda\frac{dn_p}{d\lambda}$$

式中 n_g、n_p 分别为群速折射率和相速折射率.

(2)已知冕牌玻璃对 398.8 nm 的折射率 $n_p = -1.525\,46$,$\dfrac{dn_p}{d\lambda} = -1.26\times 10^{-4}\,\mathrm{nm}^{-1}$,试求其群速和相速.

解:(1)根据群速和相速的关系

$$u = v - \lambda\frac{dv}{d\lambda}$$

又
$$v = \frac{c}{n_p}$$

故
$$\frac{dv}{dn_p} = -cn_p^{-2} = -\frac{v}{n_p}$$

那么
$$\frac{c}{u} = \frac{c}{v - \lambda \frac{dv}{d\lambda}} = \frac{c}{v - \lambda \frac{dv}{dn_p} \cdot \frac{dn_p}{d\lambda}} = \frac{c}{v - \lambda \left(-\frac{v}{n_p}\right) \frac{dn_p}{d\lambda}}$$

$$= \frac{c}{v}\left(1 + \frac{\lambda}{n_p} \frac{dn_p}{d\lambda}\right)^{-1} \approx \frac{c}{v}\left(1 - \frac{\lambda}{n_p} \frac{dn_p}{d\lambda}\right)$$

即
$$n_g = n_p - \lambda \frac{dn_p}{d\lambda}$$

（2） $v = \dfrac{c}{n_p} = \dfrac{2.997\,925 \times 10^8}{1.525\,46}\ \mathrm{m \cdot s^{-1}} = 1.965\,26 \times 10^8\ \mathrm{m \cdot s^{-1}}$

$$u = v - \lambda \frac{dv}{d\lambda} = v + v\frac{\lambda}{n_p} \cdot \frac{dn_p}{d\lambda} = v\left(1 + \frac{\lambda}{n_p} \cdot \frac{dn_p}{d\lambda}\right)$$

$$= 1.965\,26 \times 10^8 \times \left[1 + \frac{398.8}{1.525\,46}(-1.26 \times 10^{-4})\right]\ \mathrm{m \cdot s^{-1}}$$

$$= 1.900\,52 \times 10^8\ \mathrm{m \cdot s^{-1}}$$

2. 黑体辐射

7-2-1 一空腔绝对黑体的侧壁开一小孔，现用光测辐射法测得黑体的辐出度为 $9.134 \times 10^{-3}\ \mathrm{W/m^2}$，试求空腔内的温度．

解：具有小孔的炉壁构成一个良好的黑体，其辐射规律遵循斯特藩-玻耳兹曼定律，即

$$M_0(T) = \sigma T^4$$

$$T = \sqrt[4]{\frac{9.134 \times 10^{-3}}{5.670\,51 \times 10^{-8}}}\ \mathrm{K} = 20\ \mathrm{K}$$

7-2-2 半径 $r = 1$ cm 的铜球具有绝对黑体的表面，将铜球放在抽空的容器内，使容器的壁保持接近绝对零度的温度．若铜球的初始温度 $T_0 = 300$ K．试问经过多长时间它的温度降到 $T = \dfrac{T_0}{n}$ ($n = 1.50$)？铜的比热容 $c = 3.8 \times 10^2\ \mathrm{J \cdot kg^{-1} \cdot K^{-1}}$．

解：当时间从 $t \to t + dt$，温度相应从 $T \to T + dT$，若在 dt 时间内辐出度 M_0 近似不变，即 $(M_0)_{T+dT} \approx (M_0)_T$，则根据斯特藩-玻耳兹曼定律，在 dt 时间内辐射的总能量为

$$E = \sigma T^4 \times 4\pi r^2 \times dt$$

另一方面，由热力学第一定律，温度的降低而辐射的能量为

$$E' = -cm\mathrm{d}T = -c\rho \times \frac{4}{3}\pi r^3 \times \mathrm{d}T$$

根据能量守恒定律可得

$$\sigma T^4 4\pi r^2 \mathrm{d}t = -c\rho \frac{4}{3}\pi r^3 \mathrm{d}T$$

即

$$\mathrm{d}t = -\frac{c\rho r}{3\sigma}\frac{\mathrm{d}T}{T^4}$$

则

$$\int_0^t \mathrm{d}t = \int_{T_0}^{\frac{T_0}{n}} -\frac{c\rho r}{3\sigma}\frac{\mathrm{d}T}{T^4}$$

$$t = \frac{c\rho r}{3\sigma}\left(\frac{n^3}{T_0^3} - \frac{1}{T_0^3}\right) = \frac{c\rho r(n^3 - 1)}{9\sigma T_0^3}$$

将各物理量的数值代入，得

$$t = \frac{3.8 \times 10^2 \text{ J} \cdot \text{kg}^{-1} \cdot \text{K}^{-1} \times 0.01 \text{ m} \times 8.9 \times 10^3 \text{ kg} \cdot \text{m}^{-3}[(1.5)^3 - 1]}{9 \times 5.670\,51 \times 10^{-8} \text{ J} \cdot \text{s}^{-1} \cdot \text{m}^{-2} \cdot \text{K}^{-4} \times (300 \text{ K})^3}$$

$$= 5\,829.2 \text{ s} \approx 1.6 \text{ h}$$

3. 光电效应和康普顿效应

7-3-1 已知铂的逸出功为 8 eV，现用波长为 300 nm 的紫外线照射，试问能否产生光电效应？

解：波长为 300 nm 的紫外线的光子能量为

$$E = h\nu = 6.626 \times 10^{-34} \times \frac{3 \times 10^8}{300 \times 10^{-9}} \text{ J} = 6.626 \times 10^{-19} \text{ J} = 4.14 \text{ eV}$$

由爱因斯坦光电效应方程，得

$$h\nu = \frac{1}{2}mv^2 + W$$

必须满足

$$h\nu \geqslant W$$

才能产生光电效应。而本题的条件是 $h\nu < W$，所以不足以形成光电效应。

7-3-2 以波长为 400 nm 的紫光照射金属表面，产生的光电子速度为 5×10^5 m·s^{-1}。试求：

（1）光电子的动能；

（2）光电效应的红限频率。

解：（1）光电子的动能

$$E_k = \frac{1}{2}mv^2 = \frac{1}{2} \times 9.11 \times 10^{-31} \text{ kg} \times (5 \times 10^5 \text{ m} \cdot \text{s}^{-1})^2$$

$$= 1.139 \times 10^{-19} \text{ J}$$

（2）根据爱因斯坦光电效应方程，得

$$\nu_0 = \frac{W}{h} = \frac{h\nu - \frac{1}{2}mv^2}{h}$$

$$= \frac{6.626\times10^{-34}\text{ J}\cdot\text{s}\times\frac{3\times10^8\text{ m}\cdot\text{s}^{-1}}{400\times10^{-9}\text{ m}} - 1.139\times10^{-19}\text{J}}{6.626\times10^{-34}\text{ J}\cdot\text{s}}$$

$$= 5.78\times10^{14}\text{ Hz}$$

7-3-3 波长为 0.1 nm 的 X 射线，入射在石墨上，被石墨所散射，求光子散射角为 $\frac{\pi}{6}$、$\frac{\pi}{4}$ 和 $\frac{\pi}{3}$ 时，康普顿散射所引起的波长较长的散射光，试问其波长各为多少？

解：根据康普顿散射公式

$$\lambda' = \lambda + \frac{2h}{m_0 c}\sin^2\frac{\theta}{2}$$

得，光子散射角为 $\frac{\pi}{6}$、$\frac{\pi}{4}$ 和 $\frac{\pi}{3}$ 时，散射光的波长分别为 λ'_1、λ'_2 和 λ'_3：

$$\lambda'_1 = \lambda + 2\times0.00241\sin^2\frac{\pi}{12}\text{ nm}$$

$$= (0.1 + 0.00032)\text{ nm} = 0.10032\text{ nm}$$

$$\lambda'_2 = \lambda + 2\times0.00241\sin^2\frac{\pi}{8}\text{ nm}$$

$$= (0.1 + 0.00071)\text{ nm} = 0.10071\text{ nm}$$

$$\lambda'_3 = \lambda + 2\times0.00241\sin^2\frac{\pi}{6}\text{ nm} = 0.10121\text{ nm}$$

7-3-4 以波长为 0.01 nm 的 X 射线经石蜡散射后沿与原来入射的方向成 $\pi/3$ 的方向散射，并假定被碰撞的电子是静止的．试求：

（1）散射光的波长；

（2）散射光子的频率的改变量．

解：（1）根据康普顿散射公式

$$\Delta\lambda = \frac{2h}{m_0 c}\sin^2\frac{\theta}{2} = \frac{2\times6.626\times10^{-34}}{9.11\times10^{-31}\times3\times10^8}\sin^2\frac{\pi}{6}\text{ m} = 0.00121\text{ nm}$$

故散射光的波长为

$$\lambda' = \lambda + \Delta\lambda = (0.01 + 0.00121)\text{ nm} = 0.01121\text{ nm}$$

（2）由于 $\nu = \frac{c}{\lambda}$，所以

$$\Delta\nu = \nu' - \nu = c\left(\frac{1}{\lambda'} - \frac{1}{\lambda}\right) = c\frac{\lambda - \lambda'}{\lambda\lambda'} = -\frac{\Delta\lambda}{\lambda'\lambda}c$$

$$= -\frac{0.001\,21 \times 10^{-9}}{0.01 \times 10^{-9} \times 0.011\,21 \times 10^{-9}} \times 3 \times 10^{8}\ \text{Hz}$$

$$= -3.24 \times 10^{18}\ \text{Hz}$$

式中负号表示光子的频率减小,即散射光的波长增加.

7-3-5 一个 0.3 MeV 的 X 射线光子与一个原来静止的电子发生对心碰撞. 试求反冲电子的速度.

解：在对心碰撞时,散射角为 π,因此

$$\Delta\lambda = \lambda' - \lambda = \frac{2h}{m_0 c}\sin^2\frac{\pi}{2} = \frac{2h}{m_0 c}$$

即

$$\lambda' = \lambda + \frac{2h}{m_0 c}$$

以 $\frac{1}{hc}$ 乘上式,得散射光子的能量：

$$\frac{1}{E'} = \frac{\lambda}{hc} + \frac{2}{m_0 c^2} = \frac{1}{h\nu} + \frac{2}{m_0 c^2} = \frac{1}{0.3\ \text{MeV}} + \frac{2}{0.511\ \text{MeV}}$$

$$E' = \frac{1}{7.25}\ \text{MeV}$$

另外,由能量守恒定律,得

$$E + m_0 c^2 = E' + \frac{m_0 c^2}{\sqrt{1 - \left(\frac{v}{c}\right)^2}}$$

移项,得

$$E - E' = m_0 c^2 \left[\frac{1}{\sqrt{1 - \left(\frac{v}{c}\right)^2}} - 1\right]$$

$$0.3\ \text{MeV} - \frac{1}{7.25}\ \text{MeV} = 0.511\ \text{MeV}\left[\frac{1}{\sqrt{1 - \left(\frac{v}{c}\right)^2}} - 1\right]$$

故

$$\frac{1}{\sqrt{1 - \left(\frac{v}{c}\right)^2}} = 1.3$$

$$v = 0.64\,c$$

7-3-6 动量为 60 keV/c 的光子在静止的自由电子上以 $2\pi/3$ 角受到康普顿散射,然后从钼原子中打出一个结合能为 20 keV 的电子. 试求光电子的动能.

解：利用 $\lambda = c/\nu$ 和 $\lambda' = c/\nu'$，可把康普顿散射公式改写成

$$\frac{c}{h\nu'} - \frac{c}{h\nu} = \frac{2}{m_0 c}\sin^2\frac{\theta}{2}$$

或

$$\frac{c}{h\nu'} - \frac{c}{h\nu} = \frac{1}{m_0 c}(1 - \cos\theta)$$

从而得到散射光子的能量为

$$h\nu' = \frac{h\nu}{1 + \dfrac{h\nu}{m_0 c^2}(1-\cos\theta)} = \frac{h\nu}{1 + \dfrac{2h\nu}{m_0 c^2}\sin^2\dfrac{\theta}{2}}$$

因为光子的静质量为零，故能量与动量的关系为

$$h\nu = pc$$

式中 p 为光子的动量．代入上式即得散射光子的能量为

$$h\nu' = \frac{pc}{1 + \dfrac{2p}{m_0 c}\sin^2\dfrac{\theta}{2}}$$

若以这一散射光子去电离钼原子的电子，那么光电子的动能为

$$E_k = \frac{pc}{1 + 2\left(\dfrac{pc}{m_0 c^2}\right)\sin^2\dfrac{\theta}{2}} - E_{结}$$

$$= \frac{60\ \text{keV}}{1 + 2\times\dfrac{60}{0.511\times 10^3}\sin^2\dfrac{\pi}{3}} - 20\ \text{keV} = 31\ \text{keV}$$

7-3-7 波长为 0.1 nm 的 X 射线和波长为 0.188 nm 的 γ 射线被一个电子产生 π/2 的康普顿散射，试求入射光子在散射时，失去的能量占总能量的百分比．

解：反冲电子的动能为

$$E_k = h\frac{c}{\lambda} - h\frac{c}{\lambda'}$$

由于 $\lambda' = \lambda + \Delta\lambda$，则

$$E_k = \frac{hc\Delta\lambda}{\lambda(\lambda + \Delta\lambda)}$$

在 $\theta = \dfrac{\pi}{2}$ 时，$\Delta\lambda = \dfrac{h}{m_0 c} = 0.00243\ \text{nm}$

对于 X 射线，$\lambda = 0.1\ \text{nm}$，得

$$E_k = \frac{1.24\times 10^{-6}\ \text{eV}\cdot\text{m}\times 0.00243\times 10^{-9}\ \text{m}}{0.1\times 10^{-9}\times (0.1 + 0.00243)\times 10^{-9}\ \text{m}^2} = 294\ \text{eV}$$

对于 γ 射线，$\lambda = 0.188\ \text{nm}$，则

$$E_k = \frac{1.24\times 10^{-6}\ \text{eV}\cdot\text{m}\times 0.00243\times 10^{-9}\ \text{m}}{0.188\times 10^{-9}\times (0.188 + 0.00243)\times 10^{-9}\ \text{m}^2} = 84.2\ \text{eV}$$

入射 X 射线光子的能量为

$$E = h\nu = \frac{hc}{\lambda} = \frac{1.24 \times 10^{-6} \text{ eV} \cdot \text{m}}{0.1 \times 10^{-9} \text{ m}} = 12.4 \text{ keV}$$

光子所损失的能量等于电子获得的能量,因此,能量损失的百分比为

$$\frac{294 \text{ eV}}{12\,400 \text{ eV}} \times 100\% = 2.4\%$$

入射 γ 射线光子的能量为

$$E = \frac{hc}{\lambda} = \frac{1.24 \times 10^{-6} \text{ eV} \cdot \text{m}}{0.188 \times 10^{-9} \text{ m}} = 660 \text{ keV}$$

同理,可得能量损失的百分比为

$$\frac{84.2 \text{ eV}}{660 \text{ keV}} \times 100\% = 0.012\,8\%$$

因此,在康普顿散射中,波长短的入射光子,能量损失百分比大,这相当于在散射时,波长短的康普顿位移的百分比也较大.

4. 光的波粒二象性

7-4-1　一电子在静电场下加速,加速电压为 2.0×10^4 V,加速后经一圆孔衍射,现测得第一级衍射最小对应的衍射角为 $1.5°$. 试求圆孔的直径.

解:在静电场加速下,电子所获得的动能,根据能量守恒定律可知

$$E_k = \frac{1}{2}mv^2 = eU = 1.6 \times 10^{-19} \times 2.0 \times 10^4 \text{ J} = 3.2 \times 10^{-15} \text{ J}$$

故电子的速度为

$$v = \sqrt{\frac{2E_k}{m}} = \sqrt{\frac{2 \times 3.2 \times 10^{-15}}{9.11 \times 10^{-31}}} \text{ m} \cdot \text{s}^{-1} = 8.38 \times 10^7 \text{ m} \cdot \text{s}^{-1}$$

电子的德布罗意波长为

$$\lambda = \frac{h}{p} = \frac{h}{mv} = \frac{6.626 \times 10^{-34}}{9.11 \times 10^{-31} \times 8.38 \times 10^7} \text{ m} = 0.008\,68 \text{ nm}$$

由圆孔衍射的第一级最小对应的衍射角,得

$$D = 1.22 \frac{\lambda}{\theta} = 1.22 \times \frac{0.008\,68}{\pi \times \frac{1.5}{180}} \text{ nm} = 0.404\,5 \text{ nm}$$

7-4-2　一质子在静电场中加速,加速电压为 10^4 V,经直径为 0.001 mm 的圆孔衍射,求第一级最小值对应的衍射角. 若一铅丸质量为 0.02 kg,以 30 m·s^{-1} 的速度穿过直径为 4 cm 的圆孔. 试求其第一级衍射最小值对应的衍射角,并比较结果.

解:质子的动能为

$$E_k = \frac{1}{2}m_p v^2 = qU = 1.6\times10^{-19}\times10^4 \text{ J} = 1.6\times10^{-15} \text{ J}$$

质子的速度为

$$v = \sqrt{\frac{2E_k}{m_p}} = \sqrt{\frac{2\times1.6\times10^{-15}}{1.67\times10^{-27}}} \text{ m}\cdot\text{s}^{-1} = 1.38\times10^6 \text{ m}\cdot\text{s}^{-1}$$

质子的德布罗意波长为

$$\lambda = \frac{h}{p} = \frac{h}{m_p v} = \frac{6.626\times10^{-34}}{1.67\times10^{-27}\times1.38\times10^6} \text{ m} = 2.875\times10^{-13} \text{ m}$$

第一级最小值对应的衍射角为

$$\theta = 1.22\frac{\lambda}{D} = 1.22\times\frac{2.875\times10^{-13}}{0.001\times10^{-3}} \text{ rad} = 3.51\times10^{-7} \text{ rad}$$

铅丸的德布罗意波长为

$$\lambda' = \frac{h}{mv'} = \frac{6.626\times10^{-34}}{0.02\times30} \text{ m} = 1.104\times10^{-33} \text{ m}$$

第一级最小值对应的衍射角为

$$\theta' = 1.22\frac{\lambda'}{D'} = 1.22\times\frac{1.104\times10^{-33}}{4\times10^{-2}} \text{ rad} = 3.37\times10^{-32} \text{ rad}$$

比较质子经过直径为 0.001 mm 的圆孔衍射角和铅丸经过直径为 4 cm 的圆孔衍射角将相差 25 个数量级. 故铅丸的衍射角几乎为零,即没有衍射现象. 由此得到如下结论:宏观物体的运动,粒子性是主要方面. 微观粒子,就其集中意义而言,它是粒子;在它运动时,就观察到衍射现象的意义而言,它是波动.

7-4-3 (1)若电子的动能等于它的静能,试求该电子的速度和德布罗意波长.(2)若一个光子的能量等于一个电子的静能,试问该光子的频率、波长和动量各是多少?

解:(1)根据狭义相对论,电子的动能为 $E_k = mc^2 - m_0 c^2$;而按题意,已知 $E_k = m_0 c^2$,所以有 $mc^2 = 2m_0 c^2$,即 $m = 2m_0$. 将 $m = \dfrac{m_0}{\sqrt{1-\dfrac{v^2}{c^2}}}$ 代入,即可得该电子的速度为

$$v = \frac{\sqrt{3}}{2}c = 0.866c$$

按德布罗意假设,该电子的波长为

$$\lambda = \frac{h}{p} = \frac{h}{mvc}\cdot c = \frac{hc}{2\times0.866 m_0 c^2} = 1.40\times10^{-3} \text{ nm}$$

(2)若一个光子的能量等于一个电子的静能,即 $E = m_0 c^2$,则可得光子的频率、波长和动量分别为

$$\nu = \frac{E}{h} = \frac{m_0 c^2}{h} = \frac{8.187 \times 10^{-14} \text{ J}}{6.626 \times 10^{-34} \text{ J} \cdot \text{s}} = 1.24 \times 10^{20} \text{ Hz}$$

$$\lambda = \frac{c}{\nu} = \frac{hc}{m_0 c^2} = \frac{1.24 \text{ keV} \cdot \text{nm}}{511 \text{ keV}} = 2.43 \times 10^{-3} \text{ nm}$$

$$p = \frac{E}{c} = \frac{m_0 c^2}{c} = m_0 c = 2.73 \times 10^{-22} \text{ kg} \cdot \text{m/s}$$

7-4-4 在理想条件下,正常的人眼接收到 550 nm 的可见光时,只要每秒光子数达 100 个就会有光的感觉,试问与此相当的光功率是多少?

解:正常的人眼有光的感觉时,相应的光功率为

$$P = 100 h\nu = \frac{100 hc}{\lambda} = 3.62 \times 10^{-17} \text{ W}$$

7-4-5 (1)在磁感应强度为 5.4 mT 的均匀磁场中,电子作半径为 1.2 cm 的圆周运动,试求它的德布罗意波长.(2)西欧中心的正负电子对撞机 LEP,每束电子的能量可达到 50 GeV,试求这些电子的德布罗意波长.

解:(1)这些电子的德布罗意波长为

$$\lambda = \frac{h}{p} = \frac{h}{eRB} = 0.12 \text{ nm}$$

(2)能量达到 50 GeV 的电子的德布罗意波长为

$$\lambda = \frac{hc}{E} = 0.025 \text{ fm}$$

五、内容提要

1. 光的相速度和群速度

当复色光在具有色散作用的介质中传播时,各单色光的波长不同,速度也不同,因此叠加后的波形不断发生变化. 叠加形成的调制包络的传播速度一般不同于各个单色光的传播速度. 我们把单色光的传播速度称为相速度,复色光调制包络的传播速度为群速度. 相速度表征单色光等相面的传播速度,群速度表征在吸收带区域之外,若干单色光叠加后能量密度最大部分的传播速度.

群速度 u 与相速度 v 的关系为

$$u = v - \lambda \frac{\delta v}{\delta \lambda}$$

2. 长度单位"米"的重新定义

1975 年第十五届国际计量大会和 1979 年第十六届国际计量大会慎重地讨论了重新定义米的问题.考虑到今后计量学的发展趋势是将物理量的基准建立在基本物理常量的基础上,米定义咨询委员会通过了一项建议,要求国际计量

委员会考虑一个新的米定义,于 1983 年提交第十七届国际计量大会讨论,这个定义是:

"米是光在真空中(1/299 792 458)s 时间间隔内所经路径的长度"。

3. 经典黑体辐射的困难和普朗克辐射公式

瑞利-金斯和维恩从经典物理学的普遍规律出发,得到的结论不能完整地解释实验结果.这表明在理论上解决绝对黑体辐射问题的唯一途径是必须变革经典物理的传统观念.普朗克的黑体辐射公式:

$$M_b(\lambda, T) = \frac{2\pi hc^2 \lambda^{-5}}{e^{\frac{hc}{\lambda kT}} - 1} \quad (7-1)$$

该公式与实验结果完全符合,不仅解决了黑体辐射理论的基本问题,而且揭示了有关辐射能量的量子性.

普朗克能量子假设的成功为物理学理论开拓了一个崭新的时代——量子理论时代.普朗克量子理论的胜利并不意味着经典物理学的完全失败,而是意味着人类对客观世界的认识更深刻了.量子物理和经典物理都是在一定条件下的产物.新的理论是在原有理论的基础上发展起来的.它高于原有的理论,而又不与原有理论中已经证实过的正确部分发生矛盾.事实上说明:普朗克的量子理论在一定条件下的近似,导致维恩公式和瑞利-金斯公式,从而肯定了这个公式成立的条件.

4. 光电效应和康普顿效应

人类对光的粒子性的认识和光电效应、康普顿效应等实验是分不开的.这些实验客观而有力地揭示着光的粒子性质.

1905 年爱因斯坦对光电效应作出了正确的理论解释.他在普朗克量子论的基础上,进一步假定电磁辐射能量也是量子化的,即一束光中含有许多光子,每个光子具有的能量为 $h\nu$,其中 h 为普朗克常量、ν 为辐射频率.利用上述假设正确地解释了光电效应.金属被光照射时,金属中的电子每次吸收一个光子的全部能量,从而能够克服金属表面对它的吸引而逸出到金属外面.按照能量守恒定律,得

$$h\nu = \frac{1}{2}mv^2 + W \quad (7-2)$$

这就是爱因斯坦光电效应方程.

爱因斯坦的光子理论对光电效应的实验规律的圆满解释表明:

光电效应是光具有粒子性的重要证据,每一个光子所具有的能量与其频率成正比,比例常数正是普朗克常量.

光电效应是入射的光子与物质中的电子相互作用的结果.在光子和电子的这种微观相互作用过程中,能量守恒定律仍然是成立的.

1923 年,康普顿在 X 射线的散射实验中,发现散射光的波长比入射光的波

长大. X射线被物质散射时,散射光波长增大的现象被称为康普顿效应. 康普顿效应是光具有粒子性的又一有力证据. 它表明光子不仅具有能量 $h\nu$,而且具有动量 $h\nu/c$. 康普顿效应使人们对光的粒子性的认识又进一步深化.

利用光的波动性无法解释康普顿散射. 康普顿利用光子的概念,简单而圆满地解释了他本人所发现的这种散射. 他假设入射光由许多光子组成,每个光子具有能量 $h\nu$ 和动量 $h\nu/c$. 他认为这种散射是光子与物质中的电子相互作用的结果,且假设光子与电子间的这种相互作用为光子与电子间的弹性碰撞,弹性碰撞符合能量守恒定律,从而导出:

$$\Delta\lambda = \frac{2h}{m_0 c}\sin^2\frac{\theta}{2}$$

这个结果与实验结果完全一致,这充分说明光的粒子图像是完全正确的. 这个图像比 1905 年爱因斯坦针对光电效应所提出的光的粒子性图像又跨出了一步,即光子不仅具有能量 $h\nu$,而且具有动量 $h\nu/c$;光子和电子做弹性碰撞的微观过程中,不仅能量守恒,而且动量也守恒. 这正是康普顿效应具有特殊重要地位的缘由.

5. 光的波粒二象性

光的干涉、衍射和偏振等现象充分而有力地表明光具有波动性. 另一方面,光的发射、光电效应和康普顿效应等又充分有力地表明光具有粒子性. 因此光既是波(是某特定波谱范围内的电磁波),又是粒子(是某特定能量范围内的光子),即光具有波粒二象性.

关于光的波粒二象性的物理图像如下:光的能量子称为光子,光子在很多方面具有经典粒子的属性,但是它们出现的概率却是按照波动光学的预言分布的. 由于普朗克常量极小,频率不十分高的光子能量和动量很小,在极大数情况下个别光子不易显现可观察的效应. 人们平时看到的是大量光子的统计行为,这将与波动光学所预言的一致. 只有在一些特殊场合,尤其涉及光的发射和吸收等过程时,个别光子的粒子性才会凸显出来. 因为光子的能量和动量正比于频率,可以预言,越是短波,粒子性将越明显. 这一点我们在黑体辐射问题中已看到了. 由于 X 射线和 γ 射线的波长极短,它们的粒子性已相当明显了,康普顿散射就是这方面的典型例子.

六、文献阅读

"康普顿效应"教学中疑点的浅释

(一) 问题的提出

康普顿在 1923 年做了康普顿散射实验,对辐射的粒子性确定曾起过重大的作用,而且说明了动量守恒定律和能量守恒定律在微观粒子的相互作用过程中同样成立,并还验证了狭义相对论. 因此,光学教材均讨论到康普顿效应.

一般光学教材中确定康普顿实验的康普顿波长偏移时,通常采用如下模型,即对所有轻原子,都假定散射过程仅是光子和电子的相互作用,而且电子被认为是自由的,由于是弹性碰撞,同时满足动量和能量守恒定律.并由此列出两个方程,通常解联立方程,得康普顿波长偏移为

$$\Delta\lambda = \frac{2h}{m_0 c}\sin^2\frac{\theta}{2}$$

式中 h、c 和 m_0 为常量,θ 表示散射线方向和入射线方向之间的夹角.并进一步再定性说明康普顿散射中也观察到原来波长的谱线.

作为光的量子性牢固和可靠的实验基础是光电效应和康普顿效应.在教学的安排上,康普顿效应是放在光电效应后面讲授的,而且定量讨论所涉及的知识正是读者所熟悉的能量守恒定律和动量守恒定律,这里读者将康普顿效应和光电效应比较,势必提出以下三个问题:

1. 既然康普顿效应和光电效应均是辐射场和物质的相互作用,为什么会出现不同的现象?

2. 和光电效应相仿,用微波或可见光替代 X 射线入射时,为什么观察不到康普顿效应?

3. 在守恒定律的运用方面,康普顿效应和光电效应中,既然考虑的都是光子和原子的作用,但在康普顿效应的讨论中,对光子和电子同时用了动量守恒定律和能量守恒定律,然而,在光电效应的讨论中,却只有光子和电子的能量守恒定律的表达式,而无相应的动量守恒定律的表达式.

(二) 康普顿效应和光电效应的区别和联系

下面拟就在康普顿效应教学中的这几个问题,谈一下看法.

1. 电子的束缚和自由

在光电效应中,入射的是可见光和紫外线,其光子的能量与电子受束缚的能量具有同一数量级.例如,589.3 nm 的钠光的每个光子的能量依据

$$\varepsilon = h\nu = \frac{hc}{\lambda}$$

可算得 $\varepsilon = 2.11$ eV

电子受束缚的能量,以钠为例约为 1.82 eV.再来考察一下,在康普顿效应中,入射的是 X 射线,其波长很短,光子的能量比电子的束缚能量要大得多.例如,波长为 $\lambda = 0.1$ nm 的 X 射线光子的能量为

$$\varepsilon = hc/\lambda = 12\ 400 \text{ eV}$$

这就不同于光电效应的情况,它远比电子的束缚能量大 10^4 倍.所以,相对而言,此时的电子可以认为是自由的,即不受原子核的束缚.故束缚和自由是相对入射光子的能量而言的.因此,光电效应和康普顿效应是在不同的入射光子的条件下出现的不同的物理现象,在光电效应中,光子被吸收和电子从靶中释放;在康普顿效应中,光子被散射和电子得到反冲.

2. 相对康普顿波长偏移

我们来观察一下不同的波长的入射光情况下,在 $\theta = \pi$ 的散射方向上,相对

康普顿波长偏移值如下表所示.

由表可以看到,如果用波长 λ 为 0.04 nm 的 X 射线入射时,康普顿波长偏移 Δλ 和入射波长 λ 有同一数量级. 若入射的是可见光,康普顿波长偏移相对入射光的波长而言,将是相当小的,那么,在实验的限度内,测量到散射光的频率与入射光的频率相同. 这就是为什么用可见光来作康普顿效应是不适宜的缘由.

	波长 λ/nm	相对康普顿波长偏移 $\left(\dfrac{\Delta\lambda}{\lambda}\right)$
微波	3×10^7	1.62×10^{-10}
钠光	589.3	8.25×10^{-6}
X 射线	0.048 6	0.1
γ 射线	1.88×10^{-3}	2.59

3. 动量守恒定律和能量守恒定律

正如上文已经指出的,在康普顿效应中,由于入射的 X 射线光子的能量远比电子受束缚的能量大. 因此,我们只要将电子和光子作为观察的系统,列出动量守恒和能量守恒的方程,不必计及原子核. 那么,在光电效应中,除了列出电子和光子的能量守恒方程外,是否也可以像康普顿效应一样. 列出电子和光子的动量守恒的方程呢? 答案是否定的,其原因在于光电效应中,入射的是可见光或紫外线,光子的能量约为几个电子伏,它和金属中电子的束缚能量具有相同的数量级,换言之,电子相对来讲,还是束缚较紧的. 因此,如果在光电效应中,要列出动量守恒定律方程的话,就得同时考察电子、光子和原子核的动量在碰撞前后的数值,不过在定量讨论光电效应时,列出这一方程并没有得出什么新的结果. 这样看来,在爱因斯坦方程中. 也必须同时考虑电子、光子和原子核之间的能量守恒. 其实,我们列出的恰恰是电子和光子的能量守恒方程,这又是什么原因呢? 我们知道,光子和原子碰撞时,由于电子受束缚,核的动量确实也发生了较大的变化,其数值等于电子和光子的动量变化.与此相反的核的动能变化为 $p^2/(2m)$,式中 m 为原子核的质量,由于原子核的质量远比电子的质量大,就以氢原子的质量为例,它比电子的质量大 1 840 倍,因此核的能量变化远比电子的为小,可以略去不计. 所以,爱因斯坦方程只表示了光子和电子之间的能量守恒,而没有相应的光子和电子的动量守恒的方程式,也就是这个缘故.

(三) 总结

综上所述,可以看出入射光子的能量大小在决定光电效应和康普顿效应发生的微观模型及其理论解释中所起的重要作用. 实际上,正是入射光能量的变化,引起了光子-电子作用机制的变化.在这里"自由"和"束缚"都是相对的. 而模型是根据不同的具体物理问题引出来的,因而都只适用于不同的特定的物理过程.

光电效应和康普顿效应只是光子和原子碰撞时,可能会发生的诸多效应中的两种,还可能引起电子偶的产生(光子湮没,其能量分化为电子和正电子的能量)等效应. 在电磁辐射和物质的相互作用中,有时产生光电效应,有时产生康普顿效应(也可产生其他更复杂的现象). 按量子力学理论,我们无法精确地给出这些过程到底哪一个实际会发生,但是我们能给出每一个过程出现的概率.实验表明,对同种靶物质来说,光电效应和康普顿效应发生的概率取决于入射光子的能量.因此我们可以选择某些条件使光电效应成为主要过程或选择其他条件使康普顿效应成为主要过程.而同样是光子和原子的碰撞问题,在不同的效应中采用不同的模型,作适当的理想处理,这是为了研究方便的需要,也是物理学处理问题常用的方法。

[摘自:物理教学探索.1985(2).宣桂鑫]

七、创新实验

实验 7-1　光电效应演示

实验 7-2　α粒子散射的模拟

实验 7-3　链式核反应的模拟实验

实验 7-4　模拟电子驻波

实验 7-5　声学劳厄衍射

实验 7-6　固态能带的声学模拟

第8章 现代光学基础

激光是通过辐射的受激发射而实现光放大.激光这种人工制造的强光束,具有方向性好、亮度大和相干性、单色性好等特点.激光是现代自然科学基础理论与现代技术相结合的产物.激光科学技术的发展已成为现代科学技术最活跃的领域之一,在激光物理、激光技术和激光应用等各个方面,都取得了巨大的进展,同时又产生许多新的分支学科,诸如全息光学、非线性光学、激光光谱学、光存储和光信息处理等.

一、框架建构

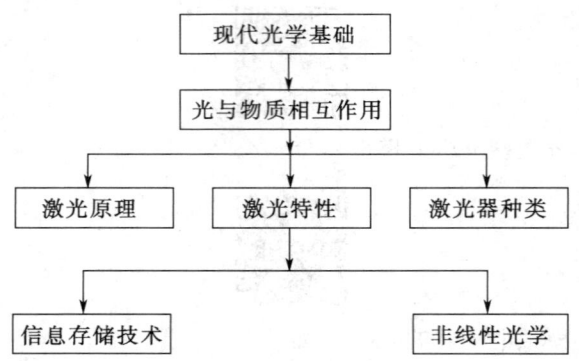

二、课程标准

1. 理解有关激光的亚稳态能级、受激发射光激励、粒子数反转、光振荡等基本概念.
2. 理解激光的特性及其应用.
3. 了解红宝石激光器、氦氖激光器和半导体激光器.
4. 了解非线性光学中的激光倍频、和频与差频技术.
5. 理解全息照相的基本原理.

三、内容分析

本章分为三单元.第一单元关于激光的基本原理(8.1—8.2);第二单元激

光的特性(8.3);第三单元激光的应用和分支学科(8.4—8.8).

1. 激光的基本原理

激光的发光机理

在正常状态下,原子将处在具有最小能量值的定态中. 换言之,正常状态下的原子是在最低能级中. 原子处在这个状态中不会辐射. 若由于在任何外界能量的激发,原子跃迁到了具有较大能值 E_2 的另一定态中,也即升到较高的能级,则它回到较小能值 E_1 的另一定态时,发射出一个能量为 $h\nu$ 的光子,这光子的能量为

$$h\nu = E_2 - E_1$$

光和物质的相互作用

光和物质的相互作用,可以归结为光与原子的相互作用. 这种相互作用,有三种主要物理过程:吸收、自发辐射和受激辐射.

处于基态 E_1 的原子,吸收了一个能量为 $h\nu$ 的光子以后,就激发到激发态 E_2. 在这种吸收过程中,不是任何能量的光子都能被一个原子所吸收的. 而只有当光子的能量恰好等于原子的能级间隔 E_2-E_1 时,这样的光子才能被吸收.

处于激发态的原子是不稳定的. 在不受外界的影响下,它们会自发地返回到基态去,从而放出光子. 这种自发地从激发态返回较低的能态而放出光子的过程,叫做自发辐射过程.

处于激发态的原子,如果在外来光子的影响下,引起从高能态向低能态的跃迁,并把两个状态之间的能量差以辐射光子的形式发射出去,这种过程叫做受激辐射.

当光和原子相互作用时,必然同时存在着吸收、自发辐射和受激辐射三种过程. 在达到平衡时,单位体积单位时间内通过吸收过程从基态跃迁到激发态去的原子数,等于从激发态通过自发辐射和受激辐射跃迁回基态的原子数.

粒子数反转

光与原子体系相互作用时,总是同时存在着吸收、自发辐射和受激辐射三种过程. 在一般情况下,吸收过程总是主要的,受激辐射过程是次要的. 但是在特定的条件下,在破坏了原子体系的平衡状态分布后,就有可能使受激辐射过程胜过吸收过程,而在这三过程中占主导地位. 这种特定的状态,叫做粒子数反转.

各种物质并非都能实现粒子数反转. 在能实现粒子数反转的物质中,也不是在该物质的任意两个能级间都能实现粒子数反转的. 要实现粒子数反转必须具备以下条件:其一,要看这种物质是否具有合适的能级结构;其二,要看是否具备必要的能量输入系统,以便不断地从外界供给能量,使该物质中有尽可能多的粒子吸收能量后,从低能级激发到高能级中去. 这一能量供给过程,叫做激励过程或泵浦过程. 此时,一个光子入射到一个原子体系后,在离开该原子体系时,成了两个或更多个的光子,而且这些光子具有完全相同的频率、偏振态、相位. 这样就实现了光放大. 因此激励过程是光放大的必要条件.

光振荡

处于激发态能级的原子,可以通过自发辐射或受激辐射而返回到基态. 在这两个过程中,自发辐射往往是主要的. 我们可以设计一种装置,使在某一方向上的受激辐射不断得到放大和加强,也就是说,使受激辐射在某一方向上产生振荡,以至于在这一特定方向上超过自发辐射. 这样我们就能在这一方向上实现受激辐射占主导地位的情况. 这种装置叫做光谐振腔. 在激光器中,光谐振腔起着正反馈、谐振和输出作用.

综上所述,为了实现光振荡而输出激光,除了具备能实现粒子数反转的工作物质,以及一个稳定的光谐振腔外,还必须减少损耗,加快泵浦抽运速率,从而使粒子数反转达到产生激光的阈值条件.

理论基础

1917 年,Albert Einstein 提出受激辐射和吸收概念.

1954 年,Townes、Basov、Prokhorov 提出利用受激辐射放大.

电磁波:MASER(M:microwave). NH_3 分子微波量子放大器研制成功.

1958 年,Townes、Schawlow 提出把 MASER 原理用到光频波段,并在理论上做了计算和证明;开放式谐振腔(借用 FP). 同时,Prokhorov 也提出光频波段 MASER. Bloembergen 提出光泵浦三能级原子系统实现原子数反转.

2. 激光的单色性和相干性

激光的单色性

原子发光是间隙的,亦即原子所发出的光并不是单一频率的,有一定的频率范围. 这些不同频率的光在光谐振腔内传播时,必然会干涉,而干涉的结果,就会使某些频率的光受到抑制,而某些频率的光得到加强. 所以激光的单色性比较好.

激光的相干性

相干性就是指空间任意两点光振动之间相互关联的程度. 光源的相干性可分为空间相干性和时间相干性. 空间相干性考虑的就是同一时刻不同点光振动之间的关联程度. 时间相干性考虑的就是同一时刻不同点的光振动之间的关联程度.

由于原子发光是间隙的,因此它总是有一个平均发光时间,我们称它为相干时间,并以 Δt_H 表示. 如果光的传播速度为 c,则 $c\Delta t_H$ 表示在相干时间内光经过的路程,我们称它为相干长度,并以 Δx_H 表示,于是就有下列关系式:

$$\Delta x_H = c\Delta t_H$$

由于谐振腔内的光束传播的衍射现象,为激光的相干性创造了条件. 若开始时,光波是空间不相干的,那么,在很多次来回反射后,由于衍射的结果,在衍射孔的边缘,光的衍射扩散使光束截面上各点射出的光线相互混合. 所以,在许多次衍射后,光束截面上一个点的光,不再仅仅与原光束的一点有联系,而是和整个截面相联系. 因此截面上各点是相关联的,这就使激光成为空间相干的了.

3. 激光器的种类

激光器的种类很多,如按激光器的工作物质性质分类,可分为气体激光器、固体激光器、液体激光器和半导体激光器等;如按激光器工作方式来分类,可分为连续的、脉冲的、调 Q 的与超短脉冲的等.

激光器的发展史

1960	Ruby
1961	He-Ne
1963	CO_2
1964	Ar^+,YAG
1966	Dye
1971	N_2
1975	CW Diode Laser
1977	Quantum Well Diode Laser
1980	KrF
1984	X-ray Laser
1987	Diode pumped YAG
1989	Ti:Sapphire(钛蓝宝石)
1992	11fs Ti:Sapphire
1997	4.5 fs Ti:Sapphire

X 射线激光器的发展历程

(1) 波长尽可能短的激光器的开发

1954	微波激射器的发明
1960	X 射线激光的思想的提出
1984	X 射线激光的实验观察
1992	第一台 19.6 nm X 射线激光的饱和状态工作
1996	短于 10 nm 的 X 射线激光运作
1997	5.8 nm 的饱和 X 射线激光运作

(2) 高重复率低激励的 X 射线激光器

1993	OFI 组合泵浦 X 射线激光运作
1994	毛细管放电 X 射线激光运作
1995	OFI 碰撞泵浦 X 射线激光运作
	运用焦耳级能量产生的饱和 X 射线激光
	纵向泵浦和回授泵浦饱和状态下的 X 射线激光(参数:波长 18.9 nm,150 mJ,10 Hz).
2012	成功实现第一个原子 X 射线激光器(斯坦福)

与激光有关的诺贝尔物理学奖

2012	量子光学	Serge Haroche, David Wineland
2005	光相干量子理论	Glauber
	基于精密光谱学激光的开发	Hall, Hänsch
2001	BEC 原子激光器	Cornell, Weimann
2000	半导体激光器	Alferov, Kroemer
1999	fs 化学激光激光器	Zewail
1997	原子阱激光器	Chu, Cohen-Tannoudji, Phillips
1981	激光光谱	Bloembergen, Shawlow
1963	激光原理	Townes, Prokhorov
1921	光电效应	Einstein

4. 非线性光学

当光与物质相互作用时,如果外界入射光场中的电场强度比构成物质的原子的内场弱得多,则物质中的电极化强度与电场强度成正比,即呈线性关系.这是传统经典光学所研究的线性光学内容.

非线性光学研究的是物质对光场的响应与光的场强的关系为非线性的.这在外界光场可与原子的平均场强相比拟时,非线性光学现象就显著.激光器的问世,为开展非线性光学的研究提供了高度相干性的高强度的光源.例如聚焦的高强度激光光束,其中电场强度可以高达 10^{12} V/m,很容易引起非线性响应.

5. 信息存储技术和信息光学

全息照相是既记录光的振幅又记录相位的照相,即把物光的所有信息全部记录下来,然后通过一定的方式再现出物体的立体图像.全息理论的实质是一种较为广义的双光束干涉场的理论.

信息光学包括光学传递函数、光学信息处理和全息照相等内容.对经典光学,若用信息光学所建立的概念和方法来研究,可以使人们在一个新的高度上来分析和综合光学现象,例如像质评价、成像理论.

6. 光镊

(1) 原理

如图 8-1 所示,当一个微粒(实心球)P 处于一个强度按高斯分布的激光光束中时,是由一束高度汇聚的激光形成的三维势阱,利用光的力学效应,可以捕获进而操控微小粒子,光束将对微粒产生一种梯度力 F,驱使其移向光束中心,并使其稳定在那里.这样,激光束就如同一把"镊子"将微粒牢牢抓住,并令其随光束人为地移动.

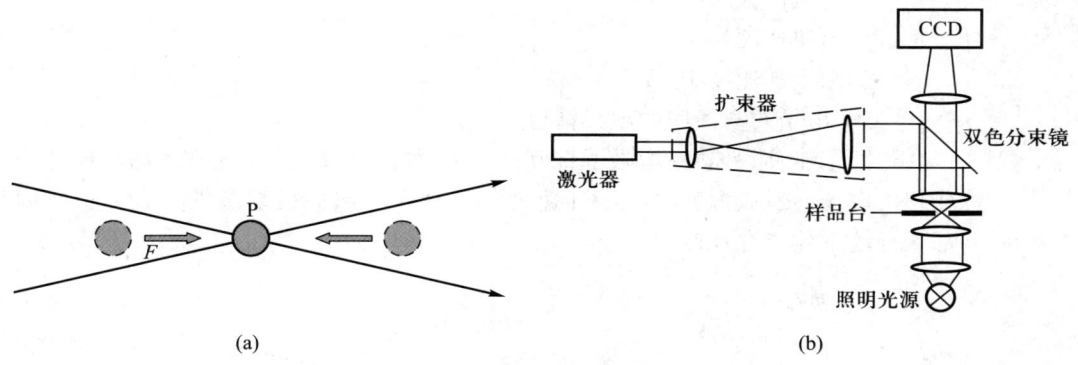

图 8-1 光镊和光镊系统示意图

（2）定义

光镊（optical tweezers）是一种通过激光束移动微小透明物体的装置. 其中把持物体的区域也称为光阱（optical trap），相应的技术称为光学捕获（optical trapping）.

（3）特点

光镊（光钳或光捕获）是一种特殊的光场形成的光势阱（简称光阱），是用光形成的镊子！光镊具有机械镊子抓取物体的功能，是类比机械镊子形象的称呼，它是纳米级的光学技术，光对物体作用力十分小，直至发明激光后的 1987 年才将光镊应用于生物学. 激光光镊的优点很明显，第一，对被操控的生物分子没有伤害；第二，现代的测量技术已能在纳米量级的线度上测量皮牛（10^{-12} N）量级的力，这种测量技术非常适用于生物分子，即活体测量；第三，对于大小与波长相当的微粒，光镊力产生的加速度约为 $10^5 g$（g 为重力加速度），可快速灵敏地捕获微粒.

（4）历史

光镊技术是美国科学家 Arthur Ashkin 于 1986 年发明的，光镊又称为单光束梯度力光阱（single-beam optical gradient force trap），简单地说，就是用一束高度汇聚的激光形成的三维势阱来俘获、操纵控制微小粒子. 光镊技术在微米尺度量级粒子的操纵控制、粒子间相互作用等方面的研究中发挥着重要的作用.

7. 超短超强激光

超短超强激光聚焦可以产生的极端条件：

(1) 极高光强 10^{18} W·cm^{-2}；

(2) 超短脉冲 10^{-15} s；

(3) 超强电场 10^{11} V·cm^{-1}；

(4) 超强磁场 10^2 T；

(5) 超高温度 10^9 K；

(6) 超强辐射场 10^{22} W·cm^{-3}；

(7) 超强压强 10^8 bar;

(8) 超快速度 $\sim c$;

(9) 超大加速度 $10^{19}g$;

(10) 电子与离子间的超强耦合度.

近几十年,激光功率增强了百万倍以上,如图 8-2 所示. 这样的超高或超强或超大电场、磁场、温度、压强、加速度等组合在一起的极端条件只有在恒星内部等环境下才能存在.

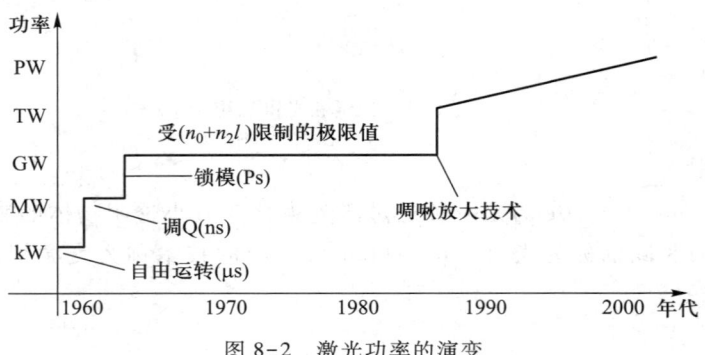

图 8-2 激光功率的演变

8. 激光应用

激光应用部分主要包括在精密测量中的应用、激光加工技术、激光医学、激光在信息技术中的应用和激光在科学技术前沿问题中的应用. 广泛介绍激光的应用信息旨在提高学生学习兴趣,用最新的研究成果提高学生信心,开拓难度较大的窗口预留给学生做发展方向,诸如光纤通信系统中的激光器和光放大器、激光全息三维显示、激光存储技术和激光扫描和激光打印机,激光在科学技术前沿问题中的应用包括:激光核聚变、激光冷却、激光操纵微粒、激光诱导化学过程和激光光谱学.

9. 与光学有关的诺贝尔物理学奖

2015-Takaaki Kajita, Arthur B.McDonald

2014-Isamu Akasaki, Hiroshi Amano, Shuji Nakamura, for inventing blue light-emitting diodes, 'a new, energy-efficient and environmentally friendly light source'

2012-Serge Haroche, David Wineland, for their work on quantum optics

2009-Charles K. Kao, Willard S. Boyle, George E. Smith

2005-Roy J. Glauber, John L. Hall, Theodor W. Hänsch

2001-Eric A. Cornell, Wolfgang Ketterle, Carl E. Wieman

2000-Zhores Ⅰ. Alferov, Herbert Kroemer, Jack S. Kilby

1997-Steven Chu, Claude Cohen-Tannoudji, William D. Phillips

1994-Bertram N. Brockhouse, Clifford G. Shull

1989-Norman F. Ramsey, Hans G. Dehmelt, Wolfgang Paul

1988-Leon M. Lederman, Melvin Schwartz, Jack Steinberger
1986-Ernst Ruska, Gerd Binnig, Heinrich Rohrer
1981-Nicolaas Bloembergen, Arthur L. Schawlow, Kai M. Siegbahn
1978-Pyotr L. Kapitsa, Arno A. Penzias, Robert Woodrow Wilson
1974-Martin Ryle, Antony Hewish
1971-Dennis Gabor
1966-Alfred Kastler
1964-Charles H. Townes, Nicolay G. Basov, Aleksandr M. Prokhorov
1961-Robert Hofstadter, Rudolf Mössbauer
1955-Willis E. Lamb, Polykarp Kusch
1953-Frits Zernike
1950-Cecil Powell
1944-Isidor Isaac Rabi
1937-Clinton Davisson, George Paget Thomson
1936-Victor F. Hess. Carl D. Anderson
1930-Sir Venkata Raman
1929-Louis de Broglie
1927-Arthur H. Compton, C.T.R. Wilson
1924-Manne Siegbahn
1923-Robert A. Millikan
1922-Niels Bohr
1921-Albert Einstein
1919-Johannes Stark
1918-Max Planck
1917-Charles Glover Barkla
1915-William Henry Bragg, William Lawrence Bragg
1914-Max von Laue
1912-Gustaf Dalén
1911-Wilhelm Wien
1908-Gabriel Lippmann
1907-Albert A. Michelson
1902-Hendrik A. Lorentz, Pieter Zeeman
1901-Wilhelm Conrad Röntgen

获奖成就：光纤通信、精细光谱技术、激光冷却、中子散射、电子光学、激光光谱学、光电子谱技术、光全息、激光、氢原子光谱、核磁共振、电子衍射、宇宙射线、光散射、电子波动性、光电效应、原子光辐射、光谱分裂、X射线衍射、黑体辐射、彩色照相、发现X射线、量子光学、LED和中微子等

四、例题示范

1. 激光的基本原理

8-1-1 以适当的激励使激光管发射波长 λ 为 693.6 nm 的巨脉冲,其波数 $\sigma = 14\,418 \text{ cm}^{-1}$. 假设可将每一脉冲视作一列幅值不变的线偏振波,脉冲的总能量 $W = 0.3$ J,脉冲持续时间 $\tau = 0.1$ ms,光束的截面为直径 5 mm 的圆,试计算:

（1）一个脉冲包含的光子数 n;

（2）激光脉冲所输运的能量体密度;

（3）计算波列中的电场强度的数值

解：（1）一个脉冲能量等于一个光子能量的 n 倍,即

$$W = nh\nu = nhc\sigma$$

于是

$$n = \frac{W}{hc\sigma} = \frac{0.3}{6.626 \times 10^{-34} \times 3 \times 10^8 \times 14\,418 \times 10^2} = 1.05 \times 10^{18}$$

（2）波列所占的体积为

$$V = S \cdot l = \frac{\pi d^2}{4} \cdot c\tau = \frac{\pi}{4}(5 \times 10^{-3})^2 \times 3 \times 10^8 \times 0.1 \times 10^{-3} \text{ m}^3 = 0.589 \text{ m}^3$$

能量密度为

$$u = \frac{W}{V} = \frac{0.3}{0.589} \text{ J/m}^3 = 0.509 \text{ J/m}^3$$

（3）按真空中的电磁场的能量密度的幅值为

$$u = \frac{1}{2}(\varepsilon_0 E^2 + \mu_0 H^2)$$

由于单色线偏振电磁波的电场和磁场的幅值之间的关系为

$$H = \sqrt{\frac{\varepsilon_0}{\mu_0}} E$$

将上式代入前式,得

$$u = \frac{1}{2}(\varepsilon_0 E^2 + \mu_0 H^2) = \frac{1}{2}\left(\varepsilon_0 E^2 + \mu_0 \frac{\varepsilon_0}{\mu_0} E^2\right) = \varepsilon_0 E^2$$

将 $\varepsilon_0 = 8.85 \times 10^{-12}$ C^2/(N·m^2) 和 $u = 0.509$ J/m^3 代入上式,得

$$E = \sqrt{\frac{u}{\varepsilon_0}} = \sqrt{\frac{0.509}{8.85 \times 10^{-12}}} \text{ V/m} = 2.398 \times 10^5 \text{ V/m}$$

8-1-2 波长为693.6 nm的巨脉冲激光束的通道上,置一个焦距f'为5 cm的凸透镜,若激光束的直径为5 mm,脉冲的总能量$W=0.3$ J. 如果将厚度为0.1 mm的钢片置于透镜的焦平面上. 试求:

(1) 中央衍射亮斑的半径r;

(2) 考虑到透镜的吸收,设此亮斑包含着脉冲能量的75%,钢片的吸收系数为0.1,试问所吸收的能量如果转化为热能时,则一个脉冲是否将钢片熔化. 已知钢片的密度$\rho=7.83$ g/cm³,比热容$c=0.11\times4.18$ J/(g·℃),熔点$t'=1\,525$ ℃,钢片的初温$t_0=25$ ℃.

解:(1) 由艾里斑的公式可知

$$r \approx f'\theta = f' \times 1.22\frac{\lambda}{d} = 5\times 1.22\times \frac{693.6\times 10^{-7}}{0.5}\text{ cm}$$

$$= 8.46\times 10^{-4}\text{ cm} = 8.46\times 10^{-6}\text{ m}$$

(2) 若考虑以钢片的厚度为半径的半球钢块的受热情况,该半球的质量为

$$m = \frac{1}{2}\left(\frac{4}{3}\pi r^3\right)\cdot\rho = \frac{1}{2}\left(\frac{4}{3}\pi\times 0.01^3\right)\times 7.83\text{ g}$$

$$= 1.64\times 10^{-5}\text{ g} = 1.64\times 10^{-8}\text{ kg}$$

为了使温度升高到熔点,所需的热量为

$$Q = cm\Delta t = 0.11\times 4.18\times 1.64\times 10^{-5}\times(1\,525-25)\text{ J}$$

$$= 1.13\times 10^{-2}\text{ J}$$

在一个脉冲内,钢片所吸收的总能量为

$$W' = 0.3\times 0.75\times 0.1\text{ J} = 2.25\times 10^{-2}\text{ J}$$

由上面的计算可知:$W'>Q$,所以钢片在巨脉冲聚焦点将被熔化.

8-1-3 氢原子处于能量为0.85 eV的一个定态中,它由这一定态向下跃迁到另一态,该态的激发能(指该态与基态之间的能量差)为10.2 eV. 试求:

(1) 所辐射的光子的能量;

(2) 这是从第几态跃迁到第几态?

解:(1) 设氢原子的电子与原子核相距无限远时,作为电势能的零点,即零电子伏,那么基态$n=1$时的能量最低,其数值为

$$E_1 = -13.6\text{ eV}$$

根据题意所述的定态的能量为

$$E_{n_2} = -0.85\text{ eV}$$

设电子的另一定态的能量为E_{n_1},根据题意

$$E_{n_1}-E_1 = 10.2\text{ eV}$$

所以

$$E_{n_1} = -3.4\text{ eV}$$

所以由E_{n_2}向下跃迁到E_{n_1}时辐射光子的能量为

$$h\nu = E_{n_2} - E_{n_1} = [-0.85 - (-3.4)] \text{ eV} = 2.55 \text{ eV} = 4.08 \times 10^{-19} \text{ J}$$

故光子的频率为

$$\nu = \frac{4.08 \times 10^{-19}}{6.626 \times 10^{-34}} \text{ s}^{-1} = 6.16 \times 10^{14} \text{ s}^{-1}$$

光的波长为

$$\lambda = \frac{c}{\nu} = \frac{3 \times 10^8 \times 10^9}{6.16 \times 10^{14}} \text{ nm} = 487 \text{ nm}$$

（2） E_{n_2}、E_{n_1} 态的 n 值由（8-5）式* 可知

$$n_2^2 = -\frac{2\pi^2 m e^4 Z^2 k^2}{E_{n_2} h^2}$$

$$= -\frac{2\pi^2 \times 9.1 \times 10^{-31} \times (1.602 \times 10^{-19})^4 \times 1^2 \times (8.988 \times 10^9)^2}{-0.85 \times 1.6 \times 10^{-19} \times (6.626 \times 10^{-34})^2} = 16$$

即

$$n_2 = 4$$

$$n_1^2 = -\frac{2\pi^2 m e^4 Z^2 k^2}{E_{n_1} h^2}$$

即

$$n_1 = 2$$

故由 $n_2 = 4$ 向 $n_1 = 2$ 跃迁.

2. 激光的单色性和相干性

8-2-1 （1）钠低压放电管发出 $\lambda = 589$ nm 的黄光, 其多普勒宽度 $\Delta\lambda = 0.00194$ nm, 计算黄光频率、频宽及其相干长度.（2）一 He—Ne 激光器发出波长为 632.8 nm 的红光, 设其半强度宽度为 $\Delta\lambda' = 10^{-8}$ nm, 试求此激光器的相干长度.

解：（1）钠黄光的频率为

$$\nu = \frac{c}{\lambda} = \frac{3 \times 10^8}{589 \times 10^{-9}} \text{ Hz} = 5.0934 \times 10^{14} \text{ Hz}$$

将 $\nu\lambda = c$ 微分, 得

$$\nu\Delta\lambda + \lambda\Delta\nu = 0$$

故

$$\Delta\nu = -\frac{\Delta\lambda}{\lambda}\nu$$

负号代表 $\Delta\lambda$ 增加时, $\Delta\nu$ 减少. 故多普勒宽度相当的频宽为

$$|\Delta\nu| = \frac{\Delta\lambda}{\lambda}\nu = \frac{0.00194}{589} \times 5.0934 \times 10^{14} \text{ Hz} = 1.678 \times 10^9 \text{ Hz}$$

钠低压放电管的相干长度 Δl_H 根据 8.6 节公式

$$\Delta l_H = c\Delta t_H = \frac{c}{\Delta\nu} = \frac{c\lambda}{\Delta\lambda \cdot \nu} = \frac{\lambda^2}{\Delta\lambda} = \frac{589^2}{0.00194} \text{ nm} = 17.88 \text{ cm}$$

---

* 光学教程(第六版)的(8-5)式

(2) He-Ne 激光器的相干长度 $\Delta l'_H$ 为

$$\Delta l'_H = \frac{\lambda'^2}{\Delta \lambda'} = \frac{(632.8)^2}{10^{-8}} \text{ nm} = 4 \times 10^4 \text{ m} = 40 \text{ km}$$

由此可见,He-Ne 激光器的单色性远比普通光源高,时间相干性较一般光源好得多.

8-2-2 如果某种原子的激发态寿命为 10^{-8} s,其发出的光的波长为 600 nm,试问自然频宽是多少?

解:根据激发态寿命 $\Delta \tau$ 和自然线宽所对应的频宽 $\Delta \nu$ 的关系可知

$$\Delta \nu = \frac{1}{\Delta \tau}$$

又由波长和频率的关系

$$c = \nu \lambda$$

上式微分后,得

$$\lambda \Delta \nu + \nu \Delta \lambda = 0$$

故

$$\Delta \lambda = \frac{\lambda \Delta \nu}{\nu} = \frac{\lambda^2}{c \Delta \tau} = \frac{600^2}{3 \times 10^8 \times 10^9 \times 10^{-8}} \text{ nm}$$
$$= 1.2 \times 10^{-4} \text{ nm}$$

8-2-3 设氩离子激光器输出基模 488 nm 的频宽为 4 000 MHz,求腔长 1 m 时,光束中包含几个纵模? 两相邻波长的波长差为多少?

解:氩离子激光器的基频为

$$\nu = \frac{c}{\lambda} = \frac{3 \times 10^8 \times 10^9}{488} = 6.15 \times 10^{14} \text{ Hz}$$

其频宽为 $\Delta \nu = 4 \times 10^3$ MHz $= 4 \times 10^9$ Hz,则可计算对应的波长间隔为

$$|\Delta \lambda| = \frac{\Delta \nu}{\nu} \lambda = \frac{4 \times 10^9}{6.15 \times 10^{14}} \times 488 \text{ nm} = 0.003\ 17 \text{ nm}$$

现谐振腔长为 $l = 1$ m,腔内折射率 $n = 1$,这是相当于法布里-珀罗干涉仪,其相长干涉的条件是光程差应满足下列条件

$$\delta = 2nl \cos i_2 = j \lambda$$

式中 $n = 1, l = 1$ m $= 10^9$ nm,$\cos i_2 = 1$,将上式两边微分,得

$$\lambda \Delta j + j \Delta \lambda = 0$$

即

$$\Delta j = -\frac{\Delta \lambda}{\lambda} j$$

故

$$|\Delta j| = \frac{\Delta \lambda}{\lambda} j = \frac{\Delta \lambda}{\lambda} \frac{2nl}{\lambda} = 2l \frac{\Delta \lambda}{\lambda^2}$$
$$= 2 \times 10^9 \times \frac{0.003\ 17}{488^2} = 26.62$$

所以光束中包含26个纵模.

其次计算相邻波长的波长差 $\Delta\lambda'$,这可将频宽对应的波长间隔除以纵模数得到

$$\Delta\lambda' = \frac{\Delta\lambda}{\Delta j} = \frac{0.003\ 17}{26.62}\ \text{nm} = 0.000\ 119\ \text{nm}$$

通过该题的计算可知,减小腔长可使纵模个数减少,从而提高输出激光的单色性.

8-2-4 Pb-Sn-Te 激光器的工作波长 λ_0 为 10 600 nm,这一激光器和 CO_2 激光器外差,并观察到小至 50 kHz 的带宽. 试求 Pb-Sn-Te 激光器相应的频率稳定度和相干长度.

解:$\Delta\nu = 54 \times 10^3$ Hz,故频率的稳定度为

$$\frac{\Delta\nu}{\nu_0} = \frac{(\Delta\nu)\lambda_0}{c} = \frac{(54 \times 10^3) \times (10\ 600 \times 10^{-9})}{3 \times 10^8} = 1.91 \times 10^{-9}$$

近似于十亿分之一.

相干长度为

$$\Delta l_H = c\Delta t_H = \frac{c}{\Delta\nu} = \frac{3 \times 10^8}{54 \times 10^3}\ \text{m} = 5.56 \times 10^3\ \text{m}$$

8-2-5 太阳光照射到地球上的辐射能每分钟每平方厘米为 8.36 J,求它的电场强度. 又设氩离子激光器输出的单色光波长为 488 nm,功率为 2 W,光束截面直径为 2 mm,试求它的电场强度.

解:能量密度 u 和能流密度 uc 分别为

$$u = \varepsilon_0 E^2, \quad uc = \frac{P}{\pi r^2}$$

式中 ε_0 为真空中的电容率,其值为 8.85×10^{-12},E 为电场强度,其单位为 V/m,u 的单位为 J/m³. c 为光速,P 为功率.

故太阳光辐射到地面时辐射能的电场强度为

$$E = \sqrt{\frac{u}{\varepsilon_0}} = \sqrt{\frac{8.36}{60 \times 0.01^2 \times 3 \times 10^8 \times 8.85 \times 10^{-12}}}\ \text{V/m} = 7.24 \times 10^2\ \text{V/m}$$

对氩离子激光器而言,光束的截面积为

$$\pi r^2 = \pi \cdot 0.001^2\ \text{m}^2 = 10^{-6}\pi\ \text{m}^2$$

$$u = \frac{P}{\pi r^2 c} = \frac{2}{\pi(0.001)^2 \times 3 \times 10^8}\ \text{J/m}^3$$

故

$$E = \sqrt{\frac{u}{\varepsilon_0}} = \sqrt{\frac{2}{\pi(0.001)^2 \times 3 \times 10^8 \times 8.85 \times 10^{-12}}}\ \text{V/m} = 1.55 \times 10^4\ \text{V/m}$$

3. 激光器

8-3-1 设想采用某种开关把连续激光光束(假定是单色的,$\lambda_0 = 632.8$ nm)

截成 0.1 ns 长的脉冲. 试计算所得脉冲的长度线宽 $\Delta\lambda$、带宽 $\Delta\nu$. 如果斩波频率为 10^{15} Hz, 试求其带宽和线宽.

解: 脉冲的长度为
$$\Delta l = c\Delta t = 3\times 10^8 \times 10^{-10} \text{ m} = 3\times 10^{-2} \text{ m}$$

脉冲的带宽为
$$\Delta\nu = \frac{1}{\Delta t} = 10^{10} \text{ Hz}$$

脉冲的线宽为
$$\Delta\lambda = \frac{\lambda^2}{\Delta l} = \frac{(632.8\times 10^{-9})^2}{3\times 10^{-2}} \text{ nm} = 0.013\ 3 \text{ nm}$$

如果斩波频率为 10^{15} Hz 时, 所得脉冲的带宽和线宽分别为
$$\Delta\nu = 10^{15} \text{ Hz}$$
$$\Delta\lambda = \frac{\bar\lambda^2}{\Delta l} = \frac{\bar\lambda^2}{c\Delta t} = \frac{\bar\lambda^2}{c}\Delta\nu = \frac{(632.8\times 10^{-9})^2}{3\times 10^8}\times 10^{15} \text{ nm} = 1\ 334.79 \text{ nm}$$

8-3-2 长度为 100 cm 的 He-Ne 激光器, 发射光波波长为 632.8 nm, 试计算出相邻两个共振频率的差值, 若氖放电管所发射的光波的频宽 $\Delta\nu = 1.5\times 10^9$ Hz, 试问从谐振腔发射出来的光波频率的数目?

解: 根据多光束干涉相长条件可知
$$2l = j\lambda$$
即
$$\nu = j\frac{c}{2l}$$

那么相邻两个共振频率的差值 $(\Delta\nu)'$, 根据
$$\nu_1 = j\frac{c}{2l}$$
$$\nu_2 = (j+1)\frac{c}{2l}$$

可得
$$(\Delta\nu)' = \nu_2 - \nu_1 = \frac{c}{2l}$$
$$(\Delta\nu)' = \frac{3\times 10^8}{2\times 1} \text{ Hz} = 1.5\times 10^8 \text{ Hz}$$

如果用 $(\Delta\lambda)'$ 表示两个相邻共振波长之差, 则
$$(\Delta\lambda)' = \frac{(\Delta\nu)'}{\nu}\lambda = \frac{\lambda^2}{2l} = \frac{(632.8\times 10^{-9})^2}{2\times 10^{-9}} \text{ nm} = 2\times 10^{-4} \text{ nm}$$

从谐振腔发射出来的光波频率个数为
$$\frac{\Delta\nu}{(\Delta\nu)'} = \frac{1.5\times 10^9}{1.5\times 10^8} = 10$$

五、内容提要

1. 原子发光的机理

当电子从一个能量较大的状态跃迁到一个能量较小的状态时,电子的总能量发生变化. 这部分能量就以光子的形式辐射出来.

2. 光与原子的相互作用

光与物质的相互作用,可以归结为光与原子的相互作用. 这种相互作用,有三种主要过程:吸收、自发辐射和受激辐射.

受激辐射发出来的光子与外来光子具有相同的频率,相同的发射方向,相同的偏振态和相同的相位.

3. 粒子数反转

受激辐射过程和吸收过程是矛盾的. 通常情况下,吸收过程总是主要的,受激辐射过程是次要的,但是在特定的条件下,在破坏了原子体系的平衡态分布后,就有可能使受激辐射过程处于绝对优势. 这样一个特定的状态,就是粒子数反转.

4. 光振荡的条件

为了实现光振荡而输出激光,除了具备能实现粒子数反转的工作物质和一个稳定的光学谐振腔外,还必须减少损耗,加快泵浦抽运速率,从而使粒子数反转数达到激光的阈值条件.

5. 激光的单色性

在满足阈值条件下,谐振腔内的光线在轴线方向不断得到放大和振荡. 如果从物理光学的角度来观察光波在腔内多次来回反射所形成的各级反射波,可以看到这些反射波必然会产生干涉,而干涉的结果会提高最后发射的激光的单色性.

6. 激光的相干性

激光器所发射的激光的单色性是很好的,即激光的 $\Delta \nu$ 很小,比普通光的 $\Delta \nu$ 小得多,这样就可以得到结论,激光的相干时间很长,即激光的时间相干性很好.

衍射使激光的能量受到损失,但却为激光的空间相干性创造了条件. 如开始时光波是空间不相干的,那么由于衍射的结果,在多次来回反射后的衍射孔边缘处,由于光的衍射扩散,不仅向外并且也向内发射光束. 也就是说,衍射孔使从光束截面上各点射出的光线相互混合.所以在许多次衍射后,光束截面上一个点的光,不再仅与原光束的一点相联系,而且和整个截面有联系. 因此截面上各点是相关联的,在这种情况下,就建立了光束的空间相干性.

7. 全息照相的原理

利用光的干涉原理可解释全息的记录. 利用光栅的衍射可以说明全息照相的再现.

8. 光盘存储技术

激光视盘、唱盘及只读式光盘所应用的是只读性技术. 可以写入、删除、再写入的可逆光盘记录系统也已投入应用.

六、文献阅读

激光器的诞生及其发展

如同一个人的成长一样,激光器也经历着从孕育、诞生、幼年和成年等各个阶段. 对于激光器,1916 年爱因斯坦提出受激辐射概念时就开始其准备时期. 经过长达 40 年之后,到 1957 年 10 月汤斯访问了贝尔实验室,与肖洛紧密合作,探讨把法布里-珀罗谐振腔用于光频段的甚短电磁波的选模,而后才导致 1960 年第一个激光器的诞生. 1970 年以前是它的幼年期,以后则是它的成年.

我们以人的发育史来比拟激光器的发展历史,是想用来回答人们常常会提出的一些问题. 诸如为什么激光器不能早几年出世? 为什么要经过从微波激射器到激光器的曲折道路? 分析这些问题,了解激光器历史进程的种种背景,便能深刻阐明这一特定历史进程的原因和特点.

(一) 准备时期(1916—1957)

激光器的首次运转成功竟花了整整 40 年的时间做准备,这似乎是太长了点吧! 但是只要回顾一下这一时期整个物理学的现状,就不难发现它是合乎逻辑的. 1916 年爱因斯坦在考察了辐射的吸收后,首次引进受激辐射的概念,他当时称为"由于辐照引起的状态改变",受激辐射一词是在 1924 年由胡雷克(Van Vleck,1899—1980)提出的. 爱因斯坦在文章中写道:

"如果把普朗克谐振子置于辐射场中,则辐射电磁场对谐振子做功,谐振子的能量就被改变. 这功可正可负,取决于谐振子和辐射场的相位. 我们相应地引入下列量子理论假设. 在频率为 ν 的辐射密度 ρ 的影响下,分子根据概率规律

$$\mathrm{d}W = B_n^m \rho \mathrm{d}t \tag{B}$$

吸收辐射能量 $\varepsilon_m - \varepsilon_n$,从状态 Z_n 跃迁到状态 Z_m. 同样我们假设在辐射场影响下和释放能量 $\varepsilon_m - \varepsilon_n$ 联系在一起的从 Z_m 到 Z_n 的跃迁也是可能的,它也满足概率

$$\mathrm{d}W = B_m^n \rho \mathrm{d}t \qquad (B')$$

式中 B_n^m 和 B_m^n 为常量. 我们将给这两个过程命名为由于辐射引起的状态改变."

爱因斯坦得到了在热平衡下自发辐射、受激辐射和受激吸收之间的关系式. 这里实际上已为后人的研究埋下伏笔:为了突出受激辐射,必须破坏热平衡状态. 而且,爱因斯坦也预言了受激辐射的相干性. 他写道:"一辐射束作用在一个它所碰到的分子,分子通过基元过程吸收或释放取辐射形式的量子 $h\nu$,那么总有冲量 $h\nu/c$ 传给分子,并且在能量吸收过程中取辐射束的传播方向,而在能量释放过程中则取相反方向." 如果分子以辐射形式释放能量,则"这个过程还是一个有方向的过程". 这样,爱因斯坦就预言了受激辐射和外界激励辐射在能量和动量上的完全一致. 后来爱因斯坦又指出这两种辐射具有相同的偏振.

爱因斯坦关于受激辐射的概念虽然引起了当时物理学界的广泛注意,但是理解是不深刻的,更没有从实验上去证明和探索受激辐射的客观存在. 第一个证实受激辐射的是拉登堡(R.Ladenburg,1882—1952),他在 1928 年观察到气体放电时由受激辐射造成的负色散效应. 克莱姆(Kramers)在一篇论文里写道:"在发射谱线的频率附近,原子发生类似于吸收线的反常色散". 他说:"这种所谓的负色散是与爱因斯坦所作的预料紧密联系着的,就是说,这一频率的原子将显示负吸收,即这种频率的光波在通过处于考察状态下的大量原子时,其强度将增强." 拉登堡用镰刀法验证的负色散实验,发表在德国《物理杂志》,拉登堡在论文的结尾中写道:"这种负色散对应辐射理论中的负吸收,对应普朗克黑体辐射公式分母中的(-1)这一项. 这用爱因斯坦对这公式的推导可以容易地给以证明."

对受激辐射和负吸收的概念虽然已经完善地建立起来.但真正实现辐射的受激放大器件却在遥远的二十年以后.正如拉姆(W.E.Lamb Jr.)后来回忆道:"负吸收的概念在那时对我们来说是新鲜的,我们并不知道早期的文献……我想我们是知道辐射为相干的,如输入信号,但我们没有把负吸收与自持振荡联系起来. 即使联系起来了,至少仍有三个因素妨碍我们发明微波激射器:(1)我们的兴趣集中在氢的精细结构上;(2)所预期的吸收(增益)很小,并且怀疑它的迹象;(3)在所用频率上的振荡器已有现成的了."

第二次世界大战迫使科技向着军事方面发展.要产生和探测雷达微波,促进了研制高功率微波发生器、高灵敏晶体探测器、窄带放大器和锁相检测器等. 这些微波和半导体器件的新的科技导致核磁共振的建立.通过核磁共振的研究,人们考虑了各能级的粒子数改变的可能性,并企图通过负温度概念引入粒子数反转. 大战期间被委派为设计雷达投弹系统的汤斯(C.H.Townes),在战后参加了哥伦比亚大学辐射实验室的继续战时计划,研究产生毫米波的磁控管,这使汤斯很快成为微波波谱学的权威. 他"设计了草图,计算了设备,去做一个分子束系统,把高能分子从低能分子中分离出来,把它们送去通过一个腔体,那里有电磁辐射把分子中来的发射进一步激发,以便提供反馈,使其达到连续振荡." 终于在 1953 年的一天,微波激射器第一次在实验室运转成功,文章在《物理学评论》上发表.

纵观这40年的准备阶段,可以看到,尽管受激辐射或负吸收等概念在理论上已经建立,实验上也已证实,但人们的认识还不深刻,整个物理学界的注意力集中在建立量子力学和相对论上,而当技术手段日趋成熟的时候,反法西斯战争又迫使人们接受一切为了战争这一无可非议的立场.这样,就使这段准备时期显得缓慢,进展曲折.

(二) 关键时期(1957—1960)

早在1951年,汤斯就在考虑"需要一个方法去制造一个非常小巧而精确的谐振腔,腔内有某种形式的能量可以耦合到电磁场去."对于光学波段来说,这种谐振腔的尺寸小到无法制造.1957年10月,担任顾问的汤斯访问了贝尔实验室,与肖洛(汤斯的妹夫)密切合作,开始考虑把法布里-珀罗谐振腔用于光频段的超短电磁波的选模.这次访问太重要了.果然,不出3年,激光器这个新生婴儿呱呱坠地.当然,激光器迟早总是会产生的,科学历史有其发展的必然性.但是发明者的桂冠落在谁的头上,历史还是要作一番选择的,不过可以肯定,总是选择那些在科学研究道路上勤勤恳恳的耕耘者.汤斯和肖洛决定把他们的设想写出来,建议用法布里-珀罗干涉仪作为选模和振荡的谐振腔.论文深入讨论了腔体的选择及选模特性、跳模和由于腔的线度变化引起的模式不稳定以及模式竞争现象.论文在1958年8月送到了《物理学评论》编辑部并于同年12月发表(在这之前还申请了专利).

汤斯和肖洛想到这一办法,使他们为激光器的诞生做出贡献,这是与他们的经历分不开的.前面已讲过汤斯一直在微波波段做研究,是一个氨分子微波激射器的发明者.他很自然地会想到把同样的器件扩展到光学波段.而作为贝尔实验室研究人员的肖洛早已是一个光谱学家,还曾用法布里-珀罗干涉仪作论文.这个时候,激光器诞生在科学历程上已是瓜熟蒂落的时候,它随时都可能从地球上任一角落里冒出来.汤斯和肖洛的工作更引起人们的极大兴趣,很多实验室都在日以继夜地寻找光学微波激射器的可能使用材料和方法.戈尔脱(G.Gould)于1959年4月申请美国专利,内容与肖洛-汤斯专利类似.狄克(R.H.Dicke)在1958年也从法布里-珀罗干涉仪的利用申请了专利,并且建立不求助于反馈而在微波和红外频段产生相干辐射的新颖独创的思想.前苏联的法勃利康(V.A.Fabrikant)和布塔叶娃(F.A.Butayeva)在1959年的文章中宣称他们在前苏联科学院光学研究所的研究工作中,已经在汞蒸气放电中得到光放大,激励作用产生了粒子数反转和负吸收.巴索夫(N.G.Basov)和普罗哈洛夫(A.M.Prokhorov)也在1958年指出,使用氨分子的转动能级跃迁可以在比毫米波短的光频段制造放大器.这一切都表明,激光器何时降生要即刻见分晓了.

1960年7月,美国加利福尼亚州南部马里波(Malibu)的休斯(Hughes)研究实验室里,梅曼(T.H.Maiman)用红宝石作为激活物质制成了世界上第一台激光器.老师们奠定了基础,铺平了道路,年轻的勇士们一马当先夺取了马前功,这种例子在科学史上屡见不鲜.梅曼研究了粉红色红宝石的铬离子光谱,提出Cr_2O_3中三价铬离子的能级图,他用氙闪光灯的强而快速的辐照,得到了粒子数反转,获得激光输出.

(三) 幼年时期（1960—1970）

第一个激光器诞生以后的头 10 年中,各种类型的激光器如雨后春笋般从各处涌现出来,红宝石激光器是三能级固体激光器,但就在 1960 年 12 月,由雅文(A.Javan)、别耐脱(W.R.Bennett)和海利奥脱(D.R.Herriott)署名的报道四能级氦氖气体激光器的论文送到了《物理评论通讯》. 1961 年制成调 Q 激光器,外腔式气体激光器,1962 年制成玻璃激光器,光激励 Cs 激光器,有机液体激光器,拉曼激光器和半导体激光器,1963 年制成环形激光器和 N_2 分子紫外波段激光器,1964 年制成 Ar 离子激光器,可饱和染料调 Q 激光器,锁模激光器,CO_2 激光器,YAG 室温连续运转激光器和电子束激励 CdS 激光器;1965 年制成化学激光器,光参量振荡调频激光器和色心激光器;1966 年制成无机液体激光器,有机染料激光器和钕玻璃微秒脉冲激光器;1968 年制成光激励 BCl_3 分子激光器;1970 年制成横向激励大气压 CO_2 激光器(简称为 TEA 激光器),Xe_2 准分子激光器,气动激光器,连续波染料激光器和室温连续波半导体激光器,自旋反转拉曼激光器和光激励 CH_3F 远红外激光器. 可以看出,在这 10 年里,激光器所用工作物质已遍及固体、液体、气体、半导体和晶体;运转方式已有脉冲式、连续波式、调 Q、调频、锁模、光参量等等;激光波长也从可见波段、红外波段扩展到紫外和远红外;激励手段已有电激励、光激励、电子束激励和化学反应激励. 所以,我们可以说,从第一个红宝石激光器诞生开始的头十年里,激光器已完成了它的童年时代的岁月,开始步入它的成年时代.

(四) 成年时代（1970 年以后）

20 世纪 70 年代开始,激光器进入它的成年时代. 如同一个人一样,成年时代是完善发育、充实提高的时期. 激光器历史的成年时代的特点是:完善各种激光器的性能,发展大功率激光器;研制频率稳定、波长可调、线宽窄等光谱性能好、时间分辨高的、性能优良的激光器. 在这些激光器中,尤以连续运转、可调谐、稳频氩离子激光泵浦染料激光器,高压横向激励 CO_2 激光器,可调谐固体激光器,自由电子激光器,高功率准分子激光器,分布反馈式半导体激光器和 X 射线激光器等为最重要. 它们在工业加工、医学、科学实验、光通信、光储存、光学信息处理和高分辨光谱诸方面发挥了巨大的作用.

(五) 历史性探索

从激光器的诞生和发展历史过程中,我们可以作一些历史性的分析和探索,以便从过去的历史中总结经验,认清当前的形势,指导将来的发展趋势.

第一,我们可以看到,准备时期的 40 年似乎长了点,但也完全是历史的必然. 因为 20 世纪初,物理学正在发生大革命. 作为现代科技两大支柱的量子力学和相对论正在形成的过程中,整个科学界的兴奋点都集中在这两个方面. 所以虽然爱因斯坦提出了受激辐射概念,却没有人在实验室里去实现受激辐射. 正如拉姆后来回忆中所说的那样,那时注意力放在氢光谱的精细结构上. 而氢光谱精细结构是与量子力学的发展和健全相联系的. 又如被汤斯认为是无名英雄的前苏联科学家法勃利康,早在 20 世纪 40 年代就开始做粒子数反转方面的论文,1951 年申请专利,1959 年发表. 他在激光领域内有许多先进的想法,并很早开展了工作.但他回忆当时的思想时说道:"在我整个躯体以至血液里都渗透了量子观念.在这样的先进观念下,我不可能想到下一步,即把谐振腔利用到激光器中去."人类生活和科学发展的客观现实在当时并没有提出强烈的要求,这样就使准备阶段拉长了.

第二,我们很明显地注意到,自1953年第一个氨分子微波激射器试制成功后(文章发表于1954年),激光器的进展就快多了.而且,对激光器基本原理作出研究,建议用法布里-珀罗干涉仪作为激光器的振荡谐振腔的汤斯,正是长期从事微波波谱、发明微波激射器的人.做成第一个红宝石激光器的梅曼,在斯坦福大学做博士论文时,也是从事微波实验工作的.毕业后进入休斯实验室,他所在的原子物理部对微波量子放大器有很大兴趣,希望获得更高的相干频率.可见自微波激射器诞生后,一大批从事微波激射器的科学家进一步向更高频率段发展.他们的服务对象——雷达、通信,不断要求他们提高信息容量、扩大频带宽度,实现更短波长的新波段,于是他们就马不停蹄向光学波段进军.而对光学家来说,虽然也知道了受激辐射,预料到可以实现光放大,却没有什么太大的动力迫使他们去实现激光振荡.他们也有相干光源的要求,但当时最迫切需要用相干光源的是全息.人类社会最迫切需要的是物质,其次才是精神领域,尽管全息术目前来说也不仅是文化娱乐,也有很大的应用价值,但无论如何敌不过通信和雷达.更何况二次世界大战后,少数科技发达国家对科学领域的投资仍带有明显的军事色彩.这样,激光器就不是作为光源从光学家手中诞生,而是作为无线电波发生器在微波量子激射器向更高频率段发展过程中脱颖而出.

第三,首先被发明的激光器是红宝石固体激光器,其次才是氦氖气体激光器.这一点不能不说明坚忍不拔、执意追求的精神在科学研究道路上的重要性.当梅曼开始从事激光器研制时已是1959年8月,世界上已有不少科学家在从事同样的探索.当时人们对固体都抱有怀疑,肖洛也已经发表文章,说红宝石的量子效率比较低,只有1%.肖洛和汤斯一直在研制碱金属蒸气激光器.可是梅曼根据自己的分析,认为红宝石材料坚硬,可以在室温下工作,体积可以做得很小.而且红宝石能级结构简单,吸收谱宽,荧光谱则较尖锐,工作时需要测量的参数也少.梅曼认为碱金属蒸气或氦氖气体的能级结构十分复杂,有几百个不同的能级,很难知道其中的详细过程.在比较了各方面的利弊后,梅曼不愿意轻易放弃红宝石,就做了大量实验来测量红宝石的量子效率,结果却是意外地高达75%.梅曼的成功不是由于幸运,而是由于相信科学相信真理,不迷信权威,当然主要归功于不懈的努力.

第四,从激光器的发展史中,我们可以看到,对科学结论如果没有科学的态度,一味盲从,偏听偏信,不加分析,固执己见,则一切结论都将成为传统的偏见和顽固的保守主义,这对科学发展,社会进步都是有益无害的.因为激光器的发明权与汤斯打了18年官司的戈尔脱(G.Gould),在哥伦比亚大学时,他的指导教师库什教授反对他从事具有实用价值的激光器的研制工作,因为哥伦比亚大学从来不涉及应用物理,只研究纯粹理论.一个科研单位确定自己的目标是理论还是应用,是无可非议的,问题是戈尔脱怎么对待自己的追求.他科学地分析了自己的情况,放弃了在名牌大学里追求学位,转而继续研究激光器.他为激光所受到的牵连付出了巨大的代价,但他表示,如果一切从头开始,他还是一定要搞激光,所不同的是以不同的方式来做.这是一种多么令人钦佩的科学态度啊!汤斯和肖洛把有关激光器的建议写成文章,送到贝尔专利办公室申请放大器和光频振荡器的专利,遭到拒绝,理由是"光波在通信中从来就没有什么重要性,因此该发明很少赢得贝尔系统的兴趣".在1959年以前,光波在贝尔系统的确只是一种噪声,但这一科学结论只能用科学态度加以分析.曾几何时,光波将成为通信系统中的先锋.

第五,科学史的发展是一环紧扣一环地螺旋式上升的.如以光学发展史为线索,光学的发展一开始经历了几何光学时期,从19世纪开始,进入波动光学时期,初步发展起来的波动光学的体系已经形成.杨氏(T.Young)和菲涅耳(A.J.Fresnel)的工作起了决定性的作用.1865年,麦克斯韦(J.C.Maxwell)建立了第一个完整的理论体系,并预言电磁波的存在,从而揭示了光现象和电磁现象的统一,这一理论在1888年由赫兹(H.R.Hertz)的火花实验所证实,波动光学从而达到了完善的地步.1900年普朗克提出辐射的量子论,开始了光的量子时期.1954年微波激射器的产生开创了一门新兴的学科,即量子电子学.量子电子学在发展过程中,与光学相结合产生了激光器,从而使光学进入一个崭新的量子光学时期.随着激光器的发展越来越完善,一方面反过来促进量子电子学在光通信、光储存、光计算机、光传感和光信息处理等方面的发展,另一方面也使量子光学的研究深入到相干态、压缩态、激光不稳定性、混沌态和反聚束效应.这样两条线索的进一步发展,可以预料,必将产生巨大的突破性进展.1985年9月首次报道了由于压缩态的研究使观测噪声低于由真空电场量子涨落所决定数值的实验结果.1986年召开的第14届国际量子电子学会上,报道了中国科学院物理研究所吴令安、吴惠发在得克萨斯大学实现了观测噪声降低42%的光压缩态的实验结果.这一现象将在光学数据存储系统、光通信网络等方面发生革命.又例如对激光不稳定性和混沌态的研究,将迫使物理学家们对牛顿力学以来的所有物理定律做出新的认识,对此,要深入、要发展,必将会有新的突破.

第六,回顾一下我国在激光方面的发展过程.1961年9月,我国第一台红宝石激光器由王之江院士领导的小组研究成功.1963年7月又制成632.8 nm的氦氖激光器.1963年制成调Q激光器.1964年9月,第一个激光专业研究所——中国科学院上海光学精密机械研究所宣告成立,开展了高功率激光包括激光受控核聚变研究的新领域.这一切表明,我国的激光技术处于世界先进水平的行列.

[摘自:大自然探索.1988(2).宣桂鑫,沈珊雄]

 夫琅禾费衍射是屏函数的傅里叶变换

考虑一相干单色光波垂直投射于一孔径为Σ的平面上的衍射.如图8-3所示,设孔径的平面为$\xi O\eta$平面,观察平面$xO'y$离孔径面的距离为D,x、y轴分别与ξ、η轴平行.如果r为$Q(\xi,\eta)$点至$P(x,y)$点的距离,Σ面上的光场分布为

$\widetilde{E}(\xi,\eta)$，通常称它为屏函数. 从波动方程出发，考虑到边界条件，可以导出观察点 P 的光波复振幅为

$$\widetilde{E}(x,y) = \frac{1}{2\mathrm{i}\lambda}\iint_{\Sigma}\frac{\widetilde{E}(\xi,\eta)}{r}\mathrm{e}^{\mathrm{i}kr}(1+\cos\theta)\mathrm{d}\xi\mathrm{d}\eta \tag{1}$$

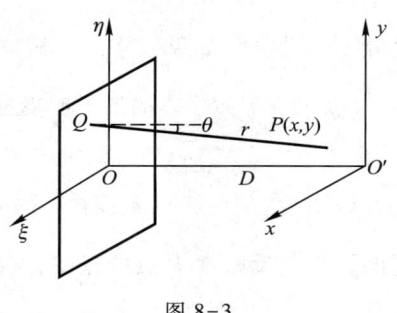

图 8-3

如果在观察平面上只考虑一个对衍射孔上各点张角不大的范围，即傍轴近似，此时式(1)中的 $\cos\theta\approx1$. 又由于孔径 Σ 之外，复振幅 $\widetilde{E}(\xi,\eta)=0$，所以上式也可写成对整个 ξ、η 平面的积分，即

$$\widetilde{E}(x,y) = \frac{1}{\mathrm{i}\lambda}\int\int_{-\infty}^{\infty}\frac{\widetilde{E}(\xi,\eta)}{r}\mathrm{e}^{\mathrm{i}kr}\mathrm{d}\xi\mathrm{d}\eta$$

或

$$\widetilde{E}(x,y) = C_0\int\int_{-\infty}^{\infty}\frac{\widetilde{E}(\xi,\eta)}{r}\mathrm{e}^{\mathrm{i}kr}\mathrm{d}\xi\mathrm{d}\eta \tag{2}$$

这就是阐明夫琅禾费衍射是屏函数的傅里叶变换的出发点. 式中 $C_0=\dfrac{1}{\mathrm{i}\lambda}$.

由解析几何可知，P 与 Q 两点之间的距离 r 可以写为

$$r = \sqrt{D^2+(x-\xi)^2+(y-\eta)^2} \tag{3}$$

如果观察平面与孔的距离远大于孔的线度，即

$$D\gg\left[(\xi^2+\eta^2)^{\frac{1}{2}}\right]_{\max}$$

可有

$$\begin{aligned}r &= D\left[1+\frac{1}{2}\left(\frac{x-\xi}{D}\right)^2+\frac{1}{2}\left(\frac{y-\eta}{D}\right)^2+\cdots\right]\\&= D\left\{1+\frac{1}{2}\left[\frac{x^2+y^2}{D^2}+\frac{\xi^2+\eta^2}{D^2}-\frac{2(x\xi+y\eta)}{D^2}\right]+\cdots\right\}\\&\approx D+\frac{x^2+y^2}{2D}+\frac{\xi^2+\eta^2}{2D}-\frac{x\xi+y\eta}{D}\end{aligned} \tag{4}$$

式(4)中，我们在取一级近似的情况下略去二次方以上的项时，观察面的衍射称为菲涅耳衍射.

由式(2)得

$$\begin{aligned}\widetilde{E}(x,y) &= C_0\frac{1}{D}\mathrm{e}^{\mathrm{i}kD}\cdot\mathrm{e}^{\mathrm{i}\frac{k}{2D}(x^2+y^2)}\int\int_{-\infty}^{\infty}\left[\widetilde{E}(\xi,\eta)\cdot\mathrm{e}^{\mathrm{i}k\left(\frac{\xi^2+\eta^2}{2D}\right)}\right]\mathrm{e}^{-\mathrm{i}\frac{k}{D}(x\xi+y\eta)}\mathrm{d}\xi\mathrm{d}\eta\\&= C'\mathrm{e}^{\mathrm{i}\frac{k}{2D}(x^2+y^2)}\int\int_{-\infty}^{\infty}\left[\widetilde{E}(\xi,\eta)\mathrm{e}^{\mathrm{i}k\left(\frac{\xi^2+\eta^2}{2D}\right)}\right]\mathrm{e}^{-\mathrm{i}\frac{k}{D}(x\xi+y\eta)}\mathrm{d}\xi\mathrm{d}\eta\end{aligned} \tag{5}$$

式中 $C'=\dfrac{1}{D}\dfrac{1}{\mathrm{i}\lambda}\mathrm{e}^{\mathrm{i}kD}$，而 $\mathrm{e}^{\mathrm{i}\frac{k}{2D}(x^2+y^2)}$ 和 $\mathrm{e}^{\mathrm{i}\frac{k}{2D}(\xi^2+\eta^2)}$ 为二次相位因子，$\mathrm{e}^{-\mathrm{i}\frac{k}{D}(x\xi+y\eta)}$ 为线性相位因子. 根据傅里叶变换的定义可知，式(5)的积分部分为 $\widetilde{E}(\xi,\eta)\mathrm{e}^{\mathrm{i}k\frac{\xi^2+\eta^2}{2D}}$ 的傅

里叶变换,因此,如果忽略二次相位因子,我们说菲涅耳衍射场分布 $\widetilde{E}(x,y)$ 是函数 $\widetilde{E}(\xi,\eta) \cdot e^{i\frac{k}{2D}(\xi^2+\eta^2)}$ 的傅里叶变换,如果用简单符号 $\mathscr{F}$ 表示傅里叶变换,则有

$$\widetilde{E}(x,y) = C'e^{i\frac{k}{2D}(x^2+y^2)} \cdot \mathscr{F}[\widetilde{E}(\xi,\eta)e^{i\frac{k}{2D}(\xi^2+\eta^2)}] \tag{6}$$

说明:在孔径 Σ 的范围内 r 的变化不大时,作近似处理时,对于分母中的 r,它的影响仅反映在 P 点的振幅,这种影响十分微小,故 $\frac{1}{r}$ 可视为常量,然而指数中的 r 却影响着次波的相位,尽管 r 的变化很小,例如 $\frac{\lambda}{2}$,但此时的相位改变为 π,因此对 P 点的次波叠加影响十分显著,切不可把这里的 r 视为常量.

(一) 从菲涅耳衍射到夫琅禾费衍射

1. 典型的夫琅禾费衍射实验装置——后焦面接收

如图 8-4 所示,将一相干单色光波垂直投射到一个孔径为 Σ 的平面上,在距离孔径 Σ 为 d 处放一焦距为 f' 的会聚透镜,透镜扮演了压缩空间的角色,将无限远处的场移到后焦面上. 这就是典型的夫琅禾费衍射装置. 现考察透镜后焦面上的衍射场分布.

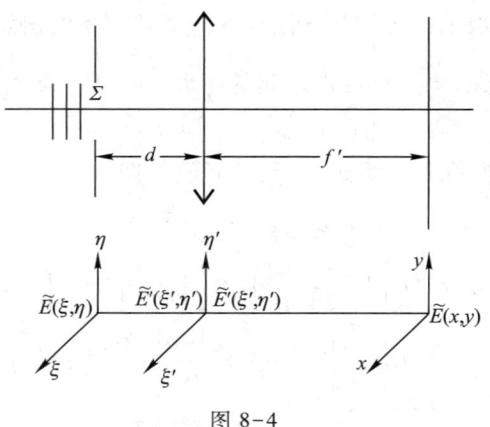

图 8-4

2. 后焦面衍射场的计算步骤

令透镜所在的平面的坐标轴为 ξ'、η',紧靠透镜的前后面的衍射场分布分别为 $\widetilde{E}(\xi',\eta')$ 和 $\widetilde{E}'(\xi',\eta')$,则有

物平面 $\widetilde{E}(\xi,\eta) \xrightarrow[\text{衍射}]{\text{菲涅耳}}$ 透镜前表面 $\widetilde{E}(\xi',\eta') \xrightarrow[\text{变换}]{\text{透镜的相位}}$

透镜后表面 $\widetilde{E}'(\xi',\eta') \xrightarrow[\text{衍射}]{\text{菲涅耳}}$ 后焦面 $\widetilde{E}(x,y)$

3. 透镜作为相位变换器

从波动光学的观点看来,理想透镜的作用是将一个入射的平面波变换成一个半径为 f' 的球面波. 由图 8-5 的几何关系可得

$$z(2f'-z) = \rho^2$$

根据傍轴近似,略去 z^2 项,得
$$z = \frac{\rho^2}{2f'}$$
根据透镜的作用、光程差和相位差的关系可知相位的延迟为
$$\Delta\varphi = -kz = -k\frac{\rho^2}{2f'} = -k\frac{(\xi'^2+\eta'^2)}{2f'}$$
因此,紧靠透镜前后表面的衍射场分布的关系如下

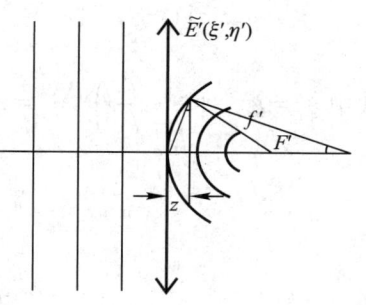

图 8-5

$$\widetilde{E}'(\xi',\eta') = \mathrm{e}^{-\mathrm{i}kz}\widetilde{E}(\xi',\eta') = \mathrm{e}^{-\mathrm{i}\frac{k}{2f'}(\xi'^2+\eta'^2)}\widetilde{E}(\xi',\eta') \tag{7}$$

4. 从 $\widetilde{E}(\xi,\eta)$ 到 $\widetilde{E}(\xi',\eta')$

将式(5)中的 D、(x,y) 分别以 d、(ξ',η') 替代,(ξ,η) 不变,则可以求得紧靠透镜前表面的衍射场分布为

$$\widetilde{E}(\xi',\eta') = C'\mathrm{e}^{\mathrm{i}\frac{k}{2d}(\xi'^2+\eta'^2)}\iint\widetilde{E}(\xi,\eta)\cdot\mathrm{e}^{\mathrm{i}\frac{k}{2d}(\xi^2+\eta^2)}\cdot\mathrm{e}^{-\mathrm{i}\frac{k}{2d}(\xi'\xi+\eta'\eta)}\mathrm{d}\xi\mathrm{d}\eta \tag{8}$$

5. 从 $\widetilde{E}'(\xi',\eta')$ 到 $\widetilde{E}(x,y)$

将式(5)中的 D、(ξ,η) 和 $\widetilde{E}(\xi,\eta)$ 分别以 f'、(ξ',η') 和 $\widetilde{E}'(\xi',\eta')$ 替代,而 (x,y) 不变,则可得后焦面的衍射场分布

$$\widetilde{E}(x,y) = C''\mathrm{e}^{\mathrm{i}\frac{k}{2f'}(x^2+y^2)}\cdot\iint\widetilde{E}'(\xi',\eta')\cdot\mathrm{e}^{\mathrm{i}\frac{k}{2f'}(\xi'^2+\eta'^2)}\cdot\mathrm{e}^{-\mathrm{i}\frac{k}{2f'}(\xi'x+\eta'y)}\mathrm{d}\xi'\mathrm{d}\eta' \tag{9}$$

以式(7)化简式(9)后,将式(8)代入式(9),得

$$\widetilde{E}(x,y) = C'C''\mathrm{e}^{\mathrm{i}\frac{k}{2f'}(x^2+y^2)}\iint\widetilde{E}(\xi',\eta')\cdot\mathrm{e}^{-\mathrm{i}\frac{k}{2f'}(\xi'^2+\eta'^2)}\cdot\mathrm{e}^{+\mathrm{i}\frac{k}{2f'}(\xi'^2+\eta'^2)}\cdot\mathrm{e}^{-\mathrm{i}\frac{k}{f'}(\xi'x+\eta'y)}\mathrm{d}\xi'\mathrm{d}\eta'$$

$$= C'''\mathrm{e}^{\mathrm{i}\frac{k}{2f'}(x^2+y^2)}\cdot\iint\widetilde{E}(\xi',\eta')\cdot\mathrm{e}^{-\mathrm{i}\frac{k}{f'}(\xi'x+\eta'y)}\mathrm{d}\xi'\mathrm{d}\eta'$$

$$= C'''\mathrm{e}^{\mathrm{i}\frac{k}{2f'}(x^2+y^2)}\cdot\iint\Big\{\widetilde{E}(\xi,\eta)\mathrm{e}^{\mathrm{i}\frac{k}{2d}(\xi^2+\eta^2)}\cdot\Big[\iint\mathrm{e}^{\mathrm{i}\frac{k}{2d}(\xi'^2+\eta'^2)}\cdot$$

$$\mathrm{e}^{-\mathrm{i}\frac{k}{f'}(\xi'x+\eta'y)}\cdot\mathrm{e}^{-\mathrm{i}\frac{k}{d}(\xi'\xi+\eta'\eta)}\mathrm{d}\xi'\mathrm{d}\eta'\Big]\Big\}\mathrm{d}\xi\mathrm{d}\eta \tag{10}$$

6. 几个积分式的计算

$$I = C'''\iint\mathrm{e}^{\mathrm{i}\frac{k}{2d}(\xi'^2+\eta'^2)}\cdot\mathrm{e}^{-\mathrm{i}\frac{k}{f'}(\xi'x+\eta'y)}\cdot\mathrm{e}^{-\mathrm{i}\frac{k}{d}(\xi'\xi+\eta'\eta)}\mathrm{d}\xi'\mathrm{d}\eta'$$

$$= C'''\iint\mathrm{e}^{\mathrm{i}\frac{k}{2d}[\xi'^2-2\xi'(\xi+\frac{d}{f'}x)+\eta'^2-2\eta'(\eta+\frac{d}{f'}y)]}\mathrm{d}\xi'\mathrm{d}\eta'$$

$$= C'''\iint\exp\mathrm{i}\frac{k}{2d}\Big\{\Big[\xi'-\Big(\xi+\frac{d}{f'}x\Big)\Big]^2-\Big(\xi+\frac{d}{f'}x\Big)^2+$$

$$\Big[\eta'-\Big(\eta+\frac{d}{f'}y\Big)\Big]^2-\Big(\eta+\frac{d}{f'}y\Big)^2\Big\}\mathrm{d}\xi'\mathrm{d}\eta'$$

$$= C'''\mathrm{e}^{-\mathrm{i}\frac{k}{2d}\left[\left(\xi+\frac{d}{f'}x\right)^2+\left(\eta+\frac{d}{f'}y\right)^2\right]}\iint \mathrm{e}^{\mathrm{i}\frac{k}{2d}(\bar\xi'^2+\bar\eta'^2)}\mathrm{d}\bar\xi'\mathrm{d}\bar\eta' \tag{11}$$

式中 $\bar\xi' = \xi' - \left(\xi + \dfrac{d}{f'}x\right)$，$\bar\eta' = \eta' - \left(\eta + \dfrac{d}{f'}y\right)$，而

$$\int \mathrm{e}^{\mathrm{i}\frac{k}{2d}\bar\xi'^2}\mathrm{d}\bar\xi' = \sqrt{\dfrac{\pi}{\left(-\dfrac{\mathrm{i}k}{2d}\right)}}$$

故

$$\iint \mathrm{e}^{\mathrm{i}\frac{k}{2d}(\bar\xi'^2+\bar\eta'^2)}\mathrm{d}\bar\xi'\mathrm{d}\bar\eta' = \dfrac{2\pi d}{-\mathrm{i}k} = -\dfrac{\lambda d}{\mathrm{i}}$$

将上式代入式(11)，得

$$I = C\mathrm{e}^{-\mathrm{i}\left(\frac{k}{2d}\right)(\xi^2+\eta^2)} \cdot \mathrm{e}^{-\mathrm{i}\left(\frac{k}{2d}\right)\left(\frac{d}{f'}\right)(x^2+y^2)} \cdot \mathrm{e}^{-\mathrm{i}\left(\frac{k}{2d}\right)\frac{d}{f'}(2x\xi+2y\eta)}$$

$$= C\mathrm{e}^{-\mathrm{i}\left(\frac{k}{2d}\right)(\xi^2+\eta^2)} \cdot \mathrm{e}^{-\mathrm{i}\left(\frac{k}{2f'}\right)\left(\frac{d}{f'}\right)(x^2+y^2)} \cdot \mathrm{e}^{-\mathrm{i}\frac{k}{f'}(x\xi+y\eta)} \tag{12}$$

式中，$C = -\dfrac{\lambda d}{\mathrm{i}}C''''$.

7. 夫琅禾费衍射场

将式(12)代入式(10)，得

$$\widetilde{E}(x,y) = C\mathrm{e}^{\mathrm{i}\left(\frac{k}{2f'}\right)\left(1-\frac{d}{f'}\right)(x^2+y^2)}\iint\widetilde{E}(\xi,\eta)\mathrm{e}^{-\mathrm{i}\frac{k}{f'}(x\xi+y\eta)}\mathrm{d}\xi\mathrm{d}\eta \tag{13}$$

该式的物理意义，如果忽略二次相位因子，那么夫琅禾费衍射场是屏函数的傅里叶变换．

如果孔径处于透镜的前焦面上，即 $d=f'$，则二次相位因子消失，此时透镜后焦面上的夫琅禾费衍射场分布 $\widetilde{E}(x,y)$ 是孔径上光场分布 $\widetilde{E}(\xi,\eta)$ 的严格的傅里叶变换：

$$\widetilde{E}(x,y) = C\mathscr{F}[\widetilde{E}(\xi,\eta)]$$

（二）几个结论

（1）二次相位因子 $\mathrm{e}^{\mathrm{i}\frac{k}{2f'}\left(1-\frac{d}{f'}\right)(x^2+y^2)}$，它表明孔径上的复振幅与后焦面场上的复振幅之间的傅里叶变换关系并不总是满足的，换言之，后焦面上的相位分布并不同于孔径面复振幅的频谱的相位分布．但二者之间的差别只是一个相位弯曲，但通常情况下，有实际意义的是后焦面上的光强分布（功率谱），在光强的测量中相位分布是不起作用的，因此，就这一意义而言，通常说夫琅禾费衍射是屏函数的傅里叶变换．

（2）由于二次相位因子的影响与衍射孔径离开透镜的距离有关，当衍射孔径正好处在透镜的前焦面上时，则二次相位因子消失，得到准确的傅里叶变换，在 $4f$ 相干光学处理系统中常常利用透镜的这一傅里叶变换性质．

（3）衍射场平面就是物信息的频谱面，物的图像信息可以通过频谱来认识、检测，同时给出了夫琅禾费衍射的判别准则．

（4）把衍射场的计算归结为傅里叶变换，有关傅里叶变换的定理可以直接

搬过来用,而一些常用的屏函数往往可以经查表求得,诸如函数 $\text{rect}(\xi)$、$\text{circ}(r)$ 和 $\text{comb}(\xi)$ 等.

(5)透镜的前后焦面场所遵循的傅里叶变换关系,这一点在现代光学的发展中起着重大的作用.这样的光学系统有计算机的功能,它可以完成一个连续函数的二维傅里叶变换.更重要的是,傅里叶分析有关的一些重要思想,例如滤波的概念可以运用到光学中来.

[摘自:大学物理.1988(9).宣桂鑫]

从 X 射线到同步辐射——纪念伦琴发现 X 射线 100 年

1895 年,伦琴(Wilhelm Conrad Röntgen,1845—1923)发现了 X 射线.由于这一伟大的发现,伦琴获得了 1901 年首次颁发的诺贝尔物理学奖.他是一位杰出的科学家,为人类科学的发展树立了一个新的里程碑.100 年后的今天,同步辐射源和 X 射线激光器的问世,又使 X 射线物理学焕发青春,以空前的规模和速度飞快发展.

伦琴生平

伦琴 1845 年 3 月 27 日生于德国西部的伦内普(Lennep),今日的伦内普是一个古老而绮丽的小镇,保存着中世纪的建筑,每年有成千上万的旅游者及画家来这里观光游览、作画,距伦琴故居 150 m 处,就是德国伦琴博物馆.它展览着伦琴的个人财物、图书、图片、私人信件以及记录在磁带上的回忆录.

伦琴的父亲是一位布料制造业主兼商人,其母虽生于邻国荷兰,但她的老家也在伦内普,伦琴 3 岁时,举家迁往荷兰的阿佩尔多恩(Appeldoorn).伦琴开始到一所私立寄宿学校上学,由于家庭比较富裕,他的童年是幸福的.1862 年 12 月,他进入荷兰的乌德勒支技术学校,开始学习代数、几何、化学、物理和技术等课程.在这所技术学校读了两年半,未经考试又进入了乌德勒支大学,该大学一直拒绝把他视作正式生,他父亲和他本人对此十分恼火.后通过考试,他进入了苏黎世技术学院攻读机械工程,1868 年毕业并获工程师称号.此后,他又到苏黎世大学继续深造,仅用了一年的时间就获得博士学位,其博士论文的题目为《论气体》.此时,实验物理学家孔脱(Kundt)认准了伦琴具有物理学家的气质,便邀请他担任助手.同时,伦琴结识了路德维格(Anna Bertha Ludwig).伦琴与孔脱关系甚佳,1870 年孔脱应邀赴任维尔茨堡大学物理系主任,也把伦琴一起带去.1872 年伦琴与路德维格结婚.

在维尔茨堡,伦琴才开始正式的学术生涯,由于这所大学墨守成规,说他缺乏进入大学前的正规教育,拒绝授予他一个正式的学术头衔.1872 年孔脱应聘到新建的斯特拉斯堡大学任教,又带了伦琴前往,该大学气氛宽松,两年后,便聘任伦琴为正式教师.

1875 年 4 月 1 日伦琴应邀到霍恩海姆(Hohenheim)农学院任物理、数学教授,他留恋着斯特拉斯堡优越的实验条件,孔脱又存心让他回去,于是 1876 年 10 月再次返回斯特拉斯堡与孔脱合作,主讲理论物理,两年内发表了不少论文,因此被聘任为吉森(Gieβen)大学物理系主任.1879—1888 年,他在吉森大学工作,名声大振,被耶拿(Jena)大学、乌德勒支大学授予教授称衔. 1888年10月1日,因维尔茨堡大学著名实验物理学家科尔姆斯(Friedrich Kohlramsch)要去斯特拉斯堡大学,伦琴应邀去维尔茨堡大学接任科尔姆斯的职责,并任物理系主任,后于1894年任该大学的校长.

1895年10月下旬,他决定做有关射线实验,1895年11月8日发现X射线,1896年被授予维尔茨堡名誉医学博士.在家乡伦内普被授予名誉公民,又成了柏林、慕尼黑科学协会成员,1896年11月30日伦敦皇家科学院授予伦琴卢瑟福勋章. 1900年,哥伦比亚大学授予他巴纳德(Barnard)勋章. 以后,柏林的波茨坦桥上建立了伦琴的塑像,1901年,他获诺贝尔物理学奖,他将奖金献给了维尔茨堡大学作为科研基金. 1900年,应巴伐尼亚州政府之邀,离开维尔茨堡,担任慕尼黑大学物理系主任.

晚年,由于第一次世界大战的影响,妻子久病后于1919年逝世,1920年伦琴退休,居住在慕尼黑附近50公里处的威尔海姆(Weilheim)乡村别墅,那里他有一个大图书馆,慕尼黑大学仍保留着两间实验室供其使用. 1923年2月10日在慕尼黑逝世,享年78岁.

伦琴的科学素养及学术成就

伦琴早期攻读工程机械,后在维尔茨堡大学替孔脱当助手时,因实验室缺乏机械师,便自己制作仪器设备,后来这成为他的终身习惯,他具有敏锐的洞察力,能检测极其微弱的效应,譬如液体、固体的压缩、光的偏振面在气体中的旋转等,他不善社交,寡言少语,甚至在获得诺贝尔物理学奖时也谢绝讲演,然而他的这些个性并未影响他的行政职责.

伦琴一生共撰写论文58篇,大部分发表于物理化学年鉴. 他的名望主要源于两项研究,而且这两项研究工作都远在他通常的研究范围以外,一项便是X射线,另一项是1888年在吉森做的,即验证了电介质在充电的电容器中运动时的磁效应,这种效应是麦克斯韦电磁理论的推论. 因其有理论及实验意义,伦琴自认为该项研究工作与X射线的发现具有同等重大的意义. 数学家庞加莱(Henri Poincare)称该项发现为"伦琴电流". 这项工作对洛伦兹很有启迪,有助于洛伦兹理论的形成,也是近代电学的基础.

X射线的发现

赫兹和勒纳德(Philipp Lenard)及其他一些科学家的研究揭示了许多有关真空放电的有趣的新现象——即阴极射线具有穿透力,伦琴似乎感到他们的实验揭示了某种相互关联而又未解决的问题,于是决定做阴极射线实验,1895年11月8日,伦琴注意到一种神秘的射线,当时他观察到离他正在使用的克鲁克斯管一定距离的氰亚铂酸钡晶体发出荧光. 他自己这样描绘当时的情景,"我正在使用克鲁克斯管,管子被一黑纸片密实包裹着,几张涂有氰亚铂酸钡纸在附近的长凳上,我给克鲁克斯管通电时发现纸上出现一奇怪的黑线. 那是什么? 这种现象在通常只能由光引起的,可是管子里并没有透光出来. 因扎得很好,任何已知的光都透不出来,即使电弧也透不出来,我继续考察,便肯定此现象来源于管子,即从管子有某种射线出来引起纸上的荧光效应,是光吗? 不! 是电吗? 不,至少目前尚未发现这种电,那又会是什么呢? 我不知道,反正我发现了一种新射线." 仿照数学上以 X 表示未知数,伦琴便把他发现的射线叫 X 射线.

在后几个星期内,他重复并扩展对新射线的研究,发现它直线运动,不折射、不反射,也不受磁场影响,在空气中能走 2 米左右. 他还发现这种射线有极强的穿透力,能照射出他手指里的骨骼. 这种光的奇异特性对伦琴本人也是一种震撼,他想能在发表之前确认这种效应的绝对重复性. 11 月 22 日,将妻子带到实验室,拍了她手指的 X 射线片,毫无疑问,能看到骨骼. 他最先给维尔茨堡物理与医学协会的编辑谈到了 X 射线,1896 年 1 月 1 日之前,伦琴就给朋友、同事们送了些 X 射线照片. 纳伯格(Emil Narburg)在 1 月 4 日柏林物理协会的一次会议上展示了一些 X 射线照片,1 月 5 日,维也纳的自由报登载了 X 射线的发现故事,消息立即传遍全球,世界各地反应迅速,平民百姓谈论着 X 射线的魔力. 而科学界则争相订购克鲁克斯管及其发生器.

应皇家邀请,伦琴于 1 月 13 日给皇帝及皇室成员展示了 X 射线,并立即被授予普鲁士皇家二级勋章.

1896 年 3 月及 1897 年,伦琴又发表了两篇有关 X 射线的论文,明确阐述了 X 射线在医学、冶金方面的应用,这奠定了辐射学的基础,然后又转回研究固体物理. 弗里德里克(W. Friedrich)与尼平(Paul Knipping)基于劳厄的思想,用晶体作光栅,验证了 X 射线的横波性.

新型 X 射线源及其应用前景

100 年前,伦琴发现 X 射线及其放射作用时,即已注意到其在医学及冶金方面的应用,如今,随着科学技术手段的进步,尤其是同步辐射装置的建立. X 射线的应用前景更为令人鼓舞.

通常 X 射线是由带热阴极和金属阳极的高真空管产生. 除 X 射线强度太低外,普通 X 射线管的空间辐射特性也不适合一般实验装置的需要. 同步辐射是高能电子在强磁场作用下作圆周运动时,沿轨道切线方向发出的一种极强的电磁辐射. 这种辐射具有一系列优于常规 X 源的 X 射线特性:高强度、连续的宽频带光谱、高准直性,还具有脉冲时间结构、偏振度好等特点. 同步辐射装置的建立和发展,使 X 射线科学与技术跃上一个新台阶,其应用不仅遍及物理学、化学、生物学等基础学科而且活跃在材料科学、表面科学、计量科学、医学、显微技术、超大规模集成电路光刻术等技术领域.

同步辐射 X 射线衍射术

同步辐射的优异特性拓宽了 X 射线衍射术的应用领域,主要是表面、相干、微晶和核共振四方面 X 射线衍射术. 表面 X 射线衍射术可用以测量表面单层原子的结构及多层原子的结构,已应用于金属和半导体的表面和界面等领域;相干 X 射线衍射术在研究物质从纳米到微米尺度的微结构方面很有前途,它能够实时地反映物质微结构的动态演变过程,用以测量 1~100 nm 尺度固体或液体中的物质输运机制,也可用来测量平衡态动力学的临界现象;微晶 X 射线衍射术是应用于研究微小晶体的衍射,用同步辐射以能量分散 X 射线衍射法测量到直径为 42 nm 的铋的衍射谱,其散射本领为 1.8×10^{10};核共振 X 射线衍射术主要应用于化学、核物理和固体物理,用同步辐射源作为穆斯堡尔谱学研究的辐射源,用同步辐射的脉冲特性,进行诸如超辐射和量子拍效应的探究.

X射线显微术

X射线发现不久,就有人提出以X射线制作显微镜会比光学显微镜有更高的分辨本领,但当时缺乏X射线系统和足够强的X射线源,且不久电子显微镜问世,X射线显微镜一直未受到重视,随着科技的发展,人们能够制造X射线系统和强X射线源,特别是同步辐射源,为X射线显微术打下了物质基础.同时人们又发现电子显微镜的不足:其一,样品必须十分薄,制作这样的样品难免不对其造成损伤;其二,因吸收波长对原子数不够敏感,为获得足够的反差,在测定某些不太密实的样品时,特别是生物样品,须用重金属提高反差.此外,样品还必须绝对干燥.而X射线显微术的反差对原子数较敏感,不必使用重金属提高反差,也不必真空,在大气中即可测试.X射线显微术的优点可弥补电子显微镜的不足,然而又比光学显微镜分辨本领高,恰好填补光学显微镜与电子显微镜之间的空白.目前X射线显微镜的分辨极限能达到10 nm左右.

X射线小角散射

X射线衍射应用于晶体结构研究,其主要问题是相位问题,要正确从衍射图样提取信息,必须对衍射波幅度和相位有准确了解,而测量衍射图样幅值时,得不到任何相位信息,X射线小角散射是指X射线衍射中倒易点阵原点(000)结点附近的相干散射现象,散射角约为 $10^{-2} \sim 10^{-1}$ rad 量级.因为角度很小,相位差不大,可忽略相位问题.从而在各个领域得到广泛应用,如复杂分子晶格结构、纳米颗粒的线径测量等.

目前,X射线小角散射的理论与实践日趋成熟,广泛用于研究尺寸在 1~1 000 nm的非周期结构.因X射线主要受电子碰撞而散射,因此只有样品中有不均匀电子密度分布时才发生X射线小角散射,主要是相干散射,非相干散射在小角度时十分微弱.散射的物理过程可想象为样品中电子吸收进入样品中的X射线后发出二次相干波,这些二次波干涉可用于生物、化学样品结构测定,如核糖核酸、生物膜、无机物等,在物理学中也有广泛应用,近几年在磁头材料的热门课题(强磁致电阻)中,都使用X射线小角散射探测强磁致电阻样品中层与层交界面处的光滑程度,而交界面处的光滑程度对强磁致电阻效应有很大的影响.

广延X射线吸收精细结构

测量X射线在固体中吸收谱时发现,构成固体的元素的每个吸收边附近的一个相当延展的能量区间中,有振荡现象出现,其原因是吸收原子在固体中的近邻的短程有序性,由于这个特性,固体吸收X射线后产生的光声信号,应同样具有在吸收边附近的振荡现象,即光声谱的广延X射线吸收精细结构.应用X射线的选择吸收特性,得以研究固体中某类特定原子的近邻结构.在固体表面上下分层成像、非破坏性的元素分布测量、结构分析诸方面都有广泛应用前景.

X射线光刻术

目前集成电路大多由可见光或紫外光光刻术制成,其极限为 $0.25~\mu m$,若想减小线宽,制造高速集成块,就得采用诸如电子束、离子束、X射线束光刻术. 其中软X射线光刻术的发展对亚微米线条的超大规模集成电路的制备具有重大意义和实际应用价值. 威斯康星大学X射线光刻中心利用1985年投入运行的电流为200 mA的第二代同步辐射源的5条专用X射线束开展研究,其聚焦束斑功率密度为6.2 mW/(cm·mA),并装备一台新型的Karl-Suss光刻机,具有制备商用硅片的能力,他们制备的光刻胶已达到0.3 μm,间隙0.6 μm,高1 μm的线条,其研究的重点是,掩模的制备和寿命试验,光刻胶的制备及其工艺特性. 软X射线光刻术除沿用接近式套刻外,已发展了投影式光刻术.

X射线天文学

X射线在大气中传播距离不大,地外天体发射的大量X射线几乎被大气吸收,在地面上很难接收到,但高空气球、人造卫星、航天飞机及大型望远镜则能接收到宇宙空间的X射线,天体碰撞、崩坍等都要发出X射线,研究宇宙中X射线可获取天体演变的很多信息. 如中国科学院高能物理所宇宙线室,用气球载有效探测面积约为1 600 cm^{2}的大型硬X射线望远镜HAPI-4,对双星X射线源天鹅座X-1进行飞行观察,成功地用非成像的准直调制探测器实现了高精度的空间观察,得到了天鹅座X-1的辐射像,像的定位与天鹅座X-1实际位置偏差小于0.1°.

X射线显微层析照相术

若想获得样品的X射线三维图,可用全息法,实际上因X光相干长度太短,几乎不可能,目前采用X射线显微层析术,使光源、探测器及样品三者相互转动,就可从各个角度获取信息,将这些信息输入计算机处理,便可得三维图像,若采用同步辐射源的硬X射线,可形成分辨本领高达1 μm的立体图像. 建于加利福尼亚大学的第三代同步辐射源ALS于1993年运行,是世界上最亮的软X射线源. 其中X射线成像术也是其研究项目之一.

医学上应用的层析照相术是利用X射线对患者躯体的某一截面进行扫描,测得数据经数学分析处理,以生成一幅横截面图,从而重新构成骨骼和机体组织结构图像,层析照相克服了射线照相(如通常的医学X射线照相)常见的模糊和位置不能确定的缺点. 这种新的系统与层析照相一样,依靠同样的数学与物理原理,但需要用同步辐射X射线源提供生成高分辨率所需的辐射通量,同时采用新的X射线照相术和新的数据处理技术.

数字减影血管造影术(Digital Substraction Angiography)

同步辐射源对数字减影血管造影术有重大影响. 目前实际拍片过程中,都要把导管插入静脉进入心脏,在插入过程中,必须多次拍片以确保插入路径的正确性. 同时导管要不断注射高浓度碘到要拍片的区域附近,以产生足够的反差. 目前在医疗实践中,采用的多频X射线,必须要有高浓度碘才能产生足够反差. 若采用单频X射线,则可降低碘的浓度. 因为用单频X射线,在同样的碘浓度下,比多频X射线产生的反差大得多. 因此,只需将X光能量选择到略高于29 keV低碘的K吸收边缘,便可引起强烈吸收. 在吸收边缘的任何一端(低端或高端)处拍心脏图片均可. 然后再经过数字减影血管造影术,即可得到具体的图像.使用单频 X 射线源只需从静脉注入一些碘即可,导管不必插入心脏瓣膜里,操作简便,无须对病人多次拍片.

X 射线激光

X 射线激光具有单色性佳、亮度高、相干性强、方向性好、波长短等优点,对其研究具有重要的科学应用价值.美国的利弗莫尔实验室 1984 在 Nova 装置上最早获得类氖硒离子的 X 射线激光.我国上海在神光装置上使锗等离子体类氖离子产生波长为 23.3 nm 和 23.6 nm 的 X 射线激光谱线饱和.1994 年,美国的罗德斯找到可产生强短波 X 射线的有效方法,从而将 X 射线激光器的研制进展向前迈进了一大步.罗德斯的发现表明氙原子簇被超短波、强脉冲紫外光激发后可产生波长范围 0.2~0.3 nm 的 X 射线.这种光源可以用来对物质进行原子或分子水平上的研究,特别是在生物技术领域中,能帮助人们拍摄到活的生物组织、生物细胞、生物分子的三维立体图像.由于 X 射线激光源的高亮度和脉宽窄,使之具有胜于常用同步辐射 X 射线成像的独特优点,在原子物理、分子物理、化学动力学、纳米科学和工业技术等领域都有广阔的应用前景.

[摘自:科学.1995(11).宣桂鑫,侯春洪]

统计光学与光强、激光散斑、反衬度

这里以统计光学的基本思想和方法讨论光学成像中光强分布,说明散斑的非常随机性和散斑图像中的颗粒状表现,推导反衬度与粗糙程度的关系.

现代光学的一个显著特征是它和通信理论的紧密联系.光学与通信理论的结合,使通信理论中的概念和方法进入光学,形成光学的新分支.光学中采用通信理论的线性系统理论和频谱分析之后,形成傅里叶光学;采用了通信理论中的随机过程、相关函数和统计估值等方法来解决光学中的统计问题,形成了统计光学.本文力图通过我们所熟悉的成像光学系统的光强分布、激光散斑和反衬度三个方面的讨论用以认识这一近代光学的分支——统计光学的基本思想和方法.

(一) 统计理论与光强

在几何光学中,我们对一般光具组的成像规律进行了详细的讨论,对像的位置和大小有了比较正确的认识.然而,对像的强度却显得无能为力.这里利用统计理论解决这一问题.

设有两个随机变量 x 和 y,已知 x 与 y 的函数关系为 $y=f(x)$,并且知道随机变量 x 的概率密度 $P_X(x)$,求 y 的概率密度 $P_Y(y)$.

一般说来,可由关系式 $y=f(x)$,求出其反函数为

$$x = f^{-1}(y) \tag{1}$$

对于一个给定的 y,有时只有一个单根 x,有时有多根 $x_1、x_2、\cdots、x_n(n \geq 2)$,这取决于函数的具体解析式,这里仅就单根展开讨论.函数 $y=f(x)$ 如图 8-6 所示.

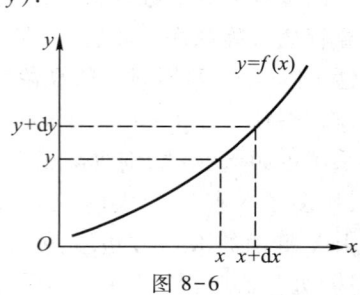

图 8-6

若 x 值处于 $(x, x+\mathrm{d}x)$ 区间之内,则对应的 y 值处于 $(y, y+\mathrm{d}y)$ 区间之内,两者的概率分布分别为 $P_Y(y)\mathrm{d}y$ 和 $P_X(x)\mathrm{d}x$,它们应该相等. 即

$$P_Y(y)|\mathrm{d}y| = P_X(x)|\mathrm{d}x|$$

或者

$$P_Y(y) = \frac{P_X(x)}{|\mathrm{d}y/\mathrm{d}x|} = \frac{P_X(x)}{|y'|} = \frac{P_X[f^{-1}(y)]}{|y'|} \tag{2}$$

在几何光学中的物像公式为

$$\frac{1}{y} + \frac{1}{x} = \frac{1}{F}$$

由此得

$$x = f^{-1}(y) = \frac{Fy}{y-F}$$

$$y' = \frac{\mathrm{d}y}{\mathrm{d}x} = -\frac{(y-F)^2}{F^2}$$

所以

$$P_Y(y) = \frac{F^2}{(y-F)^2} P_X\left(\frac{Fy}{y-F}\right) \tag{3}$$

如图 8-7 所示,一均匀发光棒放置在距透镜的光心分别为 $1.5F$ 和 $2.5F$ 的两点之间,由于 $P_X(x)$ 应满足归一化条件,即

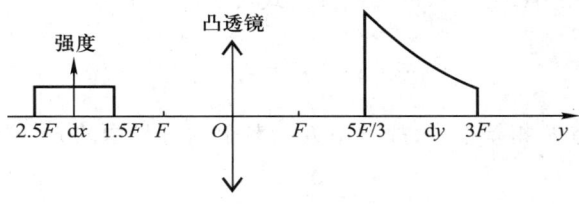

图 8-7

$$\int_{1.5F}^{2.5F} P_X(x)\mathrm{d}x = 1$$

则

$$P_X(x) = \begin{cases} F^{-1}, & 1.5F \leq x \leq 2.5F \\ 0, & \text{其他} \end{cases}$$

利用式(3),得

$$P_Y(y) = \begin{cases} \dfrac{F}{(y-F)^2}, & 5F/3 \leq y \leq 3F \\ 0, & \text{其他} \end{cases} \tag{4}$$

该式表明,沿 y 轴的光强是随 y 而变的,且在端点 $y=5F/3$ 处的光强是端点 $y=3F$ 处的 9 倍. 这里构成了概率密度与光强的等价关系. 只有对具体的光学问题,能给出函数 $y=f(x)$,则利用上述方法,可以对系统成像的强度分布予以说明.

(二) 激光散斑图像

如图 8-8 所示,设有一均匀的、准直的波长为 λ 的单色光投射到漫射体上,为简单起见,设入射光为线偏振的. 平行于 xy 平面放置一光屏 B,两者相距为 R.

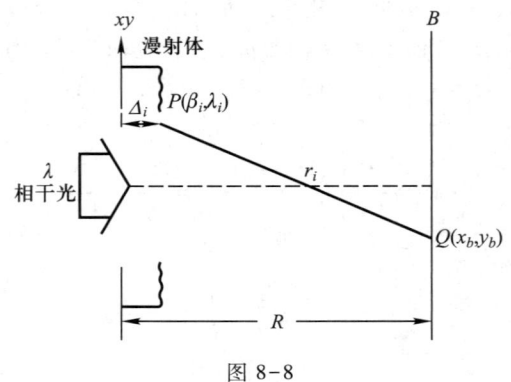

图 8-8

为了应用统计理论解决散斑图像问题,提出一个合理的统计模型:

(1) 若 R 很大,则平面 B 上任意一点 $Q(x_b, y_b)$ 处的复振幅与漫射体的复振幅由基尔霍夫积分公式相联系.

(2) 为使分析简单起见,设漫射体由 $N \gg 1$ 个互不相关的称为散射点的区域组成,而且每个散射点内的复振幅完全相关.

(3) 设 $Q(x_b, y_b)$ 点与第 i 个散射点的中心 $P(\beta_i, \gamma_i)$ 间的距离为 r_i,若散射点的面积 Δa 足够小,则基尔霍夫积分公式可近似表示为

$$U(x_b, y_b) = U = \Delta a \sum_{i=1}^{N} \frac{e^{ikr_i}}{\lambda r_i} \tag{5}$$

(4) 设 r_i 与 R 相差很小,故可用 R 代替上式分母中的 r_i

$$U = \frac{\Delta a}{\lambda R} \sum_{i=1}^{N} e^{ikr_i} \tag{6}$$

式中 $r_i = [(R - \Delta_i)^2 + (x_b - \beta_i)^2 + (y_b - \gamma_i)^2]^{1/2}$

Δ_i 是漫射体在 (β_i, γ_i) 处的厚度. 由于 $R \gg \Delta_i$,所以

$$r_i = A_i - \Delta_i \tag{7}$$

式中

$$A_i = R - \frac{(x_b - \beta_i)^2 + (y_b - \gamma_i)^2}{2R} \tag{8}$$

将式(7)代入式(6),得 Q 点的复振幅为

$$U = c \sum_{i=1}^{N} e^{ik(A_i - \Delta_i)}, \quad c = \Delta a / \lambda R \tag{9}$$

该式中 A_i 是已知量,Δ_i 是互不相关的,因而求和表式中各项是独立的随机变量. 设各个 Δ_i 遵循同一统计分布律,则式(9)中各项也遵守同一分布而且相互独立,从而 U 遵守中心限制理论,U_{re} 和 U_{im} 都是正规随机变量.

利用式(9)可得

$$\langle U_{re} U_{im} \rangle = c^2 \sum_{m,n} \langle \cos k(A_m - \Delta_m) \sin k(A_n - \Delta_n) \rangle$$

$$= c^2 \sum_{m \neq n} \langle \cos k(A_m - \Delta_m) \sin k(A_n - \Delta_n) \rangle +$$

$$c^2 \sum_n \langle \cos k(A_n - \Delta_n) \sin k(A_n - \Delta_n) \rangle$$

其中 $m \neq n$ 的项，由于 Δ_m 和 Δ_n 相互独立，可转化为

$$c^2 \sum_{m \neq n} \langle \cos k(A_m - \Delta_m) \rangle \langle \sin k(A_n - \Delta_n) \rangle$$

假设相位 $k\Delta$ 这个随机变量遵循均匀随机率，且 $\Delta \gg \lambda$，则

$$\langle (k\Delta)^2 \rangle = (2\pi)^2 \frac{\langle \Delta^2 \rangle}{\lambda^2} \gg (2\pi)^2$$

从而相位 $k\Delta$ 的概率密度分布为

$$P_{k\Delta}(\theta) = (2\pi)^{-1} \text{Rect}[\theta/(2\pi)], \theta = k\Delta$$

由于可以求得各种期望值

$$\langle \cos k(A-\Delta) \rangle = 0, \langle \sin k(A-\Delta) \rangle = 0$$

$$\langle \sin k(A-\Delta) \cos k(A-\Delta) \rangle = 0$$

最后得
$$\langle U_{\text{re}} U_{\text{im}} \rangle = 0 \tag{10}$$

即 U_{re} 和 U_{im} 互不相关. 又

$$\langle U_{\text{re}} \rangle = c \sum_{n=1}^{N} \langle \cos k(A_n - \Delta_n) \rangle = 0 \tag{11}$$

$$\langle U_{\text{im}} \rangle = c \sum_{n=1}^{N} \langle \sin k(A_n - \Delta_n) \rangle = 0 \tag{12}$$

所以 U_{re} 和 U_{im} 都是高斯随机变量.

$$P_{U_{\text{re}} U_{\text{im}}}(x,y) = \frac{1}{\pi \sigma^2} \exp\left(-\frac{x^2+y^2}{\sigma^2}\right) \tag{13}$$

式中方差

$$\sigma^2 = \langle U^2 \rangle - (\langle U \rangle)^2 = \langle U_{\text{re}}^2 \rangle + \langle U_{\text{im}}^2 \rangle = \frac{N(\Delta a)^2}{(\lambda R)^2} \tag{14}$$

实现由 $(U_{\text{re}}, U_{\text{im}})$ 到 (I, φ)；(x, y) 到 (ν, ω) 的变换：

$$\begin{cases} I = U_{\text{re}}^2 + U_{\text{im}}^2, \\ \varphi = \arctan(U_{\text{im}}/U_{\text{re}}), \end{cases} \quad \begin{cases} U_{\text{re}} = I^{\frac{1}{2}} \cos \varphi \\ U_{\text{im}} = I^{\frac{1}{2}} \sin \varphi \end{cases}$$

$$\begin{cases} \nu = x^2 + y^2, \\ \omega = \arctan(y/x), \end{cases} \quad \begin{cases} x = \nu^{\frac{1}{2}} \cos \omega \\ y = \nu^{\frac{1}{2}} \sin \omega \end{cases} \tag{15}$$

则 Jacobi 行列式为

$$J\left(\frac{x,y}{\nu,\omega}\right) = \frac{1}{2}$$

$$P_{I\varphi}(\nu,\omega) = P_{U_{\text{re}} U_{\text{im}}}(x,y) \left| J\left(\frac{x,y}{\nu,\omega}\right) \right| = \frac{1}{2} P_{U_{\text{re}} U_{\text{im}}}(x,y)$$

$$= \frac{1}{2\pi\sigma^2} e^{-\frac{\nu}{\sigma^2}} \text{Rect}[\omega/(2\pi)], \nu \geq 0 \qquad (16)$$

将该式对 ω 在 $(-\pi,\pi)$ 内积分,得

$$P_I(\nu) = \frac{1}{\sigma^2} e^{-\nu/\sigma^2} \qquad (17)$$

对 ν 在 $(0,+\infty)$ 内积分,得

$$P_\varphi(\omega) = [1/(2\pi)]\text{Rect}[\omega/(2\pi)] \qquad (18)$$

进一步计算表明

$$\langle I \rangle = \sigma^2, \quad \langle I^2 \rangle = 2\sigma^4$$

$$\sigma_I^2 = \sigma^4, \quad S/N = 1 \qquad (19)$$

上述结果表明,闪烁强度遵循负指数律(17)式,闪烁相位遵循均匀律(18)式,而 $P_I(\nu)$ 随 ν 缓慢减小以及信噪比值则说明散斑的非常随机性和散斑图像的颗粒状表现.

(三) 反衬度与粗糙程度的关系

像场为

$$U = \sum_{k=1}^{N} \exp(i\varphi_k) \qquad (20)$$

这里,φ_k 为第 k 个散射点的相偏,N 是散射点的数目,且假设有单位振幅值,其期望值为

$$U_0 = \langle U \rangle = \sum_{k=1}^{N} \langle \exp(i\varphi_k) \rangle = N\Phi(1)$$

这里

$$\Phi(n) = \langle \exp(in\varphi_k) \rangle = \int d\varphi_k P_\varphi(\varphi_k) e^{in\varphi_k}$$

是相分布 P_φ 的特征函数.

散射强度

$$I = |U|^2 = \sum_{k=1}^{N} \sum_{l=1}^{N} \exp[i(\varphi_k - \varphi_l)]$$

的期望值为

$$\langle I \rangle = \sum_{k=1}^{N} \sum_{l=1}^{N} \langle \exp[i(\varphi_k - \varphi_l)] \rangle$$

展开式中一共有 N^2 项,分两类讨论,第一类 $k=l=1,2,\cdots,N$,共 N 项,即

$$\sum_{k=1}^{N} \iint d\varphi_k P_\varphi(\varphi_k) d\varphi_l P_\varphi(\varphi_l) e^{i(\varphi_k-\varphi_l)}$$

$$= \sum_{k=1}^{N} \int d\varphi_k P_\varphi(\varphi_k) \int d\varphi_l P_\varphi(\varphi_l) = N \quad (k=l)$$

第二类,$k \neq l$,共 $N^2 - N = N(N-1)$ 项,即

$$\sum_{k \neq l} \sum_{l=1}^{N} \int d\varphi_k P_\varphi(\varphi_k) e^{i\varphi_k} \int d\varphi_l P_\varphi(\varphi_l) e^{-i\varphi_l}$$

$$= \sum_{k \neq l} \sum_{l=1}^{N} \Phi(1)\Phi^*(1) = N(N-1)|\Phi(1)|^2$$

所以,散射强度的期望值为
$$\langle I \rangle = N + N(N-1)|\Phi(1)|^2$$
而散射强度平方的期望值为
$$\langle I^2 \rangle = \sum_{k=1}^{N}\sum_{l=1}^{N}\sum_{m=1}^{N}\sum_{n=1}^{N}\langle \exp[i(\varphi_k - \varphi_l + \varphi_m - \varphi_n)]\rangle$$
展开式中的求和可分五类计算.

(1) 四个指标都相同:$k=l=m=n(=1,2,\cdots,N)$
$$\sum_{k=l=m=n=1}^{N} 1 = N$$

(2) 两个相同,两个不同,有三种形式:

① $k = l \neq m = n$
$$\sum_{k=l\neq m}\sum_{n=1}^{N}\langle 1\rangle = N(N-1)$$

② $k \neq l, m = k, n = l$
$$\sum_{k=m}\sum_{l=n}\sum_{m\neq n}\sum_{n=1}^{N}\langle \exp[i(2\varphi_m - 2\varphi_n)]\rangle$$
$$= N(N-1)|\Phi(2)|^2$$

③ $k \neq l, m = l, n = k$
$$\sum_{k=n}\sum_{l=m}\sum_{m\neq n}\sum_{n=1}^{N}\langle 1\rangle = N(N-1)$$

(3) 三个相同,一个不同,有四种形式
$$k \neq l = m = n; \quad l \neq k = m = n;$$
$$m \neq l = k = n; \quad n \neq m = l = k, 总计$$
$$4\sum_{k\neq l}\sum_{l=m=n=1}^{N}\langle \exp[i(\varphi_k - \varphi_l)]\rangle = 4(N-1)|\Phi(1)|^2$$

(4) 一个相同,三个不同,有六种形式
$$kkmn, klkn, klmk, klln, kllml, klmm$$
与上述方法相同,求和即得
$$N(N-1)(N-2)\{4|\Phi(1)|^2 + 2\mathrm{Re}[\Phi^2(1)\Phi^*(2)]\}$$

(5) 四个都不相同,则
$$N(N-1)(N-2)(N-3)|\Phi(1)|^4$$

故散射强度的平方的期望值为
$$\langle I^2 \rangle = N(N-1)(N-2)(N-3)|\Phi(1)|^4 + N(N-1)(N-2)\{4|\Phi(1)|^2 +$$
$$2\mathrm{Re}[\Phi^2(1)\Phi^*(2)]\} + N(N-1)[2+4|(1)|^2+|\Phi(2)|^2] + N$$

散射强度的方差为
$$\sigma_I^2 = \langle I^2 \rangle - \langle I \rangle^2$$
$$= N(N-1)(1+|\Phi(2)|^2 - 2|\Phi(1)|^4 +$$
$$2(N-2)[\mathrm{Re}\{\Phi^2(1)\Phi^*(2)\} + \Phi|(1)|^2 - 2|\Phi(1)|^4])$$

作为实例,设相分布(即 n 分布)遵循高斯定律,则

$$\Phi(n) = \exp\left(-\frac{1}{2}n^2\sigma_\varphi^2\right)$$

这里,σ_φ 是随机相偏,与 σ_n 相关

$$\sigma_\varphi = \begin{cases} \dfrac{4\pi}{\lambda}\sigma_n\cos\theta\,(\text{反射}) \\ \dfrac{2\pi}{\lambda}(n-1)\sigma_n\,(\text{透射}) \end{cases}$$

因而
$$\langle I\rangle = N(N-1)\mathrm{e}^{-\sigma_\varphi^2}+N$$
$$\sigma_I^2 = N(N-1)\{1+\mathrm{e}^{-4\sigma_\varphi^2}-2\mathrm{e}^{-2\sigma_\varphi^2}+2(N-1)[\mathrm{e}^{-3\sigma_\varphi^2}+\mathrm{e}^{-\sigma_\varphi^2}-2\mathrm{e}^{-2\sigma_\varphi^2}]\}$$

据此可求得反衬度为
$$\rho = \sigma_I/\langle I\rangle = \rho(\sigma_\varphi)$$

反衬度是随机相偏的函数.

[摘自:大学物理.1995(7).宣桂鑫]

七、创新实验

实验 8-1 光声变换

实验 8-2 傅里叶全息演示

实验 8-3 用激光全息术研究鱼洗

实验 8-4 奇妙的辉光球实验

第 9 章　光学教学评估

一、标准化考试

1. 考试方法

考试是检测教学质量的主要手段之一. 考试方法的探讨和改革是教学科研的重要内容. 传统的命题考试方法固然有其长处,但实践中暴露出来的各种弊端也不容忽视. 近年来,我国已为标准化考试和题库建立等开展了一定的研究,取得了可喜的成绩.

所谓科学化、标准化的考试方法,大致指的是以下三个方面:

（1）按照美国教育心理学家布卢姆的教育目标分类学,把在认知行为上要达到的目标严格地按逻辑的、心理学和教育学的分类系统分为知识、理解、应用、分析、综合和评价六个层次制定知识-能力双向细目表,依照各知识点在教学中的地位和要求,确定各项权重. 这样,也就确定了考试的目标,规定了考试内容的合理分配.

（2）按照上述考试目标,建立各类标准化试题库. 考试时从标准化试题库中按双向细目表的规定随机地提取一套试题,构成一份试卷,对考生进行考试,按照预先制定的标准答案和评分标准进行评分,得出考试成绩.

（3）不断健全和充实标准化试题库. 从效度、信度、区分度、难度以及选择题选项的迷惑度等几个方面对试题进行分析,剔除或修改劣质试题,调整难易试题的搭配,补充新的试题,逐步健全和充实试题库.

科学化、标准化考试将使教师从传统的凭经验命题的单一模式中摆脱出来,同时也为评估教师的教学质量、学生的学习质量提供了一种比较客观的方法. 这对促进教学改革,提高教学积极性、提高教学质量以至提高考试行政效率等都有着积极的意义.

2. 常规测试参量

（1）难度（P）

表示试题的难易程度,用以量度试题对被测者知识水平的适合程度的参量.

若以 h 和 l 分别代表高分组和低分组,即在测量范围内考生以总分名次高端和低端各为 27% 或 33% 来分组. 对于综合题, P_h 和 P_l 分别代表高、低分组该题的平均分数与该题满分分数之比; 而对于选择题, P_h 和 P_l 分别代表高、低分组的通过率. 则难度公式为

$$P = 1 - \frac{P_h + P_l}{2}$$

试题难度级别和百分比如表 9-1 所示.

表 9-1

级别	容易	较易	适中	较难	困难
难度	0~0.19	0.2~0.39	0.40~0.59	0.60~0.79	0.80~1.00
百分比	0.10	0.25	0.40	0.20	0.05

若以 $\sum P$ 为试卷所含全部试题的难度的总和, n 为试卷所包含试题的总数, 则试卷的平均难度为

$$\overline{P} = \frac{\sum P}{n}$$

对于诸如学科考试这一类成就型考试, P 应取小一点, 通常取 0.40 为宜; 对于选拔型考试, 例如招生考试, P 则应取 0.5.

(2) 区分度(D)

表示考试结果能区分被测者优劣的鉴别程度, 用以量度试题对被测者能力鉴别的参量.

试题的区分度为

$$D = P_h - P_l$$

当 $P_h > P_l$ 时, D 为正值, 但是当 $P_h < P_l$ 时, D 为负值. D 值为负的题目表示高分组平均得分低于低分组.

试题的区分度和级别如表 9-2 所示.

表 9-2

区分度	0~0.19	0.2~0.29	0.30~0.39	≥0.40
试题评估	差	尚可	较好	很好

试题的区分度与难度是相关的, 难度适中的题目区分度高, 而难度低和高的题目, 区分度低. 故区分度的好坏应参照难度.

(3) 信度(r_X)

表示考试结果符合被测试者实际水平的可靠程度, 用以量度试题的稳定性和可靠性的参量.

试卷的信度可用分半信度测定, 其关系式为

$$r_h = \frac{n\sum X \sum Y - \sum X \sum Y}{\sqrt{n\sum X^2 - (\sum X)^2}\sqrt{n\sum Y^2 - (\sum Y)^2}}$$

$$r_X = \frac{2r_h}{1+r_h}$$

式中,n 为总考生数;X 为任一考生在一半考试题上的得分的和;Y 为该考生在另一半考试题上的得分的和;求和是对全体考生进行的. 将分半信度代入 r_X 表达式,即得信度. 值得指出的是:在把试卷的试题分半时,应力图做到等值的程度,即无论形式、难度、区分度和两半的题数诸方面大致相同. 其实,这是不容易办到的.

由于决定信度的因素较多,计算信度的公式也各异. 一般对于成就型测试,信度要在 0.9 以上,就可认为该试卷的信度已符合要求.

(4) 效度(r)

表示考试结果符合测定目的的有效程度,用以量度试题的准确性和有效性的参量.

效度分为效标关联效度与内容效度. 内容效度是由专家检测考试题目和试卷的内容是否与教学目标相吻合,但是它仅能获得主观性的定性评估.

效标关联效度与效标的制定关联在一起. 效标是通过精心设计,反复测试,从中筛选出内容效度和其他项目指标较高的一份样卷. 在某一测试区间内,以效标测试的成绩为 X,以某一同类考试的成绩为 Y,求得积差相关系数 r,即可作为该考试试卷的效标关联效度.

(5) 选择题选项的迷惑度(T)

表示选项的错误答案具有一定的迷惑性,其关系式为

$$T = \frac{\text{某选项选答人数}}{\text{总考生数}}$$

任一选择题,其选项的迷惑度不应低于 0.20.

二、双向细目表

双向细目表如表 9-3 所示.

表 9-3

知识内容 学习水平	光的干涉	光的衍射	几何光学的基本原理	光学仪器的基本原理	光的偏振	光的吸收、散射和色散	光的量子性	现代光学基础	选择题 题数	选择题 分数	计算题 题数	计算题 分数	总分
知识			1	1	1		1		4	8			8
理解	0.4	0.5	1	1	1	1		1	4	8	1.4	14	22
应用		0.5		1	0.4	1	4	1	12	24	1.4	14	38
分析、综合	1	1		1	0.6		2	1	8	16	1.2	12	28
评价							2		2	4			4
选择题 题号	11,13,14	3,12,21,28	1,15,16	7,8,22,24,27	4,23,29	5,6	2,9,17,18,25,26,30	10,19,20					
选择题 题数	3	4	3	5	3	2	7	3	30				
选择题 分数	6	8	6	10	6	4	14	6		60			
计算题 题号	34	32,34	31	31,32	33								
计算题 题数	0.4	0.5+0.5	0.5	0.5+0.6	1.0						4		
计算题 分数	4	10	5	11	10							40	
总分	10	18	11	21	16	4	14	6					100

三、光学树建构

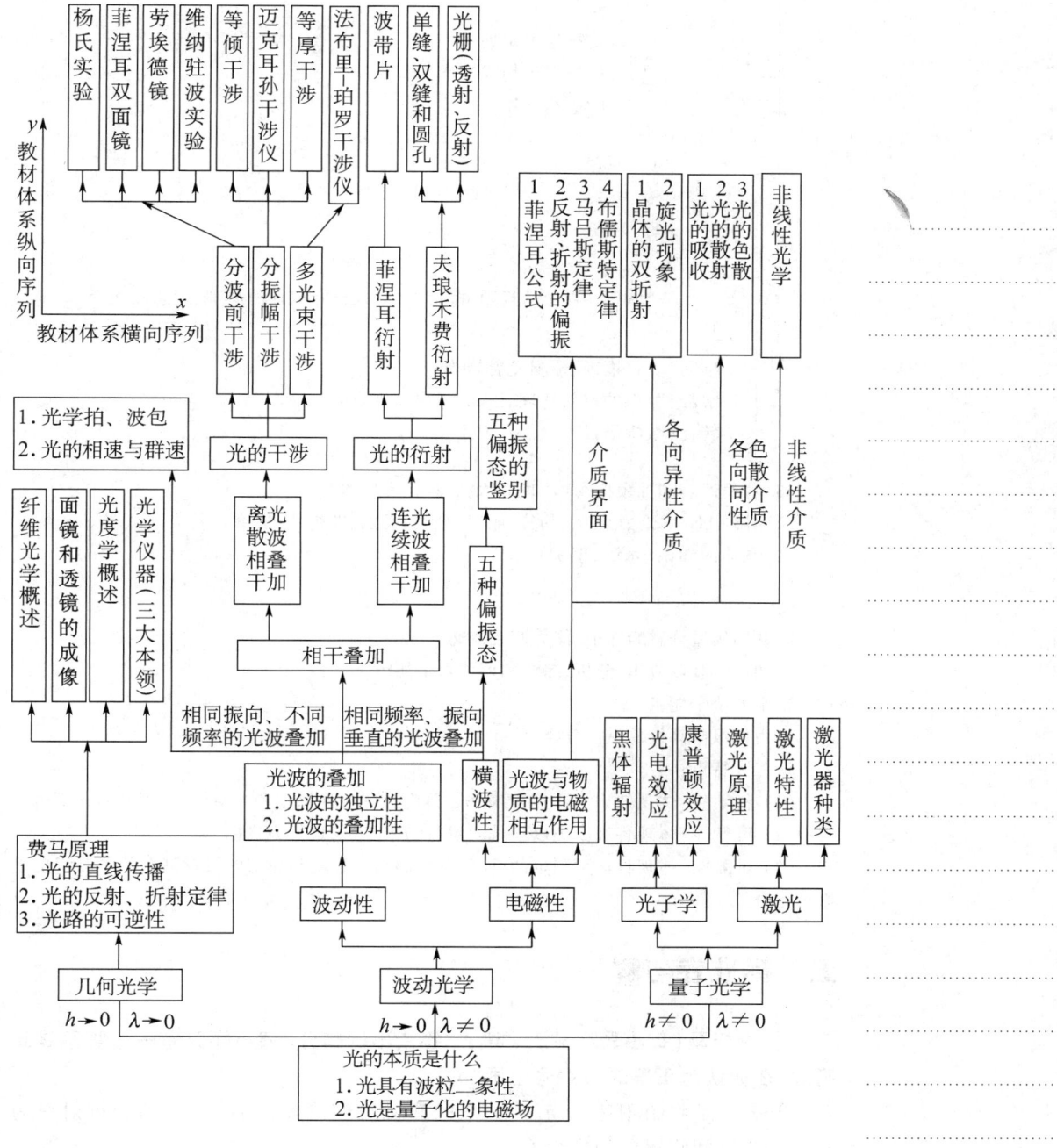

四、目标能级表

15. 依据外部准则判断 — 评估
14. 依据内在证据判断

13. 推导抽象关系 — 综合
12. 制定计划或操作步骤
11. 进行交流

10. 原理 — 分析
9. 关系
8. 要素

7. 一般观念、程序的规则、概括性的方法；专门性的原理、观念和理论 — 应用

6. 推断（直接推理、预测发展趋势） — 理解
5. 解释（材料的重新整理、排列，提出新观点）
4. 转化（数学语言⇌符号表述）

3. 普遍原理和抽象概念（原理和概括、理论和结构） — 知识
2. 处理方式、方法（惯例、趋势、顺序、分类、类别、准则、方法论）
1. 具体的知识（术语、事实）

说明：
1. 认知领域分解为知识、能力两大范畴.
2. 知识、理解、应用、分析、综合和评估六个能级.
3. 十五个子能级.
4. 由低级向高级的纵向分类.
5. 三大特点：
（1）科学性. 体现知识、能力二维分析. 具有显明的递增性和自洽性，达到系列化程度.
（2）可行性. 体现各级分类以学生学习行为来界定，是行为目标.
（3）可测性. 体现目标可测定的，而且分类的精巧程度与当前的教育测量的可测程度是相匹配的.

五、标准卷与解

1. 选择题（每小题 2 分，共 60 分. 答错不倒扣分. 每小题只有一个答案是正确的，在你认为正确的答案号上画"√".）

9-1-1 将折射率为 $n_1 = 1.50$ 的有机玻璃浸没在油中. 而油的折射率为 $n_2 = 1.10$. 试问临界角为多少？

（A）arcsin（1.10/1.50） （B）1.10/1.50 （C）1.50/1.10

（D）arccos（1.10/1.50） （E）arctan（1.50/1.10）

9-1-2 在以光的波动说和非相对论性微粒说解释下述何种现象时,将会得出不同的光速值?

（A）干涉 （B）衍射 （C）偏振 （D）反射 （E）折射

9-1-3 X射线投射到间距为 d 的平行点阵平面的晶体中.试问发生布拉格晶体衍射的最大波长为多少?

（A）$d/4$ （B）$d/2$ （C）d （D）$2d$ （E）$4d$

9-1-4 在真空中行进的单色自然光以布儒斯特角 $i_{10}=57°$ 入射到平玻璃板上.下列叙述中,哪一种是不正确的?

（A）入射角的正切等于玻璃板的折射率

（B）反射线和折射线的夹角为 $\pi/2$

（C）折射光为部分偏振光

（D）反射光为线偏振光

（E）反射光的电矢量的振动面平行于入射面

9-1-5 晴朗的天空所以呈现浅蓝色,清晨日出的晨曦和日落的晚霞呈现红色,是因为

（A）太阳光被大气所吸收

（B）太阳光被大气所色散

（C）太阳光在小水滴内全反射

（D）太阳光被大气偏振

（E）太阳光被大气散射

9-1-6 入射光强度为 I_0 的给定能量的光子束经过厚度为 d 的铅板后,强度减为 $I_0/2$.若铅板的厚度增加到 $3d$,它的强度减少为多少?

（A）$I_0/3$ （B）$I_0/4$ （C）$I_0/6$ （D）$I_0/8$ （E）$I_0/9$

9-1-7 在直径为 3 m 的圆桌中心上面 2 m 高处悬挂一盏发光强度为 200 cd 的电灯.试问圆桌边缘的照度为多少勒克斯?

（A）2.56 （B）25.6 （C）97.0 （D）9.70 （E）50

9-1-8 孔径相同的微波望远镜和光学望远镜比较,前者的分辨本领小的原因为

（A）星体发出的微波能量比可见光能量弱

（B）微波更易被大气的尘埃散射

（C）微波更易被大气所吸收

（D）大气对于微波的折射率较小

（E）微波波长比光波波长长

9-1-9 已知频率为 ν 的光子能量为

$$E = h\nu$$

式中,h 为普朗克常量.

波长为 λ 的光子动量为 $$p = \frac{h}{\lambda}$$

试问光的速度等于什么?

(A) p/E　　(B) E/p　　(C) Ep　　(D) $(E/p)^2$　　(E) p^2/E

9-1-10　全息照片被激光照射后,以实现全息再现.若照射面积仅占全息照片的一半时,下列叙述的哪一个结果是正确的?

(A) 仅观察到再现像的一半

(B) 观察到整个再现像,只是分辨本领降低一些

(C) 观察到整个再现像,但像将小一点

(D) 像的颜色将改变

(E) 成倒像

9-1-11　杨氏实验装置中,光源的波长为 600 nm,两狭缝的间距为 2 mm.试问在离缝 300 cm 的一光屏上观察到干涉花样的间距为多少毫米?

(A) 4.5　　(B) 0.9　　(C) 3.1　　(D) 4.1　　(E) 5.2

9-1-12　将波长为 λ 的平行单色光垂直投射于一宽度为 b 的狭缝.若对应于夫琅禾费单缝衍射的第一最小值位置的衍射角 θ 为 $\pi/6$.试问缝宽 b 的大小为多少?

(A) $\lambda/2$　　(B) λ　　(C) 2λ　　(D) 3λ　　(E) 4λ

9-1-13　在迈克耳孙干涉仪的一条光路中,放入一折射率为 n、厚度为 d 的透明介质片.放入后,两光束的光程差改变量为

(A) $2(n-1)d$　(B) $2nd$　　(C) nd　　(D) $(n-1)d$　　(E) $nd/2$

9-1-14　牛顿环的实验装置是以一平凸透镜置于一平板玻璃上.今以平行单色光从上向下投射,并从上向下观察,观察到有许多明暗相间的同心圆环,这些圆环的特点为

(A) 接触点是明的,明暗条纹是等距离的圆环

(B) 接触点是明的,明暗条纹是不等距离的同心圆环

(C) 接触点是暗的,明暗条纹是等距离的同心圆环

(D) 接触点是暗的,明暗条纹是不等距离的同心圆环

(E) 以上均不正确

9-1-15　由折射率 $n=1.65$ 的玻璃制成的薄双凸透镜,前后两球面的曲率半径均为 40 cm,试问焦距为多少厘米?

(A) 20　　(B) 21　　(C) 25　　(D) 31　　(E) ∞

9-1-16　一物体置于焦距为 8 cm 的薄凸透镜前 12 cm 处,现将另一焦距为 6 cm 的薄凸透镜放在第一透镜右侧 30 cm 处,则最后成像的性质为

(A) 一个倒立的实像　　　　　　(B) 一个放大的虚像

(C) 一个放大的实像　　　　　　(D) 一个缩小的实像

(E) 成像于无穷远处

9-1-17　一黑体温度 T 的立方形空腔.现将空腔的边长增大一倍,而空腔及腔壁的温度降低一半,则黑体辐射能量与原有的辐射能量之比值为

(A) 4∶1　　(B) 2∶1　　(C) 1∶1　　(D) 1∶2　　(E) 1∶4

9-1-18　在康普顿散射实验中,一波长为 $0.070\,78$ nm 的单色准直 X 射线

入射在石墨上,散射辐射作为散射角的函数,散射辐射的性质为
(A) 散射辐射除了入射波长外,无其他波长
(B) 波长的增加值与入射光的波长无关
(C) 波长的增加值与散射角无关
(D) 波长的增加值随散射角的增加而减少
(E) 波长的增加值等于波长的减少值

9-1-19 如题 9-1-19 图所示的是红宝石激光器的能级跃迁图.试问下列有关激光的叙述中,哪一条是不正确的?
(A) 激光的原理是基于粒子数反转
(B) E_2 是亚稳态
(C) 跃迁 a 为辐射吸收
(D) 跃迁 b 为受激辐射
(E) 激光的光抽运的辐射频率为
$$\nu = (E_3 - E_1)/h$$

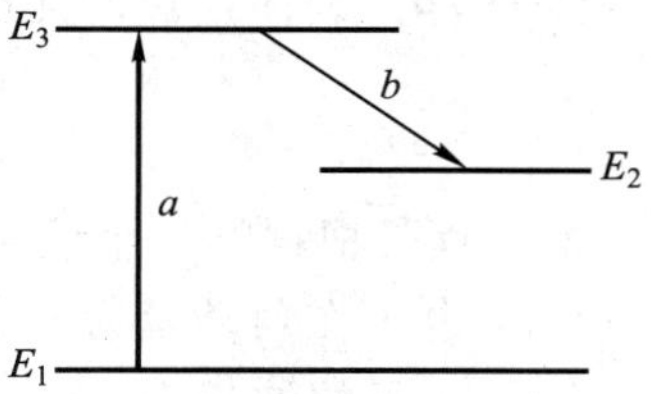

题 9-1-19 图　能级跃迁

9-1-20 全息再现象为三维的原理为
记录的波信息包括:(a) 振幅;(b) 相位;(c) 波前的角频率.
(A) 仅振幅　　　　　　　　(B) 仅振幅和相位
(C) 仅振幅和波前的角频率　(D) 仅相位和波前的角频率
(E) 包括振幅、相位和波前的角频率

9-1-21 波长为 λ 的单色光垂直投射于缝宽为 b,总缝数为 N,光栅常量为 d 的光栅上,其光栅方程为
(A) $b \sin \theta = k\lambda$　　　　　(B) $(d-b) \sin \theta = k\lambda$
(C) $d \sin \theta = j\lambda$　　　　　(D) $Nd \sin \theta = j\lambda$
(E) $Nb \sin \theta = j\lambda$

9-1-22 为正常眼已调好的显微镜,患近视的人使用时,应如何调节?
(A) 拉长镜筒　　　　　　　(B) 缩短镜筒
(C) 增大物距　　　　　　　(D) 减小物距
(E) 以上均不行,另想他法

9-1-23 仅用检偏器观察一束光时,强度有一最大但无消光位置. 在检偏器前置一 1/4 波片,使其光轴与上述强度为最大的位置平行,通过检偏器观察时有一消光位置,则这束光是:
(A) 自然光　　　　　　　　(B) 线偏振光
(C) 部分偏振光　　　　　　(D) 椭圆偏振光
(E) 圆偏振光与线偏振光的混合

9-1-24 光学仪器的分辨本领将受到波长的限制.根据瑞利判据,考虑由于光波衍射所产生的影响,试计算人眼能区分两只汽车前灯的最大距离为多少公里?
设黄光的波长 $\lambda = 500$ nm;人眼夜间的瞳孔直径为 $D = 5$ mm;两车灯的距离

为 $d = 1.22$ m.

(A) 1　　(B) 3　　(C) 10　　(D) 30　　(E) 100

9-1-25　随着绝对温度的升高,黑体的最大辐射能量将如何?

(A) 取决于周围环境　　(B) 不受影响

(C) 向长波方面移动　　(D) 向短波方面移动

(E) 先向长波方向移动,随后移向短波方向

9-1-26　爱因斯坦的光电效应方程为

$$h\nu = \frac{1}{2}mv^2 + W$$

该方程是根据哪一个假设导出的?

(A) 电子在角动量为 $l = n\hbar$ 的轨道上,n 为整数

(B) 电子的波长为 $\lambda = h/p$,式中 p 为电子的动量

(C) 当电子在两轨道之间跃迁时,发射光

(D) 电子吸收能量为 $E = h\nu$ 的光子

(E) 光的波动性

9-1-27　人眼观察远处物体时,刚好能被眼睛分辨的两物点对瞳孔中心的张角,称为人眼的最小分辨角. 若瞳孔直径为 D,光在空气中的波长为 λ,n 为人眼玻璃状液的折射率,则人眼的最小分辨角为

(A) $1.22\lambda/D$　　(B) λ/D　　(C) $1.22\lambda/nD$

(D) $1.22n\lambda/D$　　(E) $0.61\lambda/D$

9-1-28　波长为 $\lambda = 546$ nm 的单色平行光垂直投射于缝宽为 $b = 0.10$ mm 的单缝上,在缝后置一焦距为 50 cm、折射率为 $n = 1.54$ 的凸透镜. 若将该装置浸入水中,试问夫琅禾费衍射的中央亮条纹的宽度为多少毫米?

(A) 5.46　　(B) 4.11　　(C) 14.0　　(D) 1.40　　(E) 0.546

9-1-29　右旋圆偏振光垂直通过 1/2 波片后,其出射光的偏振态为

(A) 线偏振光　　(B) 右旋椭圆偏振光

(C) 左旋圆偏振光　　(D) 右旋圆偏振光

(E) 左旋椭圆偏振光

9-1-30　对于蓝光,均匀无限的透明介质的相对电容率 ε_r 为 2.1,相对磁导率 μ_r 为 1.0. 现有蓝光通过这种介质. 试问它的相速等于多少?假设 c 为真空中的光速.

(A) $\sqrt{3.1}\,c$　　(B) $\sqrt{2.1}\,c$　　(C) $c/\sqrt{1.1}$　　(D) $c/\sqrt{2.1}$　　(E) $c/\sqrt{3.1}$

解:

9-1-1　A

9-1-2　E

9-1-3　D

9-1-4　E

9-1-5　E

9-1-6　D

9-1-7   B
9-1-8   E
9-1-9   B
9-1-10   B
9-1-11   B
9-1-12   C
9-1-13   A
9-1-14   D
9-1-15   D
9-1-16   E
9-1-17   D
9-1-18   B
9-1-19   D
9-1-20   B
9-1-21   C
9-1-22   D
9-1-23   D
9-1-24   C
9-1-25   D
9-1-26   D
9-1-27   A
9-1-28   C
9-1-29   C
9-1-30   D

2. 计算题（每题10分，共40分）

9-1-31 孔径都等于4 cm的两个薄透镜构成的同轴光具组，一个是会聚的，其焦距为5 cm；另一个是发散的，其焦距为10 cm. 两个透镜中心间的距离为4 cm. 对于会聚透镜前面6 cm处一个物点来说，试问：

（1）哪一个透镜是有效光阑；

（2）入射光瞳和出射光瞳的位置在哪里？入射光瞳和出射光瞳的大小各等于多少？

解：（1）将发散透镜作为物对凸透镜成像，按新笛卡儿符号法则，成像位置计算如下：

$$s = 4 \text{ cm}（物在右方）$$

$$f' = -5 \text{ cm}（物在右方，故像方焦点在左方）$$

故

$$s' = \frac{f's}{f'+s} = \frac{(-5) \times 4}{-5+4} \text{ cm} = 20 \text{ cm}$$

像的高度为

$$y' = \frac{s'}{s}y = \frac{20}{4} \times 4 \text{ cm} = 20 \text{ cm}$$

所以凹透镜经凸透镜所成的像对物点所张的孔径角 u'_{L_2} 为

$$u'_{L_2} = \arctan \frac{y'/2}{s'+6} = \arctan \frac{10}{26} = 21°2'30''$$

而凸透镜对物点所张的孔径角 u_{L_1} 为

$$u_{L_1} = \arctan \frac{y/2}{6} = \arctan \frac{2}{6} = 18°26'$$

由于 $u'_{L_2} > u_{L_1}$，所以凸透镜为同轴光具组的有效光阑，其光路图如题 9-1-31 图 (a) 所示.

(2) L_1 为入射光瞳，其直径为 4 cm. L_1 经 L_2 成的像为出射光瞳. 光瞳的位置 s' 及大小 y' 分别计算如下.

将 $s = -4$ cm, $f' = -10$ cm 代入高斯公式，得

$$s' = \frac{sf'}{s+f'} = \frac{(-4)\times(-10)}{-4-10} \text{ cm} = -2.857 \text{ cm}$$

由横向放大率公式得出射光瞳的直径 y' 为

$$y' = \frac{s'}{s}y = \frac{-2.857}{-4} \times 4 \text{ cm} = 2.857 \text{ cm}$$

其光路图如题 9-1-31 图 (b) 所示. 注意图中 $y'/2$ 为透镜 L_1 的半径作为物经 L_2 所成的虚像.

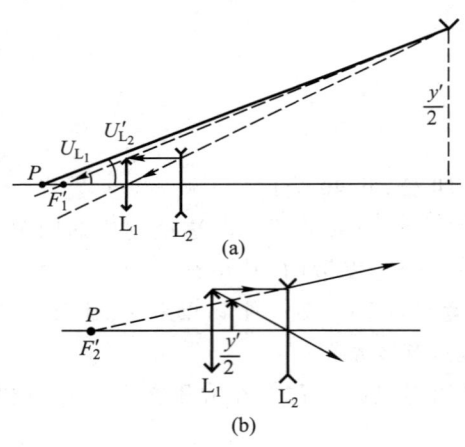

题 9-1-31 图　有效光阑和光瞳

9-1-32　以白光垂直照射在一光栅上，能在 30° 衍射方向观察到 600 nm 的第二级主最大干涉，并能在该处分辨 $\Delta\lambda = 0.005$ nm 的两条光谱线，可是在 30° 衍射方向却很难测到 400 nm 的主最大干涉. 试求：

(1) 光栅相邻两缝的间距；

(2) 光栅的总宽度；

(3) 光栅上狭缝的宽度；

（4）若以此光栅观察钠光谱,其波长 $\lambda = 590$ nm,试求当光线垂直入射和以 $30°$ 斜入射时,屏上各实际呈现的全部干涉条纹的级数.

解:（1）由光栅方程

$$d\sin\theta = j\lambda$$

得

$$d = \frac{j\lambda}{\sin\theta} = \frac{2\times 600\times 10^{-7}}{\sin 30°}\text{ cm} = 0.000\ 24\text{ cm}$$

（2）由光栅的分辨本领

$$P = \frac{\lambda}{\Delta\lambda} = jN$$

得

$$N = \frac{\lambda}{j\Delta\lambda} = \frac{600}{2\times 0.005} = 60\ 000$$

故光栅的总宽度为

$$L = Nd = 60\ 000\times 0.000\ 24\text{ cm} = 14.4\text{ cm}$$

（3）由于光在 $\theta = 30°$ 的衍射方向对 400 nm 波长的光为缺级,故可得缺级数为

$$k = \frac{d\sin 30°}{\lambda} = \frac{0.000\ 24\times 0.5}{400\times 10^{-7}} = 3$$

即 3,6,9,… 为缺级.

由缺级的公式可知

$$\frac{j}{k} = \frac{d}{b}$$

$$j = k\frac{d}{b} = 3\quad (k=1)$$

故

$$b = \frac{d}{3} = \frac{0.000\ 24}{3}\text{ cm} = 0.000\ 08\text{ cm}$$

（4）在正入射的情况下,观察到最高级次的衍射角为

$$\theta = \pm\frac{\pi}{2}$$

故

$$j = \frac{d\sin\pm\frac{\pi}{2}}{\lambda} = \pm\frac{24\ 000}{5\ 900} = \pm 4$$

由于 ± 3 级为缺级,在正入射时,应有 $0, \pm 1, \pm 2, \pm 4$ 这 7 条干涉条纹显现在屏上.

在斜入射 $(\theta_0 = -30°)$ 的情况下,观察到的条纹的最高级次为

$$j = \frac{d\left[\sin(-30°)\pm\sin\left(\pm\frac{\pi}{2}\right)\right]}{\lambda} = \begin{cases}2.03\\-6.1\end{cases}$$

若取整数,则分别为 2 和 -6,兼顾到缺级,则应有 $0, \pm 1, \pm 2, -4, -5$ 这 7 条干涉条纹显现在屏上.

在斜入射 $(\theta_0 = 30°)$ 时,观察到的条纹的最高级次为

$$j = \frac{d\left[\sin 30° \pm \sin\left(\pm\frac{\pi}{2}\right)\right]}{\lambda} = \begin{cases} -2.03 \\ 6.1 \end{cases}$$

若取整数,则分别为 -2 和 6,兼顾到缺级,应有 $0, \pm 1, \pm 2, +4, +5$ 这 7 条干涉条纹显现在屏上.

9-1-33 一单色自然光通过尼科耳棱镜 N_1、N_2 和晶片 C,其次序如题 9-1-33 图(a) 所示. N_1 的主截面竖直,N_2 的主截面为水平,C 为对应于这波长的 $1/4$ 波片,其主截面与竖直方向成 $30°$. 试问:

(1) 在 N_1 和 C 之间、C 和 N_2 之间,以及从 N_2 透射出来的光各是什么性质的光?

(2) 若入射光的强度为 I_0,则上述各部分的光的强度各为多少?

解:(1) 在 N_1 和 C 之间是从尼科耳棱镜 N_1 透射出来的线偏振光,其振动面平行于尼科耳棱镜 N_1 的主截面.

在 C 和 N_2 之间是从 $1/4$ 波片 C 透射出来的椭圆偏振光.

由 N_2 透射出来的是两束线偏振光的相干性叠加. 其振动面平行于尼科耳棱镜 N_2 的主截面.

其各部分光的性质的示意图如题 9-1-33 图(b) 所示.

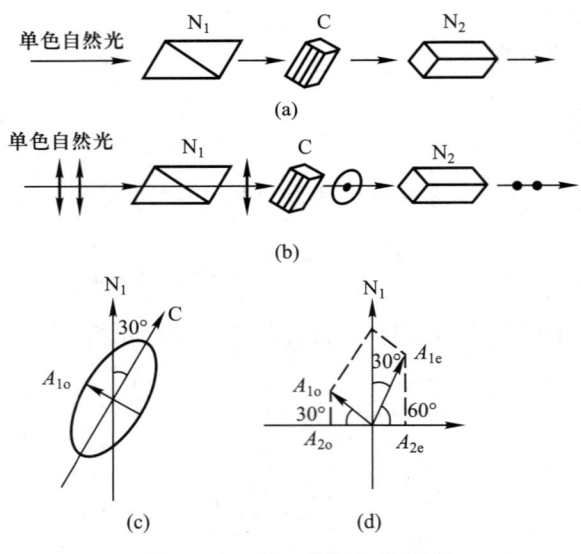

题 9-1-33 图　偏振光的干涉

(2) 由于尼科耳棱镜的主要作用就是使寻常光线在树胶第一界面上产生全反射,全反射的寻常光被框子上涂黑的表面所吸收. 只有非常光线能通过尼科耳棱镜出射. 从而得到了线偏振光. 所以在 N_1 和 C 之间的线偏振光的光强为 $I_0/2$.

在 C 和 N_2 之间的椭圆偏振光分解为长短轴方向上的线偏振光,其强度分别为

$$A_{1e}^2 = A_1^2 \cos^2\theta = I_1 \cos^2 30° = \frac{I_0}{2}\left(\frac{\sqrt{3}}{2}\right)^2 = \frac{3}{8}I_0$$

$$A_{1o}^2 = A_1^2 \sin^2\theta = I_1 \sin^2 30° = \frac{I_0}{2}\left(\frac{1}{2}\right)^2 = \frac{I_0}{8}$$

式中,I_1 为入射到波片的平面偏振光的光强. 其示意图如题 9-1-33 图(d)所示.

从 N_2 [即题 9-1-33 图(d)的横轴方向]透射出来的光是由光强分别为 $I_0/8$、$3I_0/8$ 的线偏振光投影在尼科耳棱镜 N_2 主截面发生相长或相消干涉. 其光强如题 9-1-33 图(d)所示.

$$I = A_{2e}^2 + A_{2o}^2 + 2A_{2e}A_{2o}\cos\Delta\varphi$$

式中

$$A_{2e}^2 = A_{1e}^2 \cos^2 60° = \frac{3}{32}I_0$$

$$A_{2o}^2 = A_{1o}^2 \cos^2 30° = \frac{3}{32}I_0$$

$$\Delta\varphi = \frac{\pi}{2} + \pi$$

$$\cos\Delta\varphi = 0$$

故

$$I = \frac{3}{16}I_0$$

由于 A_{2e} 和 A_{2o} 的方向相反,所以在它们所对应的振动之间,除了 1/4 波晶片所引起的相位差 $\pi/2$ 外,尚有一附加的相位差 π,故前式中 $\Delta\varphi = (\pi/2) + \pi$.

9-1-34 如题 9-1-34 图所示的夫琅禾费衍射装置,若分别

(1) 遮住 S_1 缝;
(2) 遮住 S_2 缝;
(3) S_1、S_2 缝均开启.

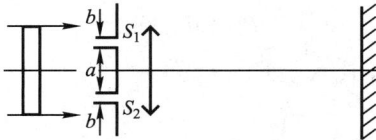

题 9-1-34 图 双缝衍射

试分析出现在观察屏上的条纹分布.

解:(1) 缝 S_1 的夫琅禾费衍射的中央最大在透镜的主轴上,±1 级最小值的位置为

$$\pm\frac{\lambda}{b}$$

(2) 缝 S_2 的单缝衍射花样与情况(1)完全一样,不发生变化或位移.

(3) 夫琅禾费双缝衍射花样,其主最大位置为

$$d\sin\theta = j\lambda$$

其中 $d = a+b$. 整个花样受单缝衍射的调制. 单缝衍射的最小值位置为

$$b\sin\theta = k\lambda$$

六、模拟卷与解

模拟卷与解（一）

1. 选择题（每小题 4 分，共 20 分）

9-2-1 波长分别为 253.6 nm 和 546.1 nm 的两条谱线的瑞利散射强度之比为

(A) 2.15 (B) 4.63 (C) 9.93 (D) 21.5 (E) 462

解：(D) 由于瑞利散射，故

$$I \propto (1/\lambda^4)$$

$$\frac{I'}{I} = \left(\frac{\lambda}{\lambda'}\right)^4 = \left(\frac{546.1}{253.6}\right)^4 = 21.5$$

9-2-2 白炽灯工作时的温度为 2 400 K．灯丝可看作黑体．如果灯的功率为 100 W，则灯丝的表面积为多少 m²？

(A) 5.3×10^{-8}　　　　　　　　(B) 1.0×10^{-6}

(C) 5.3×10^{-5}　　　　　　　　(D) 7.4×10^{-2}

(E) 6.4×10^{-1}

解：(C) 根据斯特藩-玻耳兹曼定律，黑体的辐出度与绝对温度的四次方成正比，即

$$M_b(T) = \sigma T^4$$

式中　　　$\sigma = 5.67 \times 10^{-8} \text{W}/(\text{m}^2 \cdot \text{K}^4)$

而灯的功率为

$$P = S M_b(T)$$

将 $P = 100$ W，$T = 2\,400$ K 代入上式，得

$$S = \frac{100}{5.67 \times 10^{-8} \times (2\,400)^4} \text{m}^2 = 5.3 \times 10^{-5} \text{m}^2$$

9-2-3 如题 9-2-3 图所示，一束动量为 p 的电子，通过缝宽为 b 的狭缝，狭缝后面距离为 r 的地方放置一荧光屏，试问屏上衍射图样中央最大的宽度为多少？

(A) $b/2$　　(B) $2b^2/r$　　(C) $2h/p$

(D) $2hb/rp$　　(E) $2hr/bp$

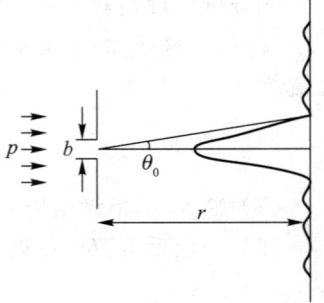

题 9-2-3 图　单缝衍射

解：(E) 每粒电子经狭缝后，行进方向可能偏离原方向，可以用偏转角 θ 表示，以 θ_0 表示电子到达衍射第一最小值位置的偏转角．θ_0 根据衍射原理约等于 λ/b，这里 λ 为德布罗意波长，

260　光学教程（第六版）学习指导书

$$\lambda = h/p$$

因此，屏上衍射图样中央最大值的宽度为

$$2\theta_0 r = \frac{2r\lambda}{b} = \frac{2hr}{bp}$$

9-2-4 在光电效应中，当频率为 3×10^{15} Hz 的单色光照射在逸出功 W 为 4.0 eV 的金属表面时，金属中逸出的光电子的最大速度为多少 m/s？

(A) 1.72×10^2 (B) 1.98×10^3

(C) 1.72×10^4 (D) 1.72×10^6

(E) 1.72×10^8

解：(D) 按光子的概念，当光子入射到金属表面时，光子的全部能量为金属中的电子所吸收，电子把这能量的一部分用来摆脱金属对其的束缚，即用作逸出功 W，余下的一部分就转变成电子离开金属表面后的动能，按能量守恒与转化定律，则

$$h\nu = \frac{1}{2}mv^2 + W$$

故

$$v = \sqrt{\frac{2(h\nu - W)}{m}}$$

将

$$h\nu = (6.626\times10^{-34}\text{J}\cdot\text{s})\times(3\times10^{15}/\text{s})$$
$$= 19.878\times10^{-19}\text{J}$$

和

$$W = 4.0\text{ eV} = 4\times1.6\times10^{-19}\text{J} = 6.4\times10^{-19}\text{ J}$$

以及

$$m = 9.11\times10^{-31}\text{ kg}$$

代入 v 的表达式，得

$$v = \sqrt{\frac{2\times13.478\times10^{-19}}{9.11\times10^{-31}}}\text{ m/s} = 1.72\times10^6\text{ m/s}$$

9-2-5 全息照片被激光照射后，以实现全息再现，若照射面积仅占整个全息照片的一半时，下列叙述的哪一个结果是正确的？

(A) 仅观察到再现像的一半

(B) 观察到整个再现像，只是分辨本领降低一些

(C) 观察到整个再现像，但像将小一点

(D) 像的颜色将改变

(E) 成倒像

解：(B) 由于全息照相记录了物体的全部信息，所以再现出来的物体形象就和原来的物体一样，而且全息照片的每一部分，不论有多大，总能再现出原来物体的整个图样，也就是说，可以把全息照片分成若干小块或部分照射，每一部分可以完整地再现原来的物像，只是当照射全息照片的面积缩小后，像的分辨本领降低些．这是由于全息照片的每一点都受到被摄物体各部分散射光和参考光的干涉作用的缘故．

2. 计算题（每小题 16 分，总共 80 分）

9-2-6 如题 9-2-6 图所示，波长为 λ，在 xz 平面沿与 z 轴成 θ 角方向传播

的平面波,与源点 Q 的坐标为 $(a,0,-R)$,波长也为 λ 的发散球面波相遇,发生干涉.若两列波在 $z=0$ 平面上的振幅相等,在各自计算起点处的初始相位均为零,在近轴条件下求 $z=0$ 平面上的干涉光强分布,以及干涉条纹的形状和间距?

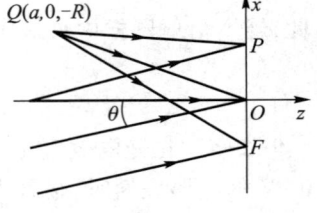

题 9-2-6 图 球面波和平面波的干涉

解:选取坐标原点 O 为平面波的计算起点,源点 Q 为球面波的计算起点,选取点 P 为 $z=0$ 平面上任意观察场点,则有

$$\varphi_{01}=\varphi_{02}=0, \quad E_{01}=E_{02}=E_0$$

平面波

$$\boldsymbol{r}_1=\overrightarrow{OP}=x\hat{\boldsymbol{x}}+y\hat{\boldsymbol{y}}, z=0, k=\frac{2\pi}{\lambda}$$

$$\boldsymbol{k}_1=k(\cos\alpha\hat{\boldsymbol{x}}+\cos\gamma\hat{\boldsymbol{y}}), \quad \varphi_1=\boldsymbol{k}_1\cdot\boldsymbol{r}_1=kx\cos\alpha=kx\sin\theta$$

发散球面波

$$\boldsymbol{r}_2=\overrightarrow{QP}_2=\left(R+\frac{x^2+y^2}{2R}+\frac{a^2}{2R}-\frac{ax}{R}\right)\hat{\boldsymbol{r}}_2$$

$$\varphi_2=\boldsymbol{k}\cdot\boldsymbol{r}_2=kr_2=k\left(R+\frac{a^2}{2R}+\frac{\rho^2}{2R}-\frac{ax}{R}\right)$$

相位差

$$\Delta\varphi=\varphi_2-\varphi_1=k\left(R+\frac{a^2}{2R}+\frac{\rho^2}{2R}-\frac{ax}{R}-x\sin\theta\right)$$

光强分布

$$I=E_0^2+E_0^2+2E_0^2\cos\Delta\varphi$$

相干极大值条件

$$\Delta\varphi=\varphi_2-\varphi_1=k\left(R+\frac{a^2}{2R}+\frac{\rho^2}{2R}-\frac{ax}{R}-x\sin\theta\right)=2j\pi$$

$$y^2+[x^2-2(a+R\sin\theta)x]=2Rj\lambda-a^2-2R^2$$

$$\rho'^2=y^2+[x-(a+R\sin\theta)]^2=2Rj\lambda-a^2-2R^2+(a+R\sin\theta)^2$$

$$\rho'^2=y^2+[x-(a+R\sin\theta)]^2=2Rj\lambda+B$$

干涉条纹是位于 xy 平面以 $(a+R\sin\theta,0)$ 为圆心的圆形条纹,条纹间距为

$$\Delta\rho'\approx\frac{R\lambda}{\rho}$$

9-2-7 如题 9-2-7 图所示,焦距为 15 cm 的薄透镜从中心切去 2 mm 后,对接放置在与右方观察屏 F 相距 25 cm 的光轴上,波长为 400 nm 的单色点光源 S 放置在与右方对接薄透镜相距 R 的光轴上,分别求(1)$R=15$ cm,(2)$R=$

10 cm 时观察屏上干涉条纹的形状和间距?

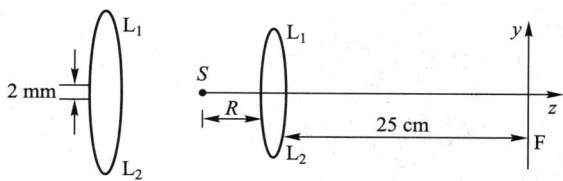

题 9-2-7 图　对切薄透镜的干涉

解：(1) $R=15$ cm 时是两束平行相干折射光的干涉，干涉条纹是垂直 y 轴的直线条纹，则有

$$\sin\theta = \frac{1}{\sqrt{150^2+1}} \approx 0.006\ 7$$

$$\Delta y = \frac{\lambda}{2\sin\theta} \approx \frac{400}{2\times 0.006\ 7}\times 10^{-6}\text{mm} \approx 0.03\text{ mm}$$

(2) $R=10$ cm 时是两束球面相干折射光的干涉，干涉条纹是垂直 y 轴的直线条纹

$$\frac{1}{s'} - \frac{1}{-10\text{ cm}} = \frac{1}{15\text{ cm}},\quad s'=-30\text{ cm}, \beta=\frac{-30}{-10}=3$$

$$d = 2\times(3\times 1-1)\text{ mm}=4\text{ mm},\quad r_0=(300+250)\text{ mm}=550\text{ mm}$$

$$\Delta y = \frac{r_0}{d}\lambda = \frac{550\times 400}{4}\times 10^{-6}\text{mm}=0.055\text{ mm}$$

9-2-8　如题 9-2-8 图 (a)(b) 所示，衍射屏上三条平行透光狭缝的宽度分别为 $b,2b,b$，相邻两缝中心的宽度均为 d，波长为 λ 的单色平行光正入射到该衍射屏上，求 (1) 接收屏幕上夫琅禾费衍射的光强分布？(2) 在两边透光狭缝后面分别放置延迟量为 π 的附加相位片，求接收屏上夫琅禾费衍射的光强分布？

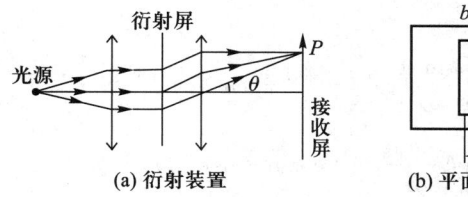

题 9-2-8 图　三缝夫琅禾费衍射

解：(1) (a) 用复振幅法求解
相邻单缝间的光程差和相位差分别为

$$\Delta r = d\sin\theta,\quad \Delta\varphi = 2\beta,\quad \beta = \frac{\pi d}{\lambda}\sin\theta$$

三个单缝夫琅禾费衍射的复振幅分布分别为

$$\widetilde{E}_1 = b\,\widetilde{C}\frac{\sin\alpha}{\alpha}e^{ikr_0}e^{-2i\beta}$$

$$\widetilde{E}_2 = 2b\,\widetilde{C}\frac{\sin(2\alpha)}{2\alpha}e^{ikr_0} = 2a\,\widetilde{C}\frac{\sin\alpha}{\alpha}\cos\alpha\,e^{ikr_0}$$

$$\widetilde{E}_3 = b\,\widetilde{C}\frac{\sin\alpha}{\alpha}e^{ikr_0}e^{2i\beta}$$

其中 $\alpha = \dfrac{\pi b}{\lambda}\sin\theta$；$r_0$ 是中间缝的中心光线沿 θ 角衍射时到达观察屏的光程.

三个缝的总复振幅为

$$\widetilde{E} = b\,\widetilde{C}\frac{\sin\alpha}{\alpha}e^{ikr_0}(e^{-i2\beta} + 2\cos\alpha + e^{i2\beta})$$

$$= 2b\,\widetilde{C}\frac{\sin\alpha}{\alpha}e^{ikr_0}[\cos\alpha + \cos(2\beta)]$$

合光强为

$$I = \widetilde{E}\cdot\widetilde{E}^* = 4I_0\left(\frac{\sin\alpha}{\alpha}\right)^2[\cos\alpha + \cos(2\beta)]^2$$

（b）用矢量图解法求解

$$E_{01} = E_{03} = b\,|\widetilde{C}|\frac{\sin\alpha}{\alpha} = E_0$$

$$E_{02} = b\,|\widetilde{C}|\frac{\sin\alpha}{\alpha}(2\cos\alpha) = (2\cos\alpha)E_0$$

$$\delta = 2\beta,\ \beta = \frac{\pi d}{\lambda}\sin\theta,\ \alpha = \frac{\pi b}{\lambda}\sin\theta$$

合成矢量如题 9-2-8 图(c)所示，其光强分布为

$$E = 2E_0[\cos\alpha + \cos(2\beta)]$$

$$I = E^2 = 4I_0\left(\frac{\sin\alpha}{\alpha}\right)^2[\cos\alpha + \cos(2\beta)]^2$$

（2）（a）用复振幅法求解

$$\widetilde{E} = b\,\widetilde{C}\frac{\sin\alpha}{\alpha}e^{ikr_0}(-e^{-i2\beta} + 2\cos\alpha - e^{i2\beta})$$

$$= 2b\,\widetilde{C}\frac{\sin\alpha}{\alpha}e^{ikr_0}[\cos\alpha - \cos(2\beta)]$$

合光强为

$$I = \widetilde{E}\cdot\widetilde{E}^* = 4I_0\left(\frac{\sin\alpha}{\alpha}\right)^2[\cos\alpha - \cos(2\beta)]^2$$

（b）用矢量图解法求解

$$E = 2E_0[\cos\alpha - \cos(2\beta)]$$

$$I = E^2 = 4I_0\left(\frac{\sin\alpha}{\alpha}\right)^2[\cos\alpha - \cos(2\beta)]^2$$

矢量合成如题 9-2-8 图(d)所示.

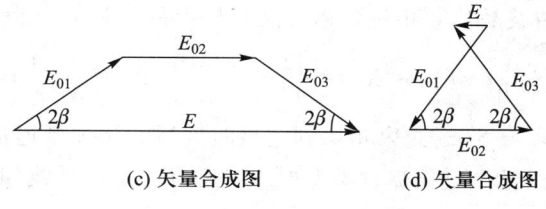

(c) 矢量合成图　　　　　(d) 矢量合成图

题 9-2-8 图(续)

9-2-9　如题 9-2-9 图所示,薄凹透镜两侧球面的曲率半径相等,物像方介质的折射率分别是 1.0 和 2.0,求该透镜介质的折射率多大时才能将轴上小物在近轴条件下成正立等大的像?

解:设透镜介质的折射率为 n_L,则有

$$s_2 = d - s_1' = -s_1'$$

$$\beta = \beta_1\beta_2 = \frac{ns_1'}{n_L s_1}\frac{n_L s_2'}{n' s_2} = \frac{ns_2'}{n' s_1} = \frac{s_2'}{2.0 s_1} = +1$$

$$s_2' = 2.0 s_1, \text{即 } s_1 = s_2'/2$$

题 9-2-9 图　薄凹透镜成像

设 $|r_1| = |r_2| = R$,则有

$$\frac{n_L}{s_1'} - \frac{1}{s_1} = \frac{n_L - 1}{-R}, \quad \frac{2.0}{s_2'} - \frac{n_L}{s_2} = \frac{2.0 - n_L}{R}$$

两式相加得

$$\frac{n_L}{s_1'} - \frac{n_L}{s_2} = \frac{1 - n_L + 2 - n_L}{R}$$

因为 $s_2 = -s_1'$,故 $\frac{3 - 2n_L}{R} = 0$,得

$$n_L = 1.5$$

薄凹透镜介质的折射率为 $n_L = 1.5$ 时,才能将轴上小物最后成等大正立的像.

9-2-10　如题 9-2-10 图(a)所示,点光源 S 发出波长为 λ,光强为 I_0 的单色自然光照明杨氏双缝干涉装置,双缝间距为 d,双缝所在屏到接收屏的距离为 r_0.(1)写出近轴条件下接收屏上的光强分布?(2)在 S 缝后面放置偏振片 P,在 S_1 缝后面放置最薄的石英晶体 1/4 波晶片 W,在 S_2 缝后面放置与波晶片中 e 光延迟量相同的附加相位片 B,设偏振片的透振方向与波晶片光轴的夹角为 45°,求在近轴条件下接收屏上的光强分布和可见度?

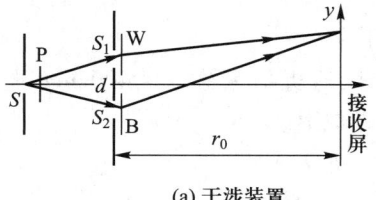　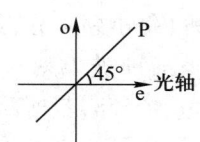

(a) 干涉装置　　　　(b) 光轴与透振方向的方位

题 9-2-10 图　杨氏双缝干涉

解:(1) 不加波晶片和相位延迟片观察屏上的光强分布为

$$I = 2I_0(1+\cos \Delta\varphi) = 4I_0\cos^2\left(\frac{\Delta\varphi}{2}\right), \Delta\varphi = \frac{2\pi}{\lambda}\frac{d}{r_0}x$$

$\Delta\varphi$ 是 S_2 缝的光束与 S_1 缝光束相比到达接收屏后的相位延迟量.

(2) 入射自然光经过偏振片 P 后成为光强 $I_1 = I_0/2$ 的线偏振光,即

$$E_{01}^2 = I_0/2$$

(3) 从 S_1 孔出射的是右旋圆偏振光

$$E_{1e} = E_{01}\cos\frac{\pi}{4} = \frac{\sqrt{2}E_{01}}{2}, E_{1o} = E_{01}\sin\frac{\pi}{4} = \frac{\sqrt{2}E_{01}}{2}$$

$\Delta\varphi_a = -\pi/2$ 是 o 光与 e 光相比的附加相位落后延迟量.

(4) 相位延迟片 B 只延长了线偏振光的相位,从 S_2 缝出射的仍是偏振方向与偏振片透振方向一致的线偏振光,可以分解为沿 e 和 o 方向的两个线偏振光,这两个线偏振光的相位延迟量均与波晶片中 e 光的相位延迟量相同,即

$$E_{2e} = E_{01}\cos\frac{\pi}{4} = \frac{\sqrt{2}E_{01}}{2}, E_{2o} = E_{01}\sin\frac{\pi}{4} = \frac{\sqrt{2}E_{01}}{2}$$

(5) 其中 E_{1e} 与 E_{2e} 是相干光,E_{1o} 和 E_{2o} 是相干光,有

$$I_e = E_{1e}^2 + E_{2e}^2 + 2E_{1e}E_{2e}\cos\Delta\varphi = E_{01}^2(1+\cos\Delta\varphi)$$
$$I_o = E_{1o}^2 + E_{2o}^2 + 2E_{1o}E_{2o}\cos(\Delta\varphi+\pi/2)$$
$$= E_{01}^2[1+\cos(\Delta\varphi+\pi/2)] = E_{01}^2(1-\sin\Delta\varphi)$$

其中 $+\pi/2$ 表示从 S_2 缝出射的 o 光比从 S_1 缝出射的 o 光相位延迟了 $\pi/2$.

到达接收屏后总光强应当为

$$I = I_e + I_o$$

$$I = I_e + I_o = \frac{I_0}{2}(2+\cos\Delta\varphi - \sin\Delta\varphi) = \frac{I_0}{2}[2-\sqrt{2}\sin(\Delta\varphi-\pi/4)]$$

$$I_M = \frac{2+\sqrt{2}}{2}I_0, I_m = \frac{2-\sqrt{2}}{2}I_0$$

可见度为

$$V = \frac{I_M - I_m}{I_M + I_m} = \frac{\sqrt{2}}{2} \approx 0.71$$

模拟卷与解(二)

1. 选择题(每小题 4 分,共 20 分)

9-3-1 某种玻璃对不同的波长的折射率在 $\lambda = 400$ nm 时,$n = 1.63$,$\lambda = 500$ nm 时,$n = 1.58$,若柯西公式的近似形式

$$n = a + (b/\lambda^2)$$

适用,则此种玻璃在 600 nm 时的色散 $dn/d\lambda$ 为多少 cm^{-1}?

(A) 2.06×10^3 (B) -2.06×10^3
(C) 2.06×10^{-3} (D) -2.06×10^{-3}
(E) 2.06×10^6

解:(B)将 n 和 λ 代入柯西公式的近似形式,得
$$1.63 = a + [b/(4\,000 \times 10^{-8})^2]$$
$$1.58 = a + [b/(5\,000 \times 10^{-8})^2]$$

解联立方程,得
$$b = 2.22 \times 10^{-10} \text{ cm}^2$$

由此可知
$$\frac{dn}{d\lambda} = -\frac{2b}{\lambda^3} = -\frac{2 \times 2.22 \times 10^{-10}}{(600 \times 10^{-7})^3} \text{cm}^{-1}$$
$$= -2.06 \times 10^3 \text{ cm}^{-1}$$

9-3-2 测定 3 000 K 的温度时,采用哪种温度计最合适?
(A) 碳电阻器
(B) 气泡温度计
(C) 光测高温计
(D) 汞温度计
(E) 热电偶

解:(C)利用黑体辐射定律可以确定黑体或近似黑体的温度.

9-3-3 若入射光的波长从 400 nm 变到 300 nm 时,则从金属表面发射的光电子的遏止电压将

(A) 减少 0.56 V (B) 增大 0.165 V
(C) 减少 0.34 V (D) 增大 1.035 V
(E) 减少 1.035 V

解:(D)根据爱因斯坦方程
$$\frac{1}{2}mv^2 + W = h\nu = \frac{hc}{\lambda}$$

式中 $h\nu$ 为入射光子的能量,W 为电子的脱出功. 另一方面,光电效应中,当反向电位差等于 $-V_g$ 时,就能阻止所有的光电子飞向阳极,光电流降为零,这个电压称为遏止电压. 这时
$$\frac{1}{2}mv_{max}^2 = eV_g$$

当波长从 $\lambda = 400$ nm 减少到 $\lambda' = 300$ nm 时,由爱因斯坦方程可知遏止电压将从 V_g 增大到 V_g',其增大值为
$$V_g' - V_g = \frac{hc}{e}\left(\frac{1}{\lambda'} - \frac{1}{\lambda}\right)$$

将 $h = 6.626 \times 10^{-34}$ J·s,$c = 3 \times 10^8$ m/s,$e = 1.6 \times 10^{-19}$ C,$\lambda = 400 \times 10^{-9}$ m 和 $\lambda' = 300 \times 10^{-9}$ m代入上式,得
$$V_g' - V_g = \frac{6.626 \times 10^{-34} \times 3 \times 10^8}{1.6 \times 10^{-19}} \times \left(\frac{10^7}{3} - \frac{10^7}{4}\right) \text{ V} = 1.035 \text{ V}$$

9-3-4 戴维孙-革末实验中以电子射向晶体镍的表面,该实验用来

(A) 测定电子的荷质比

(B) 确认光电效应的真实性

(C) 表明电子的波动性

(D) 观察到原子能级的不连续性

(E) 证明电子具有自旋

解:(C) 1927 年戴维孙和革末用电子代替伦琴射线,证实了德布罗意的假设. 当电子从灯丝飞出,经过电场的加速,再经过一组小孔将电子束准直射到 Ni 单晶上,反射后进入接收器,而由电流计测出电流大小. 如果电子射线确实具有波动性,有如德布罗意所提出的假设那样,那么也应该有干涉最大值和最小值出现. 实验证明它符合布拉格衍射公式,由此证明电子具有波动性.

9-3-5 设 He-Ne 激光器的氖放电管所发射的光波的频率宽度 $\Delta\nu = 1.5\times 10^9$ Hz,长为 100 cm 的氖放电管,发射光波波长为 632.8 nm,则对 He-Ne 激光器来说,从谐振腔发射出来的光波的频率数目为

(A) 1   (B) 10   (C) 100   (D) 1 000   (E) 10 000

解:(B) 长为 100 cm 的氖放电管,发射光波波长为 632.8 nm,则相邻两共振频率之差为

$$(\Delta\nu)' = \frac{c}{2d}$$

将 $c = 3\times 10^8$ m/s 和 $d = 100$ cm $= 1$ m 代入上式,得

$$(\Delta\nu)' = \frac{3\times 10^8}{2\times 1}\text{Hz} = 1.5\times 10^8 \text{ Hz}$$

对 He-Ne 激光器来说,从谐振腔发射出来的光波频率数目,可由 $\Delta\nu$ 和 $(\Delta\nu)'$ 这两个数值的比值来确定,即

$$\frac{\Delta\nu}{(\Delta\nu)'} = \frac{1.5\times 10^9}{1.5\times 10^8} = 10$$

所以,氖放电管通过谐振腔后射出的光波,只存在着 10 个不同的频率.

2. 计算题(每题 16 分,总共 80 分)

9-3-6 波长为 500 nm 的平行光垂直入射到缝宽为 1×10^{-3} mm,每毫米 200 条狭缝,总宽度为 5 cm 的平面光栅上. 试求(1)第三级主最大的夫琅禾费衍射角?(2)在第三级主最大的方向上能否分辨 500 nm 和 500.02 nm 两条谱线,为什么?(3)第 3 级光谱的这两条谱线能够分开多大角度?(4)哪几级衍射主最大缺级?

解:(1) $d\sin\theta = j\lambda$,$d = \frac{1\times 10^6}{200}$ nm $= 5\ 000$ nm.

$$\theta = \arcsin\left(\frac{3\times 500}{5\ 000}\right) = \arcsin 0.3 \approx 17.46°$$

(2) $N = 200\times 50 = 10\ 000$,$P = jN = 30\ 000$.

在第三级主最大的方向上能分辨的最小波长差为

$$\delta\lambda_m = \frac{\lambda}{P} = \frac{500}{30\,000}\,\text{nm} = \frac{1}{60}\,\text{nm} \approx 0.016\,7\,\text{nm}$$

$$\delta\lambda_m < \Delta\lambda = (500.02 - 500)\,\text{nm} = 0.02\,\text{nm}$$

因此能分辨波长差为 $\Delta\lambda = 0.02\,\text{nm}$ 的两条谱线.

(3) $\Delta\theta = \dfrac{j \times \Delta\lambda}{d\cos\theta_j} = \dfrac{3 \times 0.02}{5 \times 10^3 \times \cos(17.46°)} \approx 2.59''$

(4) $b\sin\theta = k\lambda$, $j = \dfrac{d}{b}k$, $k = \pm 1, \pm 2, \cdots$

$$j_M < \frac{d}{\lambda} = 10,\ b = 1\,000\,\text{nm},\ j = \frac{d}{b}k = 5\,k$$

$k = \pm 1, \pm 5$ 级夫琅禾费衍射主最大缺级.

9-3-7 如题 9-3-7 图所示,两块长 4 cm 的透明薄玻璃平板,一边互相接触,另一边压住圆形金属细丝,波长为 589 nm 的钠黄光垂直照明该装置,用读数显微镜从上方观察干涉条纹.(1)测得干涉条纹的间距为 0.1 mm,试求细丝的直径?(2)当细丝的温度变化时,从玻璃平板的中心点 A 处观察到干涉条纹向交棱方向移过了 5 个条纹,此时细丝是膨胀还是收缩,温度变化后细丝直径的变化量是多少?

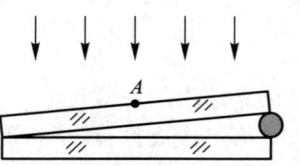

题 9-3-7 图 劈形薄膜的干涉

解:(1) $d = \dfrac{L}{\Delta x} \times \dfrac{\lambda}{2} = \dfrac{40 \times 589 \times 10^{-6}}{2 \times 0.1}\,\text{mm} = 0.117\,8\,\text{mm}$

(2) 点 A 处干涉条纹向交棱的方向移动使点 A 处的薄膜厚度变厚,两块平板夹角变大,说明细丝膨胀了,直径变大.细丝直径的变化量是

$$\Delta d = 10 \times \frac{\lambda}{2} = 2\,945\,\text{nm}$$

9-3-8 如题 9-3-8 图所示,凹厚透镜的折射率为 1.5,前后表面的曲率半径分别为 20 mm 和 25 mm,中心厚度为 20 mm,后表面镀铝反射膜,在前表面左方 40 mm 处放置高度为 5 mm 的小物体.求在傍轴条件下最后成像的位置和高度,以及像的倒正、放缩和虚实情况?

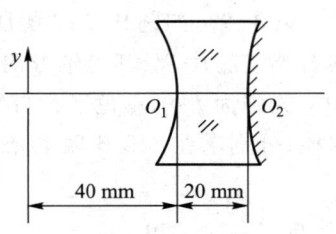

题 9-3-8 图 双凹厚透镜成像

解:第一次成像:球面折射.

$$s_1 = -40\,\text{mm},\quad r_1 = -20\,\text{mm},\quad n_1 = 1,\quad n_1' = 1.5$$

利用公式 $\dfrac{n_1'}{s_1'} - \dfrac{n_1}{s_1} = \dfrac{n_1' - n_1}{r_1}$ 得

$$\frac{1.5}{s_1'} - \frac{1}{-40\,\text{mm}} = \frac{1.5 - 1}{-20\,\text{mm}}$$

$$s_1' = -30\,\text{mm}$$

则 $$\beta_1 = \frac{n_1 s_1'}{n_1' s_1} = \frac{-30}{1.5 \times (-40)} = 0.5, \quad y_1' = 2.5 \text{ mm}$$

成正立缩小的虚像.

第二次成像:球面反射.
$$s_2 = -[d+(-s_1')] = -50 \text{ mm}, \quad r_2 = 25 \text{ mm}$$

利用公式 $\frac{1}{s_2'} + \frac{1}{s_2} = \frac{2}{r}$ 得

$$\frac{1}{s_2'} + \frac{1}{-50 \text{ mm}} = \frac{2}{25 \text{ mm}}$$

$$s_2' = 10 \text{ mm}$$

则 $$\beta_2 = \frac{y_2'}{y_2} = \frac{ns_2'}{n's_2} = -\frac{s_2'}{s_2} = -\frac{10}{-50} = 0.2$$

$$y_2' = 0.5 \text{ mm}$$

成正立缩小的虚像

第三次成像:球面折射,光线自右向左,符号法则不变.

$s_3 = d + s_2' = 30 \text{ mm}, r_3 = -20 \text{ mm}, n_3 = 1.5, n_3' = 1$,代入公式 $\frac{n_3'}{s_3'} - \frac{n_3}{s_3} = \frac{n_3' - n_3}{r_3}$ 得

$$\frac{1}{s_3'} - \frac{1.5}{30 \text{ mm}} = \frac{1-1.5}{20 \text{ mm}}, \quad \frac{1}{s_3'} = \frac{1}{40 \text{ mm}} + \frac{1.5}{30 \text{ mm}}$$

$$s_3' = \frac{40}{3} \text{ mm} \approx 13.33 \text{ mm}$$

则 $$\beta_3 = \frac{n_3 s_3'}{n_3' s_3} = \frac{1.5 \times 40/3}{30 \times 1} \approx 0.67, \quad \beta = \beta_1 \beta_2 \beta_3 \approx 0.006\,7$$

$$y' = y\beta \approx 0.034 \text{ mm}$$

像位于凹厚透镜前表面 O_1 右方 13.33 mm 处,像高 0.034 mm,成正立缩小的虚像.

9-3-9 如题 9-3-9 图所示,在两个偏振片 P_1 和 P_2 之间插入厚度为 $\lambda/3$ 的石英波晶片 W,其光轴方向与偏振片 P_1 和 P_2 透振方向的夹角分别为 45°和 30°.光强为 I_0 的单色平行自然光垂直入射到该装置上,忽略吸收和反射等的光损耗,分别求在 1、2、3 区里光波的偏振态(画出偏振态图)和光强?

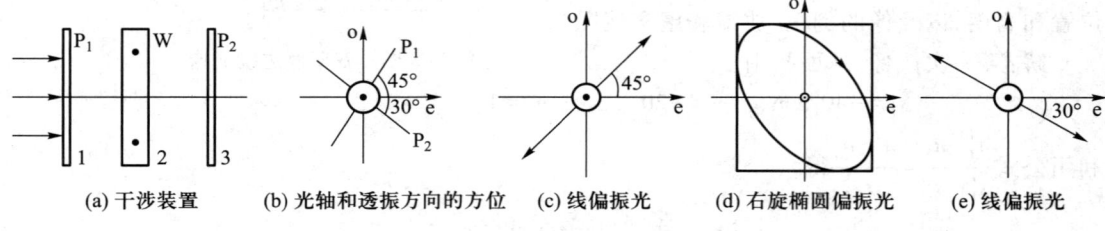

(a) 干涉装置　(b) 光轴和透振方向的方位　(c) 线偏振光　(d) 右旋椭圆偏振光　(e) 线偏振光

题 9-3-9 图　平行偏振光的干涉

解:(1) 从第一个偏振片出射的是线偏振光,偏振方向为题 9-3-9 图(c)

所示的沿 P_1 的透振方向,即从石英波晶片光轴方向逆时针旋转 45°的方向. 光强为

$$I_1 = I_0/2 = E_{01}^2$$

（2）$\Delta\varphi_b = 0$, $\Delta\varphi_a = -2\pi/3$, $\Delta\varphi = \Delta\varphi_b + \Delta\varphi_a = -2\pi/3$,是题 9-3-9 图（d）所示的处于二、四象限的右旋椭圆偏振光

$$E_{1e} = E_{01}\cos 45°, \quad E_{1o} = E_{01}\sin 45°$$

光强为

$$I_2 = E_{1e}^2 + E_{1o}^2 = I_0/2$$

（3）从第二个偏振片出射的仍是线偏振光,偏振方向为如题 9-3-9 图（e）所示的 P_2 的透振方向,即从波晶片光轴方向顺时针旋转 30°的方向,其值为

$$\Delta\varphi = \Delta\varphi_b + \Delta\varphi_a + \Delta\varphi_c = 0 - 2\pi/3 + \pi = \pi/3$$

$$E_{2e} = E_{01}\cos 45°\cos 30°, \quad E_{2o} = E_{01}\sin 45°\sin 30°$$

$$I = E_{2e}^2 + E_{2o}^2 + 2E_{2e}E_{2o}\cos\Delta\varphi$$

$$I = \frac{I_0}{2}\left(\frac{6}{16} + \frac{2}{16} + \frac{2\sqrt{3}}{16}\right) = \frac{4+\sqrt{3}}{16}I_0 \approx 0.36I_0$$

9-3-10 金属表面分别被波长为 λ 和 2λ 的单色光照射时,释放出光电子的最大动能分别为 30 eV 和 10 eV,求能使金属表面释放光电子的最大光波波长是波长 λ 的多少倍?

解：由 $h\nu = \frac{1}{2}mv^2 + W$, $v = 0$ 时, $W = h\nu_m = h\frac{c}{\lambda_m}$,得

$$hc\left(\frac{1}{\lambda} - \frac{1}{\lambda_m}\right) = 30 \text{ eV}, \quad hc\left(\frac{1}{2\lambda} - \frac{1}{\lambda_m}\right) = 10 \text{ eV}$$

$$\left(\frac{\lambda_m - \lambda}{\lambda\lambda_m}\right) \bigg/ \left(\frac{\lambda_m - 2\lambda}{2\lambda\lambda_m}\right) = 3, \quad \frac{2(\lambda_m - \lambda)}{\lambda_m - 2\lambda} = 3, \quad \frac{\lambda_m}{\lambda} = 4$$

模拟卷与解（三）

模拟卷（三）

模拟卷（三）的解

模拟卷与解（四）

模拟卷（四）

模拟卷（四）的解

七、课标的动词

类型	水平	各水平的含义	所用的行为动词
知识技能目标动词	知识 了解	再认或回忆知识；识别、辨认事实或证据；举出例子；描述对象的基本特征	了解、知道、描述和说出
	知识 认识	位于"了解"与"理解"之间	认识
	知识 理解	把握内在逻辑联系；与已有知识建立联系；进行解释、推断、区分、扩展；提供证据；收集、整理信息等	区别、说明、解释、估计、理解、分类和计算
	技能 独立操作	独立完成操作；进行调整或改进；尝试与已有技能建立联系等	测量、会、学会
体验性要求的目标动词	经历	从事相关活动，建立感性认识等	观察、经历、体验、感知、学习、调查和探究
	反应	在经历基础上表达感受、态度和价值判断；做出相应反应等	关心、关注、乐于、敢于、勇于和善于
	领悟	具有稳定态度、一致行为和个性化的价值观念等	形成、养成和具有

参 考 文 献

[1] 宣桂鑫.全反射时的表面现象[J].物理通报,1983(5)
[2] 宣桂鑫.对切透镜的成像和干涉问题[J].教学与研究,1984(4)
[3] 宣桂鑫.杨氏干涉条纹的讨论[J].教学通信,1984(9)
[4] 宣桂鑫."康普顿效应"教学中疑点的浅释[J].物理教学探讨,1985(2)
[5] 宣桂鑫.光学中的新笛卡儿符号法则[J].光的世界,1986(3)
[6] 宣桂鑫.偏振片的发明和立体电影的原理[J].教学与研究,1986(7)
[7] 宣桂鑫.夫琅禾费衍射是屏函数的傅里叶变换[J].大学物理,1986(9)
[8] 宣桂鑫,沈珊雄.激光器的诞生及其发展[J].大自然探索,1988(2)
[9] 宾尼格 G.原子结构的成像[J].宣桂鑫,译.大自然探索,1989(2)
[10] 宣桂鑫,侯春洪.从笛卡儿、胡克和帕蒂到惠更斯:惠更斯波动理论的发展[J].大自然探索,1989(2)
[11] 宣桂鑫,侯春洪.从欧拉、杨氏到菲涅耳:菲涅耳波动理论的形成[J].大自然探索,1991(4)
[12] 宣桂鑫,侯春洪.菲涅耳偏振理论的形成[J].大自然探索,1994(2)
[13] 宣桂鑫.统计光学与光强、激光散斑、反衬度[J].大学物理,1995(7)
[14] 宣桂鑫,侯春洪.从 X 射线到同步辐射——纪念伦琴发现 X 射线 100 年[J].科学,1995(11)
[15] 宣桂鑫.物理学与高新技术[M].上海:上海科技教育出版社,2000
[16] 宣桂鑫.光学[M].上海:华东师范大学出版社,2006
[17] 宣桂鑫.应用物理基础[M].上海:华东师范大学出版社,2006
[18] 宣桂鑫.意大利特伦托大学的物理教学研究[J].物理教学,2007(7)
[19] 宣桂鑫.科技馆的物理文化与教育功能[J].物理通报,2007(8)
[20] 宣桂鑫.应用物理基础教师用书[CD].上海:华东师范大学出版社,2007
[21] 宣桂鑫.考古学中的物理——意大利博尔扎诺南蒂罗尔考古博物馆的冰人奥茨的研究[J].物理通报,2008(2)
[22] http://www.mtsn.tn.it/didattica2006/teinsegnantiSup.asp-11k
Gli esperimenti di didattica della fisica in Cina. Il tè degli insegnanti ospita il professor Guixin Xuan dell'Università di Shanghai, esperto in didattica della fisica e didattica museale. Venerdì 2 febbraio 2007, Italy, Trento University.
[23] 宣桂鑫.光的干涉与衍射的区别和联系[J].物理教学,2010(11)
[24] 宣桂鑫.光学教程(第五版)教学资源(电子版).上海:华东师范大学出版社,华东师范大学电子音像出版社,2018
[25] 姚启钧.光学教程.6 版[M].北京:高等教育出版社,2018

郑重声明

高等教育出版社依法对本书享有专有出版权。任何未经许可的复制、销售行为均违反《中华人民共和国著作权法》,其行为人将承担相应的民事责任和行政责任;构成犯罪的,将被依法追究刑事责任。为了维护市场秩序,保护读者的合法权益,避免读者误用盗版书造成不良后果,我社将配合行政执法部门和司法机关对违法犯罪的单位和个人进行严厉打击。社会各界人士如发现上述侵权行为,希望及时举报,我社将奖励举报有功人员。

反盗版举报电话　　(010)58581999　58582371
反盗版举报邮箱　　dd@hep.com.cn
通信地址　　北京市西城区德外大街4号　高等教育出版社法律事务部
邮政编码　　100120

读者意见反馈

为收集对教材的意见建议,进一步完善教材编写并做好服务工作,读者可将对本教材的意见建议通过如下渠道反馈至我社。

咨询电话　400-810-0598
反馈邮箱　hepsci@pub.hep.cn
通信地址　北京市朝阳区惠新东街4号富盛大厦1座
　　　　　高等教育出版社理科事业部
邮政编码　100029